Grundriß
der
gesamten Gewässerkunde

Von

Dr. H. Gravelius
Professor an der Technischen Hochschule Dresden

In vier Bänden

Erster Band: Flußkunde

Berlin und Leipzig
G. J. Göschen'sche Verlagshandlung G. m. b. H.
1914

Flußkunde

Von

Dr. H. Gravelius
Professor an der Technischen Hochschule Dresden

Mit 21 Figuren

Berlin und Leipzig
G. J. Göschen'sche Verlagshandlung G. m. b. H.
1914

Druck von Oskar Leiner in Leipzig. 28451.

Vorwort.

Das Werk, dessen erster Band hiermit erscheint, gründet sich im wesentlichen auf die Vorlesungen, die ich seit 15 Jahren an der Technischen Hochschule Dresden über Gewässerkunde halte. Es ist als Grundriß bezeichnet, weil die Wissenschaft noch zu jung ist, als daß jetzt schon selbst der Spezialist den Anspruch erheben könnte, ein Handbuch zu geben, das doch einen gewissen Abschluß kennzeichnen soll. Freilich, der Stoff häuft sich immer mehr dank der eifrigen und erfolgreichen Arbeit der Hydrographischen Ämter, die nun seit etwa zwei Dezennien in allen Kulturstaaten — in einigen ja schon wesentlich länger — in Tätigkeit stehen. So ist denn auch mir die Arbeit, als deren Ziel ich mir zuerst nur ein kleines Buch gesetzt hatte, unter den Händen so angewachsen, daß es richtig erschien, die vier Hauptabschnitte, in die meiner Ansicht nach der Gegenstand zu gliedern ist, als vier Bände zu gestalten, die nun zusammen rund 60 Bogen umfassen. Aber aus dem eben Gesagten erhellt, daß diese Teilung in Bände nicht lediglich aus äußeren, gewissermaßen technischen Gründen geschehen ist. Diese Hauptabschnitte sind ja vielmehr durch die Natur der Dinge selber gegeben. Nur über die Reihenfolge, in der sie hier abgehandelt werden, möge ein kurzes Wort gesagt sein.

Im Anschluß an die Wirklichkeit des Lebens bringe ich die Darstellung der Wissenschaft so an Leser oder Hörer heran, wie die Natur und die Beobachtung der Natur den Gegenstand an ihn heranbringt. Und da ist es doch der Fluß, der Wasserlauf, der zuerst als Objekt der Beobachtung entgegentritt. So war es gegeben, die Flußkunde als ersten Abschnitt zu nehmen. Aber sowie man nun in ein wirkliches Studium der Erscheinungen eintritt, die der Fluß bietet, bemerkt man die komplexe Natur dieser Erscheinungen, erkennt man die Notwendigkeit der Erweiterung der Flußkunde zur Gewässerkunde, erkennt man aber auch, wie es ebenso notwendig ist, die einzelnen Konstituenten dieser Gewässerkunde nicht nur als Anhängsel der Flußkunde anzusehen, von denen man etwa in der Art von Aperçus das eine Mal dies und das andere Mal jenes heranzieht, was man im speziellen Falle vielleicht gerade braucht, sondern daß diese Zweige ihren Gegenstand voll und um seiner selbst willen behandeln.

Es liegen die Dinge also so: Die Flußkunde stellt in wachsender Häufung Probleme, zu deren Lösung die anderen Zweige der Gewässerkunde geschaffen werden mußten, also zunächst Seenkunde, sowie Grundwasser- und Quellenkunde.

Aber die Gesamtheit dieser drei Teile und jeder einzelne von ihnen lassen zwingend erkennen, in wie ausschlaggebendem Maße das klimatisch-meteorologische Moment als Ursächliches beim Zustandekommen der Erscheinungen wirkt. So ist als letzter und abschließender Abschnitt der Wissenschaft derjenige gegeben, der sich mit der hydrographischen Klimatologie befaßt und den ich nach seinem Kerne als Niederschlagskunde bezeichne.

Dieser Gliederung des Stoffes ist die Darstellung angepaßt. Der vorliegende Band führt zu den durch die Flußkunde gestellten Problemen und zeigt, wie ihre volle Erledigung von den anderen Zweigen der Gewässerkunde abhängt, gibt also eine erste Übersicht, die nun, indem jedem dieser Zweige sein ganzes Recht wird, in den folgenden Bänden sich immer mehr ausbaut, um im Schlußbande zu einem Abschluß zu gelangen, soweit wir heute überhaupt schon in der Lage sind, einen solchen zu versuchen.

Durch solche Anordnung ist es dann auch möglich geworden, im 4. Bande den Versuch einer tieferen Behandlung der Beziehungen zwischen Niederschlag und Abfluß zu geben, die sich nicht nur auf die Darstellung mittlerer Verhältnisse beschränkt, sondern auch die Kleinwasserführung ebenso wie die Hochwasserführung nach allen in Betracht kommenden Richtungen eingehend zu erörtern unternimmt.

Dresden, 1. Januar 1914.

Dr. H. Gravelius.

Inhalt.

Einleitung.

Die Aufgabe.

Die Flußkunde ist derjenige Zweig der Geographie, welcher sich mit den Erscheinungen des rinnenden Wassers auf der Erdoberfläche und deren Beziehungen zum Menschen befaßt. Sie bildet nur einen Teil aus dem größeren Kapitel, welches man als die Geographie des Wassers bezeichnet. Und es wird schon in diesem Bande, welcher einen ersten Überblick über den derzeitigen Stand und die Ziele der Wissenschaft zu geben versucht, mehrfach sich als notwendig herausstellen, auch auf andere Teile der Geographie des Wassers oder Gewässerkunde kurz und hinweisend einzugehen.

Wenn wir die Formen der Erdoberfläche betrachten, dann tritt uns das rinnende Wasser zwar nicht als einziges, aber doch als ein sehr wesentliches modellierendes Agens entgegen. Und zwar in dem Maße, daß der Versuch gewagt werden durfte, die Entwicklungsgeschichte des festen Landes auf Grund der Arbeitsgeschichte seiner Flüsse anzuordnen. Wie das rinnende, so wird aber auch das zähflüssig sich vorwärts schiebende „feste" Wasser, das Eis, als bedeutsamer Reliefbildner auftreten. Nicht geringere Aufmerksamkeit ist der oft in tief eingreifender Weise gestaltbildenden Arbeit des in den Boden versunkenen Wassers zuzuwenden. Auch der Boden selber und seine Vegetationsdecke zeigen sich als unmittelbar abhängig und maßgebend beeinflußt vom Wasser.

Neben die bezeichneten treten andere Zusammenhänge von nicht weniger weit ausgreifender Bedeutung. Die Wassermenge, welche ein großer Strom in das Meer führt, enthält teils in Lösung, teils suspendiert eine Menge von Stoffen, welche dem festen Lande entnommen sind. Das ist der durch die Arbeit des fließenden Wassers geleistete Abtrag des festen Landes. Er läßt sich der Masse nach bestimmen, so daß es möglich wird, in Erörterungen über die Dauer einzutreten, nach der ein gegebenes Flußgebiet und das feste Land überhaupt durch jene Arbeit abgetragen werden könnte.

Die Abflußmenge eines Stromes an sich, ohne Rücksicht auf mechanische oder chemische Belastung des Wassers, ist aber vor allem eine der wichtigsten Größen im Haushalte der Natur. Sie ist das

Endglied einer Reihe verwickelter Beziehungen zwischen Bodennatur, Bodenbedeckung, Oberflächengestaltung, Niederschlagsmenge und klimatischen Verhältnissen überhaupt, Beziehungen, deren genauere Erkenntnis erst durch Arbeiten der letzten anderthalb Jahrzehnte allmählich beginnt.

Diese summarische Übersicht über die physikalische Seite des Gegenstandes läßt die mächtige Rolle des Wassers in dem Naturgeschehen an der Erdoberfläche deutlich erkennen, zeigt aber auch, daß die Aufgabe der exakten Ergründung und Darstellung dieser Bedeutung eine sehr komplexe sein wird.

In jedem einzelnen Falle heißt diese Aufgabe: die Lebensgeschichte eines Flusses zu geben. Aber in jedem einzelnen Falle tritt eine Vielzahl von bedingenden Faktoren auf. Und von einem zum anderen Fall variieren nicht nur diese Faktoren selber nach Art und Intensität, sondern auch in ihrer Gruppierung, also zuletzt in Form und Effekt ihres Zusammenwirkens.

Aus diesem Charakter des Gegenstandes folgt, daß wir in dieser Wissenschaft von der deduktiven Methode nichts erwarten können. Nur vorsichtigste Induktion kann zu zuverlässigen Ergebnissen führen. Und es gilt hier in vollstem Maße, was R. Credner und Zittel auf dem II. Geographentag (Halle 1882) betonten, daß der Geograph sich vor voreiliger Verallgemeinerung zu hüten hat. Wir dürfen nicht denken, daß die Kentnis eines Flusses oder einer Gruppe von Flüssen uns die Kenntnis **der** Flüsse gäbe. Und man kann nicht skeptisch genug sein bei Aufstellung von Analogien.

Die Grundlage kann immer nur die **Beobachtung** sein. Darunter wird man in erster Linie die Beobachtung in der Natur, also am Gegenstande selber, zu verstehen haben. Es liegt auf der Hand, daß die Kenntnis von der Wasserführung, der Energie, der abtragenden Tätigkeit und der Thermik der Flüsse nur durch unmittelbare messende Beobachtung erlangt werden kann. Es ist nicht anders, wenn es sich um Art und Maß der Wirkung eines Flusses als Reliefbildner handelt.

Neben diese unmittelbare Beobachtung muß aber auch noch die mittelbare treten, das ist die Arbeit auf der Karte. Die Fragen räumlicher Verteilung und räumlicher Zusammenhänge erfordern sie. So ist die Dichte eines Gewässernetzes nur mit der Karte festzustellen; und die Beziehungen zwischen der Gestalt eines Flußgebietes und dieser Dichte einerseits und den geologischen oder klimatischen Verhältnissen anderseits sind Beispiele von Zusammenhängen, die durch Beobachtung auf der Karte zu gewinnen sind.

In vielen Fällen ist die Karte die einzige Quelle, aus der die Kenntnis der Größenverhältnisse erlangt werden kann. In den Kulturländern, wo auf wissenschaftlicher Basis ruhende genaue Landesvermessungen vorhanden sind, wird man sich auf Grund von deren Ergebnissen jederzeit genau über die Größe gegebener Flächenstücke, z. B. des Niederschlagsgebietes eines Flusses, unterrichten können. In diesen Ländern werden auch meist — zunächst zu technisch-wirtschaftlichen Zwecken vorgenommen — genaue Daten über die Längen wenigstens der größeren Flüsse vorliegen. Aber in der Mehrzahl aller Fälle hat man solche Daten nicht zu erwarten. Es müssen daher Flächen und Längen aus der Karte selber entnommen werden. Daraus folgt, daß wir über diese Größen vielfach nur mit einer gewissen Annäherung unterrichtet sind, deren Grad durch den Maßstab der Karte bedingt ist. Denn von diesem hängt ja das Maß der Generalisierung in den Formen der einzelnen Linienzüge (Flüsse) und der Grenze von Flächen ab.

I. Kapitel.

Das Flußgebiet.

§ 1.

Die Karte zeigt, daß ein Fluß — ganz vereinzelte Ausnahmen abgerechnet — nie als eine isolierte Linie entgegentritt, sondern sie gibt stets das Bild eines mehr oder weniger verzweigten Liniennetzes, das man nicht unpassend mit einem Baum und seinen Zweigen vergleichen kann. Der Fuß des Baumes ist die Mündung des Flusses in das Meer, einen See oder in einen anderen Fluß. Die Linie, welche im Bilde als Stamm des Baumes erscheint, wollen wir als Hauptfluß bezeichnen, während die Zweige die Nebenflüsse darstellen. Da an die unmittelbar an den Stamm anschließenden Zweige sich wieder andere ansetzen, so kommen wir damit ohne weiteres zu der Einteilung der Nebenflüsse in verschiedene Ordnungen, wobei ein Nebenfluß 1. Ordnung ein solcher ist, der unmittelbar in den Hauptfluß mündet. Die Spitzen der Zweige endlich sind die Ursprünge oder Quellen der einzelnen Wasserläufe, deren Gesamtheit das Gewässernetz (des Hauptflusses) bildet. Es sind dafür auch die Ausdrücke Flußnetz oder Flußsystem gebräuchlich. Dieses Netz bedeckt also eine Fläche, deren Grenze so verlaufen muß, daß alle Quellen in das Innere der Fläche fallen. Die letztere heißt das Flußgebiet, die Grenze wird als Wasserscheide bezeichnet. Die Grundeigenschaft der Wasserscheide ist leicht zu erkennen. Sie muß das Flußgebiet, alle Zweige des Systems umschließen, und es ist nicht möglich, daß von außen her eine Flußlinie die Wasserscheide überschritte, um in das Innere des Gebietes einzutreten. Daraus folgt dann weiter, da das Wasser dem Gesetz der Schwere folgt, daß in der Wasserscheide zwei entgegengesetzte Neigungslinien oder Gefällsrichtungen der Erdoberfläche sich nach oben schneiden. In der Umgebung der Wasserscheide hat ein senkrechter Durchschnitt durch das Terrain dachförmige Gestalt. Die Firstlinie des Daches, das alle Formen vom steilen Grat bis zur flachsten annehmen kann, ist die Wasserscheide.

Von jedem Punkte der Wasserscheide findet nach dem Innern des Flußgebietes Gefälle statt. Alle Gefällelinien schneiden oder kreuzen sich längs einer vorgezeichneten Tiefenlinie, in welcher der Fluß liegt.

Die Wasserscheide, welche ein ganzes Flußnetz umgrenzt, wird als Hauptwasserscheide des zugehörigen Flußgebietes bezeichnet. Jeder Nebenfluß irgendeiner Ordnung besitzt für sich ein Gebiet und eine Wasserscheide. Man spricht demgemäß auch von Flußgebieten erster, zweiter usw. Ordnung, und von Nebenwasserscheiden, welche die Gebiete der Nebenflüsse voneinander trennen.

Nach dem Gesagten läßt sich erkennen, daß ein Flußgebiet die Gestalt eines Beckens haben muß, dessen Wände nach dem Innern geneigt sind, wie das Gebiet als Ganzes auch eine Neigung, ein Gefälle nach der Mündung zu besitzen muß. Die Ausdrücke Flußbecken, Bassin eines Flusses sind daher verständlich.

In dem Flußgebiet sammeln sich die diesseits der Wasserscheide, d. h. nach dem Innern zu von dieser aus, fallenden Niederschläge. Die Wasserscheide scheidet zwei oberirdische Ablaufrichtungen, so daß außerhalb der Wasserscheide fallende Niederschläge für das Flußgebiet keine Bedeutung haben, solange eben nur der oberirdische Ablauf der Niederschlagswasser in Betracht kommt. Man bezeichnet das Gebiet eines Flusses demgemäß auch als sein orographisches Niederschlags- oder Regengebiet. Wir werden aber auch Fälle kennen lernen, in denen Niederschlagswasser, welche jenseits der Wasserscheide, also außerhalb des orographischen Gebietes des Flusses gefallen sind, in dem Flußsystem zum Abfluß gelangen. Sie treten dann in Abhängigkeit von der geologischen Gestaltung auf unterirdischem Wege in das Flußgebiet ein. Es gibt in solchem Falle also neben dem orographischen noch ein geologisches Niederschlagsgebiet. (Vgl. Band III.)

§ 2.

Im vorigen Paragraphen ist im Anschluß an das benutzte Vergleichsbild und auch einem allgemeinen Sprachgebrauche folgend, der Ausdruck Hauptfluß angewandt worden. Wir wollen untersuchen, ob und wie weit es möglich ist, durch die Beobachtung auf der Karte diesen Ausdruck auch begrifflich festzulegen. In unserer schematischen Darstellung eines Flußgebietes wird man, von der Mündung ausgehend und im Flußgebiet hinaufsteigend, eine weite Strecke lang nicht im Zweifel sein, welche Linie des Netzes als Hauptfluß anzusprechen ist. Aber das geht doch nur bis zu dem Punkte, wo die Nebenflüsse 1 und 2 zusammentreffen. Hier ist dann die Entscheidung zu treffen, ob der Hauptfluß sich im einen oder dem anderen dieser Nebenflüsse fortsetzt. Man sieht, daß die Frage nach dem Hauptflusse eines Netzes darauf hinauskommt, die Quelle des Hauptflusses, die man auch als die Hauptquelle bezeichnen könnte, zu bestimmen. Aber man sieht auch zugleich, daß wir mit dieser Frage nach Hauptfluß und Hauptquelle an einem jener Punkte angelangt sind, an die man in allen Wissenschaften einmal kommt. Nämlich, daß schon im Anfang, bei der ersten Betrachtung der Tatsachen, Wahrnehmungen und Erscheinungen entgegentreten, deren exakte begriffliche Festlegung erst auf einem viel späteren Standpunkt möglich wird, wenn man wenigstens schon einen großen Teil der Gesamtheit aller Erscheinungen, um die es sich handeln kann, zu übersehen vermag. So ist es auch hier. Nur für einen Teil seines Laufes vermögen wir auf Grund der bis jetzt zur Verfügung stehenden Beobachtungen — die auf die Karte beschränkt sind — zu sagen, was der Hauptfluß ist: Sammelrinne der Gewässer des Netzes. Welchem der Flüsse 1 und 2 unseres Schemas *diese* Eigenschaft zukommt, läßt sich offenbar erst auf Grund der Entwicklungsgeschichte des Netzes sagen, erst dann wissen wir, welcher von beiden Flüssen den anderen „aufgenommen" hat.

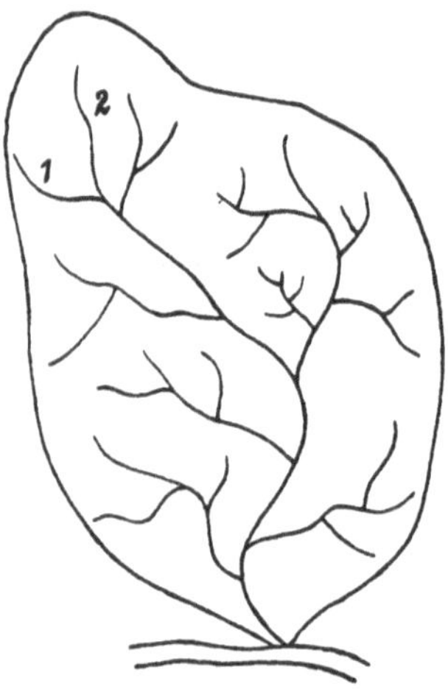

Fig. 1. Flußgebiet.

Wir können also jetzt noch keine *wesentliche* oder *plastische* Definition von Hauptfluß und Hauptquelle geben, sondern nur eine *konventionelle* Festsetzung darüber treffen, was wir zunächst unter Hauptfluß verstehen *wollen*. Wir wollen diese so wählen, daß sie uns auch im völlig unbekannten Gebiet nützlich sein, d. h. — etwa bei Forschungsreisen — den Weg der weiteren Erkundung weisen kann. Demgemäß werden wir von den Flüssen 1 und 2 denjenigen als das oberste oder Quellstück des Hauptflusses ansehen, welcher die größere Wasserführung hat. Wir verlegen also die Entscheidung in die Beobachtung in der Natur, und treffen sie so, daß der Reisende, der sich in völlig neuem Lande befindet, *zunächst* einen Anhalt für sein Urteil und für die weitere Richtung seiner Forschung findet.

Indem wir so dem wasserreichsten der beiden obersten Nebenflüsse die Eigenschaft des obersten Stücks des Hauptflusses oder eigentlichen *Quellflusses* beilegen, schließen wir uns den *gegenwärtigen* physikalischen Verhältnissen des Flußnetzes so genau als möglich an. Und die gewählte Bestimmung hat vor allen anderen den Vorzug, daß sie dem Hauptfluß bis in seinen obersten Zweig diejenige Eigenschaft wahrt, die aus der Beobachtung seiner unterhalb der kritischen Strecke, die eine Definition erst erforderte, hervorgeht: er ist der wasserreichste Fluß im ganzen Netz und tritt den andern gegenüber als Sammler auf.

Die hier gegebene Definition ist jedenfalls den rein schematischen, geometrischen vorzuziehen, welche den Hauptfluß entweder so definieren, daß seine Quelle möglichst weit von der Mündung entfernt ist — somit also der längere der Flüsse 1 und 2 in unserer Figur als eigentlicher Quellfluß anzusprechen wäre — oder aber denjenigen obersten Nebenfluß als Quellfluß nehmen, dem das größere Niederschlagsgebiet zukommt. Beide Eigenschaften *können* zwar mit dem Vorrang in der Wasserführung verbunden sein, müssen es aber nicht.

Aber es möge noch einmal erinnert sein, daß auch die jetzt gewählte Bestimmung nichts anderes sein soll als eine konventionelle, vorläufige, die im einzelnen Fall auf Grund der Entwicklungsgeschichte eines Flußnetzes eine Korrektur sehr wohl erfahren kann.

Nach dem Hauptfluß wird Flußgebiet und Flußnetz benannt. Doch ist, nach dem Gesagten, klar, daß die historisch gewordene Namengebung nicht immer das Richtige getroffen hat. Sie ist ja auch von vielen Rücksichten abhängig gewesen, die mit den natürlichen Verhältnissen oft nur mittelbar zu tun haben: erste Erkundung, erste Besiedelung kommen hier zunächst in Betracht. Den Ausschlag gibt gelegentlich auch das politisch und kulturell kräftigere Volk. Auffällig wird die Abweichung zwischen historisch gewordener Bezeichnung und natürlichen Verhältnissen namentlich dann, wenn zwei schon an sich bedeutende Flüsse zusammenstoßen, wie Elbe und Moldau. In diesem Falle vereinigt sich tatsächlich alles, um auch dem unerfahrenen Blick zu zeigen, daß die Moldau bis Melnik in jeder Beziehung den Vorrang vor der Elbe hat, daß die Moldau die Elbe *aufnimmt*. Ähnliches findet man wiederholt in den Teilnetzen, aus denen sich das mächtige System der Wolga zusammensetzt. Es ist kaum nötig, zu bemerken, daß niemand daran denken wird, der größeren wissenschaftlichen Korrektheit zuliebe seit Jahrhunderten überkommene Namen zu ändern und etwa zu fordern, daß der in die Nordsee einmündende große deutsche Strom fortan den Namen Moldau erhielte. Ganz ähnlich, wie bei Elbe und Moldau, liegen — um nur auf allgemein bekannte Systeme hinzuweisen — die Dinge bei Seine und Yonne. Die letztere ist bis Montereau, wo sie mit der Seine zusammenkommt, erheblich wasserreicher als diese. In anderen

Fällen ist die Namengebung so erfolgt, daß der aus der Vereinigung zweier oder mehrerer Flüsse entstehende (Haupt-) Fluß einen neuen Namen erhält. So die Weser, die aus Fulda und Werra gebildet wird, von denen die Fulda in jeder Beziehung den Vorrang hat. Die Iller entsteht aus dem Zusammentreten von Breitach, Stellach und Trettach, wobei der Breitach die Rolle der eigentlichen „Quell-Iller" zukommt. Sehr deutlich wird, wie die Frage nach dem Hauptfluß erst nach genauer Kenntnis der gesamten Verhältnisse eines Systems beantwortet werden kann, wenn ein Fall, wie der der nördlichen Dwina entgegentritt. Sie entsteht aus Suchona und Witschegda, die einander in der Richtung SW—NO genau entgegenströmen, und der Lauf der Dwina steht senkrecht auf dieser Richtung.

§ 3.

Sowohl für die rein hydrographischen wie auch nachher wieder in den Beziehungen zum Menschen ist der Bau, die Gestaltung der Flußnetze von fundamentaler Bedeutung. Zwei Punkte sind dabei in erster Linie in Betracht zu ziehen: die Aneinanderfügung der einzelnen Teilgebiete zu dem großen Flußgebiet, und die Lage des Hauptflusses im Gebiet und zu dessen Umrandung, also zur Wasserscheide.

Um zunächst einmal das Tatsachenmaterial zu ordnen und eine erste Vorstellung von dem Aufbau eines Stromgebietes aus seinen Teilen zu gewinnen, betrachten wir die gleichzeitige Zunahme von Stromlänge und Stromgebiet.

In den Kulturländern wird einem solchen Vergleich keine Schwierigkeit im Wege stehen. Denn dort kennt man auf Grund direkter Messung in der Natur die Länge gerade der Hauptflüsse meist recht gut. Die Flüsse sind „kilometriert", d. h. entlang ihrem Laufe stehen in bestimmten — in der Achse des Flußlaufes gleichen — Abständen Marken (Kilometersteine), so daß man in der Lage ist, für jeden Punkt eines Flußlaufes die Länge dieses Laufes anzugeben. Die Kilometrierung beginnt nun freilich meist an der Mündung des Flusses (in das Meer oder einen See oder einen anderen Fluß) und hört bei der obersten Pegelstation auf, so daß der letzte Teil des Flusses ohne Kilometrierung bleibt. Das ist aber in den großen Staaten, wo man über eingehende Kartenwerke verfügt, nur eine geringe Unbequemlichkeit. Denn es läßt sich z. B. auf unseren deutschen Karten in 1:25000 die Länge einer Linie schon mit recht guter Annäherung an den wahren Wert ermitteln. Man muß dabei freilich die kleine Mühe nicht scheuen, die Linie mit kleiner Zirkelöffnung abzuzirkeln, da das sonst wohl nützliche Meßrädchen den engen Windungen gegenüber, wie sie die Flüsse vielfach gerade in ihren obersten Laufstücken zeigen, zu oft versagen wird. Man wird sich aber beim ersten Versuche überzeugen, daß diese einfache und zuverlässige Methode der Längenbestimmung auch sehr fördernd und bei weitem nicht so zeitraubend ist, wie man vor ihrer praktischen Anwendung meist zu glauben geneigt ist.

Liegen für den betreffenden Fluß keine direkten Messungen und auch nur Karten kleineren Maßstabes (1:500000 oder gar 1:1000000) vor, dann kann die Flußlänge freilich nur mit einem mit deren Maßstab abnehmendem Grade von Genauigkeit bestimmt werden. Denn nun tritt selbstverständlich die notwendige kartographische Generalisierung in ihr Recht. Je kleiner der Maßstab einer Karte, desto kleiner wird die Flußlänge aus ihr gegenüber dem wahren Werte gefunden.

Die Beispiele für den Aufbau eines Flußgebietes, die hier gegeben werden, beziehen sich nun selbstverständlich nur auf solche Fälle, in denen die metrischen Elemente mit ausreichender Genauigkeit bestimmt werden können. Die Ausmittelung der Gebietsflächen, die mit dem Planimeter geschieht, ist an sich schon einfacher wie die der Länge; die Genauigkeit hängt freilich auch hier ab von dem Maßstab der Karte, auf der man arbeitet. Die Grundwerte, von denen hier ausgegangen ist, sind nun freilich aus Karten großen Maßstabes gewonnen. Aber selbst wenn dies nicht der Fall wäre, so könnte man den etwa in ihnen steckenden Fehler dadurch herabdrücken, daß, wie es in der nachfolgenden zusammengefaßten Tabelle geschehen ist, die Teilflächen in Prozenten der Gesamtfläche ausgedrückt werden.

Betrachten wir nun einige Flußgebiete im einzelnen. Für die Moldau geben wir die Länge vom Ursprung bis zur Einmündung der größeren Nebenflüsse und die jeweils an der betreffenden Stelle vorhandene gesamte Gebietsfläche. Es entsteht so folgende Tabelle.

Moldau.

Flußabschnitte	Länge L km	Fläche F qkm	L %	F %
Quelle bis zu Maltsch . .	189	1 864	45,7	6,6
„ „ „ Luznitz . .	228	3 588	52,4	12,8
„ „ „ Wottawa .	261	8 157	60,1	29,1
„ „ „ Sazawa .	355	13 319	81,7	47,5
„ „ „ Beraun . .	360	17 780	82,8	63,3
„ „ „ Mündung .	435	28 068	100,0	100,0

Dieser möge gleich die entsprechende für den Neckar zur Seite gestellt werden. Hier sind die Abschnitte zunächst im Anschluß an die Hauptpegel des Neckar gebildet.

Neckar.

Flußabschnitte	Länge L km	Fläche F qkm	L %	F %
Quelle bis Aistaig	57,7	724	15,6	5,2
„ „ Horb.	82,2	1 095	22,4	7,8
„ „ Cannstatt . .	182,8	4 268	49,7	30,6
„ „ Besigheim . .	229,8	7 824	62,5	56,0
„ „ Heilbronn . .	255,4	8 180	69,5	58,6
„ „ Offenau . . .	270,3	12 351	73,6	88,4
„ „ Diedesheim . .	288,2	12 614	78,4	90,3
„ „ Heidelberg . .	343,7	13 812	93,5	98,9
„ „ Mannheim . .	367,4	13 962	100,0	100,0

Der Pegel von Mannheim liegt 3 km oberhalb der Mündung des Neckar in den Rhein; das gesamte Neckargebiet bis zu dieser Mündung hat 13 966 qkm.

Diese Beobachtungszahlen, welche dadurch untereinander vergleichbar werden, daß L und F in Teilen der jeweils in Betracht kommenden Gesamtgröße ausgedrückt sind, lassen uns zunächst den gemeinschaftlichen Zug erkennen, daß die Flußlänge sich viel rascher entwickelt als die Gebietsgröße; ein Hinweis, an den wir gleich nachher anknüpfen werden. Sie zeigen aber auch, daß das Maß dieser Entwicklungen ein sehr verschiedenes sein kann.

Wenn wir bei der Moldau finden, daß den oberen 45,7% der Lauflänge nur 6,6% der Gebietsfläche zugehören, dann ist das eben quantitative Ausdruck für den großen und engen Haken, den der oberste Moldaulauf — bis zur Malsch — bildet, wo die Hauptwasserscheide gegen die Donau und die Nebenwasserscheide zwischen Moldau und Wottawa nahe aneinander herantreten. Diese Eigentümlichkeit des obersten Moldaulaufes hätten wir ja nun freilich auch aus der Karte ohne weiteres ersehen können; indessen uns dann nur mit einer qualitativen Einsicht begnügen müssen. Aber man muß doch in allen Naturwissenschaften dahin streben, beobachtete Beziehungen, wo immer es möglich ist, quantitativ — d. h. durch Beobachtungszahlen — festzulegen. Nur so schützen wir uns vor subjektiven Eigenmächtigkeiten. Und in der hier betrachteten Wissenschaft sind positive greifbare Zahlen so nötig, wie nur sonstwo zur Bildung zuverlässiger Vorstellungen. Wir müssen z. B. bald scheitern, wenn wir über Entstehung und Ausbildung der Hochfluten in einem Flußgebiet uns Rechenschaft geben wollen, dabei aber über exakte, d. h. auf Maß und Zahl beruhende Daten hinsichtlich seines Aufbaues aus einzelnen Niederschlagsgebieten nicht verfügen.

Der Anfänger ist freilich hier schon vor einem naheliegenden Fehler zur warnen: nämlich vor dem Irrtum, daß die Wissenschaft etwa erschöpft werden dürfe oder gar solle durch ein System von Zahlen, Tabellen und Formeln. Eine Tabelle ist nichts anderes als ein kondensiertes Beobachtungsergebnis und eine Formel nichts anderes als ein kondensierter Gedanke, dem man in der mathematischen Form dann einen kürzesten Ausdruck gibt. Aber Beobachtungen (Tabellen) und Gedanken (Formeln) sind nicht anders gewonnen, als durch die Anschauung der Natur und ihr einziger Zweck ist, zu einem vertieften Anschauen, zu einem Erfassen der Natur zurückzuführen.

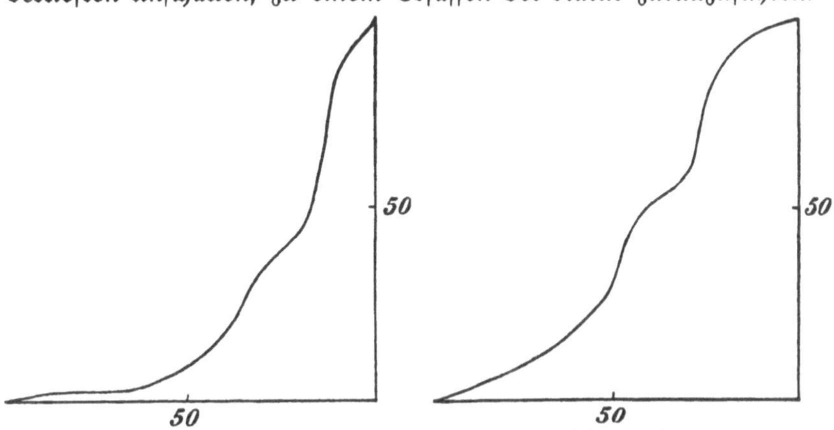

Fig. 2. Moldau. Fig. 3. Neckar.
Längen- und Gebietsentwicklung.

Seit Carl Ritter sind mehr und mehr in der Geographie zahlenmäßige Fassung der Beobachtungen und formale Zusammenfassung derselben angewandt worden. Und in der Tat läßt sich eine vergleichende Betrachtung geographischer Erscheinungen, denen doch immer die Größeneigenschaft zukommt, gar nicht anders durchführen.

Wir sehen das deutlich an unserem Beispiel, wenn wir in der obersten Neckarstrecke 15,6% der Lauflänge und 5,6% der Gebietsgröße als zusammengehörige Werte finden. Der gedrungenere Bau des obersten Neckargebiets — gegenüber der Moldau — wird damit sofort greifbar gekennzeichnet. Und wenn man in beiden Tabellen zu den nächsten Werten übergeht, dann wird uns weiter klar, wie sich das Neckargebiet erheblich gleichmäßiger aufbaut als das der Moldau. Dabei sind die hier gegebenen Tabellen nur Auszüge aus umfangreicheren, die auf Grund der Hinzunahme von Zwischenpunkten sich ergeben. Solche ausführlichere Tabellen, die also nach engeren Intervallen von L und F fortschreiten, sind dann eine geeignete Grundlage für graphische Darstellungen, die für viele denn nun doch einmal den Vorzug der größeren Sinnenfälligkeit gegenüber den Tabellen haben. Die Figuren auf S. 11 geben für Moldau und Neckar derartige Darstellungen des Zusammenhangs zwischen Lauflänge und Gebietsgröße, wobei L als Abszisse und F als Ordinate aufgetragen wurden. Die durch die freien Endpunkte der Ordinaten gelegten Kurven lassen den gleichmäßigen Aufbau im größeren Teil des Neckargebiets gut erkennen, während die sprunghafte Ausbildung des Moldaugebiets ebenso deutlich hervortritt. Erst unterhalb Heilbronn, nachdem Kocher und Jagst dem Neckar zugeflossen sind, zeigt auch dessen Kurve einen solchen Sprung.

Die folgende vergleichende Tabelle bedarf nach dem Gesagten keiner Erläuterung mehr. Auf ihren Inhalt wird mehrfach zurückzugreifen sein.

1 %	Rhein F = 159 516 qkm L = 1052 km	Weser[1]) 33 088 433	Elbe 144 055 1112	Oder 118 611 861	Neckar 13 965 370	Moldau 28 068 130	Saale 23 776 427	Warthe 53 710 762	Tiber 17 169 403
10	2,6	1,7	1,7	7% 0,7	4,0	1,0	2,0	1,8	3,5
20	6,0	6,0	6,1	6,6	6,9	1,9	4,0	5,7	7,5
30	10,0	11,4	10,5	10,0	12,0	2,5	6,1	10,8	11,3
40	21,7	14,9	26,1	18,0	19,7	4,1	9,2	17,7	17,1
50	29,0	17,4	29,0	24,0	31,9	9,3	13,8	26,4	30,6
60	34,0	23,0	41,0	28,6	53,0	28,3	21,9	35,8	48,5
70	68,3	27,7	59,0	34,0	60,0	34,6	48,0	46,0	68,2
80	84,3	44,0	87,2	42,0	91,0	44,0	62,0	52,0	82,5
90	94,5	83,9	95,0	57,0	96,5	85,0	81,0	63,2	93,0

§ 4.

Die bisherigen Betrachtungen sind zwar geeignet, allgemeine und vergleichbare Vorstellungen über die Form der Flußgebiete zu geben. Sie sind aber noch einer Erweiterung fähig; und, sofern es darauf ankommt, ein Urteil über die Lage des Flusses in einem Gebiete zu erlangen (§ 3), ist solche Erweiterung notwendig. Sie kann zunächst gefunden werden in der Richtung, daß dieselben Betrachtungen, die in § 3 für das gesamte Flußgebiet durchgeführt wurden,

[1]) Als Weser ist hier nur der Strom genommen, der diesen Namen trägt, also der aus Werra und Fulda entstandene. Das gesamte Wesergebiet umfaßt aber außer dem hier betrachteten noch das der Werra (F = 5515 qkm, L = 293 km) und das der Fulda (F = 6955 qkm, L = 218 km), ist somit 45 568 qkm groß.

nunmehr für die beiden Seiten desselben, rechts und links vom Flußlaufe, gesondert angestellt werden. Dabei ist es nun Zeit, einen Begriff einzuführen, der sich formal freilich schon in § 3 hätte aufstellen lassen, dort aber die Einsicht nicht wesentlich gefördert hätte, während er jetzt, wo es sich um eine Vergleichung der beiden Seiten eines Gebietes handelt, ein sehr nützliches Werkzeug bildet.

Wenn an einem Punkte eines Flußlaufs l und f zusammengehörige Werte von Lauflänge und Gebietsgröße sind, so wird der Quotient $b = f : l$ als **mittlere Breite** des Gebietes f bezeichnet. Ist f_1 das linksseitige, f_2 das rechtsseitige Flußgebiet, also $f = f_1 + f_2$, dann sind $b_1 = f_1 : l$, $b_2 = f_2 : l$ die entsprechenden beiderseitigen mittleren Breiten, deren Vergleich nun eine einfache Charakterisierung der Lage des Flusses in seinem Gebiet gestattet.

Zwei Beispiele seien dem Wesergebiet entnommen, die Weser selbst — wiederum, wie vorhin, betrachtet von dem Punkte an, wo sie aus Fulda und Werra entstanden ist — und ihr größter Nebenfluß, die Aller.

Weser von der Vereinigung der Werra und Fulda

bis zur	l (km)	f_1 (qkm)	f_2 (qkm)	b_1 (km)	b_2 (km)
Diemel . . .	44,8	103	517	2,3	11,5
Emmer . . .	128,0	2 785	932	21,8	7,3
Werre. . . .	190,8	3 831	1 352	20,1	7,1
Großen Aue .	264,7	5 794	1 813	21,5	7,0
Aller	326,9	7 462	2 349	22,8	7,2
Ochtum . . .	381,7	7 766	18 070	20,3	47,3
Lesum . . .	385,1	8 736	18 175	22,7	47,2
Hunte . .	400,1	8 745	20 333	21,9	50,8
Geeste . . .	432,7	11 753	21 295	27,1	49,2

Aller von den Quellen

bis zur	l (km)	f_1 (qkm)	f_2 (qkm)	b_1 (km)	b_2 (km)
Ocker	113,6	577	1114	5,0	9,8
Lachte . . .	142,7	2 551	1434	18,0	10,0
Fuhse . . .	148,8	2 554	198,5	17,2	13,3
Oertze . . .	162,5	3 894	2089	23,9	12,8
Leine	198,0	4 412	2809	22,3	14,2
Böhme . . .	218,3	11 021	3223	50,6	14,8
Mündung . .	262,9	11 425	4169	43,4	16,0

Einer besonderen wörtlichen Beschreibung bedürfen diese Tabellen nicht. Die erste zeigt, wie die Weser hinsichtlich ihres Gebietsaufbaus durch den Hinzutritt der Aller jenen Charakter erhält, den die östlicheren Flüsse Norddeutschlands (Oder, Weichsel) haben: die rechte Seite des Gebietes überragt die linke erheblich. Man bemerkt aber auch zugleich, wie wenig Aufschluß man erhalten würde, wenn man sich nur auf die großen Mittelwerte, d. h. also hier auf die mittlere Breite des ganzen Gebietes beschränken würde. Denn, indem wir die Variation von b_1 und b_2 von Nebenfluß zu Nebenfluß in unserer Tabelle S. 13 verfolgen, sehen wir, daß die erwähnte Eigentümlichkeit im Aufbau des Wesergebietes eben nur durch die Aller herbeigeführt wird. Vor der Einmündung dieses Nebenflusses überwiegt die linke Gebietsseite, deren sehr gleichmäßiger Aufbau aus der Tabelle hervorgeht. Auch die Aller zeigt eine Gliederung ihres Gebietes, bei der die linke Seite den Vorrang hat; die Einwirkung der Leine, welche dieser Seite angehört, ist aus der Tabelle wieder als eine sehr erhebliche zu entnehmen.

Feststellungen der hier in einem Beispiel durchgeführten Art geben also in der Tat eine Vorstellung von der Lage des Flusses in seinem Gebiete und von Gliederung und Form dieses Gebietes selber. Man kann dabei der Anschauung noch etwas zu Hilfe kommen, wenn man die mittlere Breite in Teilen der Flußlänge ausdrückt. Ohne in Einzelheiten einzugehen und die sich aufdrängenden Vergleiche dem Leser überlassend, wollen wir hier noch eine kleine Zusammenstellung mittlerer Breiten — auf die gesamten Gebiete bezogen, also ohne Sonderung der beiden Seiten — geben. Die Flußlängen sind aus der Tabelle auf S. 12 zu entnehmen.

Mittlere Breiten in km und % der Flußlänge.

	km	%		km	%		km	%
Rhein ..	151,7	14,4	Oder ...	137,8	16,0	Saale ..	55,7	13,0
Weser ..	76,4	17,7	Neckar ..	38,0	10,4	Warthe .	70,5	9,3
Elbe ...	129,5	11,6	Moldau	64,5	14,8	Tiber ..	42,6	10,6

Hatten die bisherigen Betrachtungen den Zweck, die Vorstellung über den Aufbau eines F l u ß g e b i e t e s zahlenmäßig festzulegen und zu stützen, so ist eine Ergänzung, die sich auf die Gestaltverhältnisse der U m r a n d u n g des Gebietes, also der W a s s e r s c h e i d e, bezieht, im Grunde genommen noch überall nötig, wenn wir sie auch nicht überall geben können, da hierzu die Kenntnis der Länge der Wasserscheide erforderlich ist, über die man zurzeit jedoch erst in verhältnismäßig recht wenigen Fällen verfügt.

Ist U km die Länge der Wasserscheide eines Flußgebietes von der Größe f qkm, so wird man sie vergleichen mit dem k l e i n s t e n Umfang, den diese gegebene Fläche f überhaupt haben könnte. Nun ist der Kreis diejenige Figur, welche bei gegebenem Flächeninhalte f den kleinsten Umfang u besitzt. Aus $f = \pi r^2$ und $u = 2\pi r$ findet man

$$u = 2\sqrt{\pi f}.$$

Dieses u kann man also leicht für jedes gegebene Flußgebiet f finden; und es ist dann das Verhältnis $U : u = e$, welches interessiert und welches als Entwicklung der Wasserscheide bezeichnet werden mag. Einige Beispiele mögen zur Illustrierung des Gesagten dienen.

	Rhein	Weser	Elbe	Oder
Fläche F (qkm)	159 516	45 548	144 055	118 611
Länge der Wasserscheide U (km) .	3 360	1 686	2 997	2 178
u (km)	1 416	757	1 345	1 221
e = U : u	2,37	2,23	2,23	2,11

§ 5.

Die vergleichende Betrachtung des Gebietsaufbaus führt ganz von selbst zu jener des Aufbaus, der Anordnung des Gewässernetzes im Gebiete. Auch hier wird zunächst eine allgemeine Anschauung aus der Betrachtung der Karte gewonnen. Man erkennt Gebiete mit einem reich verästelten Gewässernetz, in dem die einzelnen Zweige sich gewissermaßen dicht aneinander drängen, wie es beispielsweise im sächsischen Erzgebirge der Fall ist, und anderseits Gebiete, deren Netz, außerordentlich weitmaschig, nur aus wenigen Flußlinien besteht. Ein Beispiel bietet die sächsische Schweiz, so daß man also Extreme im Netzaufbau in nächster Nähe beieinander findet. Ein außerordentlich instruktives Bild solcher Gegensätze in verhältnismäßig kleinem Raume bietet die hydrographische Karte des Maingebietes, die dem ausgezeichneten Werke v. Teins über den Main[1]) beigegeben ist, und ebenso auch die Karte des Seinegebietes, die zuerst in Belgrands klassischem Werke über die Seine[2]) erschien und nachmals auch dem Manuel Hydrologique du Bassin de la Seine[3]) angehängt wurde.

Belgrand hat auch zuerst versucht, für die Erscheinung, von der jetzt die Rede ist, einen exakten Ausdruck zu finden, auf dem vergleichende Betrachtungen sich gründen lassen. Er hat zu den Zweck festgestellt, auf wieviel Quadratkilometer in den einzelnen Teilgebieten des Seinebeckens ein Wasserlauf komme. Dabei ergibt sich z. B., daß im Morvan, im Quellgebiet der Yonne, bereits auf je 3,3 qkm ein Wasserlauf vorhanden ist, während im Niederschlagsgebiet der Eure erst auf je 143 qkm ein Wasserlauf kommt.

Diese Zahlen Belgrands haben nun in der Tat bereits einen charakterisierenden Wert, der den Unterschied in der Veranlagung der einzelnen Teile eines Netzes wohl erkennen läßt. Aber sie sind doch nicht völlig ausreichend für eine vollkommene Beschreibung

[1]) v. Tein, Das Maingebiet. Ergebnisse der Untersuchung der Hochwasserverhältnisse des deutschen Rheingebietes, VI. Heft. Berlin 1901.

[2]) Belgrand, La Seine, Etudes hydrologiques. Paris 1873.

[3]) Paris, Imprimerie Nationale 1884.

der Erscheinungen. Es geht nämlich in die Definition dieser Belgrandschen Dichtezahlen ein rein qualitatives Element ein, das durch ein quantitatives ersetzt werden muß. Es liegt in der Tat noch etwas Unbestimmtes darin, wenn wir sagen, es komme auf u qkm ein Wasserlauf, wenn eine gleichzeitige Aussage über dessen Länge unterlassen wird.

L. Neumann ist den richtigen Weg gegangen[1]). Er mißt in einem Gewässernetze, welches über die Fläche F ausgebreitet ist, die Gesamtlänge L aller dem Netz angehörenden Wasserläufe — also Hauptfluß nebst sämtlichen Nebenflüssen aller Ordnungen — und definiert dann als Flußdichte den Quotienten L :F. Das sind dann vergleichbare Zahlen. Und die Definition hat den großen Vorzug, voraussetzungslos zu sein, d. h. sich nicht an eine besondere, die Flußdichte mitbestimmende Ursache anzulehnen. Für die Belgrandschen Zahlen gilt das zwar auch. Aber Belgrand hatte seine Werte doch von vornherein nach besonderen Gesichtspunkten ermittelt und zusammengestellt, so daß tatsächlich nur eine der verschiedenen Ursachen, welche den Bau des Netzes, seine Dichte, bedingen, zur Anschauung gebracht wurde. Belgrands Ermittelungen sind nach geologischen Gebieten vorgenommen; so hat er den Nachweis geführt, daß durchlässige Gebiete arm an Wasserläufen, undurchlässige reich an solchen sind. Es sind die undurchlässigen Granite des zentralen Morvan und die ebenfalls undurchlässigen liassischen Schichten seines Randes, für welche bereits auf je 3 qkm ein Wasserlauf kommt, während die ganz durchlässigen Sande von Fontainebleau und die klüftigen Kalke der Beauce erst auf 231 qkm einen Wasserlauf aufzuweisen vermögen.

Solange es also nur auf die Betrachtung dieses einen, des geologischen, auf die Flußdichte wirkenden Faktors ankommt, sind die Belgrandschen Zahlen wohl geeignet.

Aber es ist schon in der Einleitung darauf hingewiesen worden, daß jedes hydrographische Problem ein außerordentlich komplexes ist. Und das gilt hier in besonderem Maße. Von vornherein ist zu beachten, daß nicht überall die Verhältnisse so einfach liegen wie im Seinegebiet, daß man von größeren Gebietsteilen kurz und genau sagen könnte, sie seien durchlässig oder undurchlässig. Meist wird es sich sogar um eine derartige Vielgestaltigkeit des am Aufbau der Oberfläche beteiligten Bodenmaterials handeln, daß selbst das Gebiet eines kleinen Wasserlaufs nicht als homogen in bezug auf Durchlässigkeit betrachtet werden kann. Man könnte geneigt sein, dieser

[1]) L. Neumann, Die Dichte des Flußnetzes im Schwalzwalde; Gerland, Beiträge zur Geophysik, IV. Band, Leipzig 1900.

Schwierigkeit dadurch begegnen zu wollen, daß man die Fläche F immer kleiner nimmt, so daß man mit einer größeren Wahrscheinlichkeit homogene Verhältnisse zu finden erwarten darf. Man könnte ganz radikal sein und fordern, daß für F vonvornherein überhaupt nur die Flächeneinheit zu nehmen sei. Das ist in der Tat verlangt worden, indem man darauf hinwies, daß die Neumannschen Zahlen nur Mittelwerte geben. Dieser Einwurf ist ja richtig; aber wenn man jenem Verlangen nachgäbe, dann würde die rein mechanische Arbeit so mühevoll und so zeitraubend werden, daß Untersuchungen über die Flußdichte noch viel weniger angestellt werden würden als es jetzt schon — trotz der grundlegenden Wichtigkeit der Frage — leider nur geschieht. Und endlich, man würde durch ein solches bis in die kleinste Einzelheit zurückgreifendes Verfahren nur das Grundmaterial häufen, und müßte, um die Übersicht über diese Ergebnisse nicht zu verlieren, zuletzt doch wieder zu Zusammenfassungen, zum Bilden von Gruppen und Mittelwerten schreiten. Übrigens wird man bei planvoller wohldurchdachter Anlage der Untersuchung schon so bis zu kleinen Werten von F zurückgehen. Neumann ist in einer klassischen Arbeit über die Flußdichte im Schwarzwalde bis zu f = 9,8 qkm gekommen.

Neben diese Neumannsche Untersuchung ist die noch umfassendere, überaus verdienstliche Arbeit von Spöttle über die bayrischen Flußgebiete zu stellen[1]). Diese Arbeit und ihr Anlaß zeigen zugleich, daß sich an die Betrachtungen über Flußdichte nicht nur rein wissenschaftliche Interessen, sondern auch solche der Praxis und der Verwaltung knüpfen. Die Untersuchung ist nämlich entstanden aus der dem Bayerischen Hydrotechnischen Bureau gestellten Aufgabe, die Gesamtlänge der Flüsse des Königreiches annähernd genau zu bestimmen. Die sehr kurz bemessene Frist gestattete eine direkte Ausmessung aller Flüsse auf den Karten nicht. Man wählte deshalb eine — allerdings recht beträchtliche — Anzahl typischer Bach- und Flußgebiete aus, für die man die Gesamtgewässerlänge und den Flächeninhalt exakt bestimmte, um auf solcher Grundlage in vorsichtiger Verallgemeinerung zur Antwort auf die gestellte Frage zu gelangen. Als Grundlage für eine solche Verallgemeinerung hat man eine auf die geologische Beschaffenheit sich gründende Gebietseinteilung des Landes gewählt.

Neumanns wie Spöttles Untersuchungen bestätigen nun zunächst die Ergebnisse Belgrands. Aber sie zeigen auch, daß noch andere

[1]) Dr. J. Spöttle, Die schätzungsweise Bestimmung der Gesamtlänge der fließenden Gewässer im Königreich Bayern. (Jahresber. 1901 des Kgl. Bayr. Hydrotechnischen Bureaus.) München 1902.

Faktoren bei der Bildung der Flußdichte beteiligt sind. So läßt sich deutlich erkennen, wie der westliche Hang des Schwarzwaldes größere Dichte des Flußnetzes besitzt als der östliche. Beachtet man, daß der Westabfall der steilere ist, so wird man darauf geführt, daß auch die Tektonik eines Gebietes neben der Gesteinsnatur einen sehr wesentlichen Einfluß auf die Dichte des zugehörigen Gewässernetzes ausübt. Das ist leicht an sich verständlich, daß auf steilerem Gehänge sich mehr Wasserläufe ausbilden können und werden, als auf sanfter geneigteren. So versteht man auch, daß Muschelkalk und Buntsandstein im linksrheinischen Bayern (Pfalz) größere Dichte ihrer Gewässernetze aufweisen als im rechtsrheinischen. Es kommt aber noch hinzu, daß der Westhang des Schwarzwaldes bedeutend mehr Regen empfängt als der Ostabfall. Und es läßt sich wiederum leicht einsehen, daß ein Gebiet, welches reichlichere Niederschläge erhält, mehr Wasserläufe ausbilden wird, als ein solches, in dem zwar alle anderen Verhältnisse dieselben sind, welches aber weniger benetzt wird.

Man kann es als ein allgemeines Ergebnis ansprechen, daß die Flußdichte in erster Linie durch die Natur des am Aufbau des Gebietes beteiligten Materiales bedingt ist, daß aber von zwei in dieser ersten Beziehung gleichartigen Gebieten dasjenige mit dem steileren Hang oder mit der größeren Regenmenge das reicher verästelte, dichtere Gewässernetz aufweisen wird.

Daß aber mit den drei bisher erkannten noch keineswegs alle Faktoren, von denen die Flußdichte abhängt, erschöpft sind, läßt sich leicht erkennen, wenn man Fälle findet, wo zwei Gebiete völlige Übereinstimmung in allen drei Beziehungen, zugleich aber ganz erhebliche Unterschiede der Flußdichte aufweisen. Das ist z. B. so bei der Gauchach, einem Nebenfluß der oberen Wutach (südöstliches Schwarzwaldgebiet). Das Gauchachgebiet hat bis zur Einmündung des Zuflusses Tränkebach eine Dichte von 1,24, während das Gebiet des Tränkebach nur eine solche von 0,77 aufweist. Dabei liegen beide (obere Gauchach 65 qkm, Tränkebach 20 qkm) im Muschelkalk, stimmen in ihrer Orographie — sie gehören dem Südrande der Hochfläche der Baar an — durchaus überein, und ebenso in bezug auf die jährliche Niederschlagsmenge.

Ein analoges Beispiel möge der Schwäbisch-Bayrischen Hochebene entnommen sein. Hier liegen nahe nebeneinander die Gebiete der Roithammer Ach (linksseitiger Zufluß der Alz, nördlich des Chiemsee) und des Hölltobel-Bachs (Zufluß des Waginger Sees), deren erstes bei 72 qkm Fläche eine Dichte von 0,79, das zweite bei $F = 53$ qkm eine solche von 1,75 besitzt. Beide gehören dem Moränengebiet an, weisen gleiche Orographie und gleiche Benetzung auf.

In solchen starken Differenzen der Flußdichte auf kleinen und scheinbar einheitlichen Gebieten zeigt sich eben wieder, daß wir es in dieser Frage mit einer der verwickeltsten Erscheinungen der Geophysik zu tun haben, die noch sehr eingehender Studien bedürfen wird.

Die Art des Pflanzenkleides des Bodens — insbesondere die Waldbedeckung — dann aber die verschiedenen Verwitterungsformen und ihre Übergänge ineinander vom gröbsten Grus bis zum feinsten Sand oder Lehm: das sind alles Faktoren, die auf die Ausbildung der Dichte eines Gewässernetzes bestimmend mitwirken. Ihre Isolierung ist nur durch ein eingehendes Detailstudium möglich, wobei dann für F nicht immer das Flußgebiet (Bachgebiet) als solches festgehalten werden kann, sondern wie es Suerken in einer schönen Arbeit über das Münstersche Becken[1]) getan hat, ein Netz geometrischer Figuren über das Gebiet f gelegt werden muß, für dessen einzelne Maschen dann die Dichte bestimmt wird. Diese Maschen, deren Seiten Suerken aus Meridian- und Parallelstücken (1′ bzw. 2′) bestehen läßt, kann man dann immer klein genug wählen, um dem besonderen Problem mit möglichst großer Annäherung zu genügen. Die Suerkensche Masche z. B. ist 4,2 qkm groß.

Es gibt übrigens eine Betrachtungsweise für die Dichte irgend eines Liniensystems, nach der das Gebiet F von vornherein mit einem Netz quadratischer Maschen überzogen gedacht wird, deren Weite aus den hier zur Verfügung stehenden Fundamentalgrößen F und L generell bestimmt wird. Man denkt sich nämlich die Fläche F in quadratische Form gebracht und dann in $n^2 = z$ Quadrate geteilt, wobei die Zahl z durch die Bedingung bestimmt wird, daß die Summe eines Systems gerader Strecken, welche von Flächenrand zu Flächenrand durch die Mitten der kleinen Quadrate in zwei zueinander normalen Richtungen (parallel den Quadratseiten) gezogen werden, gleich der Gesamtlänge aller Elemente wird, welche das zu untersuchende Liniennetz zusammensetzen[2]). Ist dann L diese Gesamtlänge, F der Flächeninhalt der Fläche, über welche das Liniensystem ausgebreitet ist, dann findet man z und die Maschenweite M, d. h. die Länge der Seite eines jener n^2 kleinen Quadrate aus

$$2zM = L, \quad zM^2 = F.$$

Es ist also $M = 2F:L$; und da die Dichte D gegeben ist durch $D = L:F$, so folgt $MD = 2$, wodurch der Zusammenhang zwischen Maschenweite und Flußdichte gegeben ist. Ist noch d die Dichte innerhalb

[1]) Zeitschrift für Gewässerkunde, IX. Bd., 3. Heft. Dresden 1909.

[2]) In der Figur sind die gestrichelten Strecken die Quadratseiten, die ausgezogenen diejenigen, deren Summe den Wert L ergibt.

einer Masche, so folgt $d = 2M : M^2 = 2 : M$, d. h. es ist $d = D$. Das besagt, daß wir uns hier das Gebiet F von einem Maschensystem überdeckt denken, in dem jede Masche die mittlere Dichte D besitzt. Dadurch wird dieses Maschennetz aber zu einem natürlichen, d. h. zu einem solchen, dessen Dimensionen sich aus der Eigenart des gegebenen Flußnetzes bestimmen. Die Maschenweite M, deren Berechnung aus $M = 2 : D$ ja keine besondere Mühe verursacht, hat aber eine sehr schätzbare wegweisende Bedeutung in Untersuchungen über die Flußdichte. Denn es ist klar, daß die ganze Vorstellung von dem Maschennetz nur so lange Wert hat, als $2M \leqq L$ ist, da nur dann die Anzahl der Maschen $z \geqq 1$ wird. Ist dies nicht mehr der Fall, dann führen die Formeln also zu einer physischen Absurdität: die mittlere Dichte ist dann so klein geworden, daß zu einer näheren Erkenntnis derselben das Gebiet mit einem künstlichen Maschennetz überzogen werden muß.

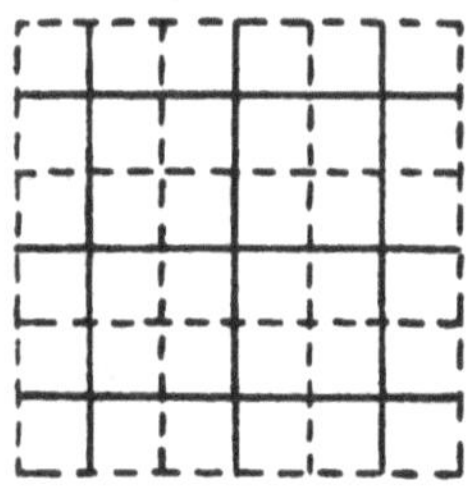
Fig. 4. Maschennetz.

Schon aus dem Gesagten läßt sich die große Wichtigkeit von Untersuchungen über die Flußdichte hinreichend erkennen. Es handelt sich ja nicht um die Errechnung einiger Zahlenwerte. Wir haben gesehen, daß jede dieser Zahlen auf einen ganzen Komplex physischer Tatsachen hinweist, die bestimmend sind für das Werden und Leben eines Flußnetzes und seiner Elemente.

Der Kreis der Beziehungen der Flußdichte ist größer als er in der ersten systematischen Einführung dieses Abschnittes zunächst erscheinen kann. Wir werden uns in den folgenden Kapiteln wiederholt durch die Natur der Dinge selber auf solche Beziehungen geführt sehen. Eine von ihnen muß hier noch angedeutet werden, weil sei auf einen Zusammenhang zwischen der Gestaltung eines Flußgebietes und der Dichte seines Gewässernetzes hinweist.

Auf die Vermittlung eines solchen Zusammenhangs mußte aber die Betrachtung von Belgrands Karte führen, wenn man dort Gebiete geringer Durchlässigkeit (großer Dichte) wie z. B. das der Marne in schmaler Gestalt, durchlässige, wie das der Eure, aber breit ausgedehnt entgegentreten sieht. Andere Beobachtungen zeigen gleiches, so, um noch bei Frankreich zu bleiben, eine ganze Reihe nordfranzösischer Flußgebiete, die z. B. in der Thiérache eine scharf ausgeprägte Asymmetrie ihre Gewässernetze aufweisen, indem die eine Seite auf undurchlässigem Boden schmale Form und große Dichte, die andere, auf durchlässiger Unterlage breit ausgreifende flußarme Gestaltung aufweist. Entsprechendes lehrt im Moselgebiet das lothringische Stufenland, im südwestdeutschen Becken Franken mit seinen breiten, aber wenig dichten Flußnetzen im Jura, in der Sächsischen Schweiz die Kirnitzsch, mit ähnlich asymmetrischem Bau ihres Gewässernetzes wie im vorhin erwähnten Fall: dicht und schmal auf der rechten Seite des Flußlaufes, wo er zum Teil der Lausitzer Platte angehört, weit und flußarm auf der linken Seite im Elbsandsteingebirge. Ein ganz typisches Bild geben dann die schmalen Gebiete der auf undurchlässigem Boden fließenden Flüsse Schwedens, wie es schon Ossian Appelbergs hydrographische Karte von Schweden erkennen läßt.

Zahlenmäßiges über den so zu vermutenden Zusammenhang zwischen Gebietsform und Netzdichte kann man da, wie schon oben gesagt, Untersuchungen über Flußdichte nur sehr wenige vorliegen, nur in äußerst bescheidenem Maße angeben. Aus Neumanns Arbeit sind die folgenden Angaben über die Dichte D entnommen; aus den Angaben von Honsells Werk über den Rheinstrom sind die daneben gestellten Werte der mittleren Breite B abgeleitet.

	D	B
Wutach . .	1,10	13,1
Elz	1,59	9,7
Wiese . . .	1,61	8,1
Dreisam	1,69	5,6

Diese Zahlen zeigen ganz den Gang, den man nach dem rein qualitativen Studium der Karte wohl erwarten konnte: mit wechselnder Dichte nimmt die mittlere Breite ab.

Aber, um diesen Satz als ein allgemein gültiges Ergebnis hinzustellen, müssen erst noch andere Beobachtungen herbeigezogen werden, die nicht nur, wie alle die, die wir bisher ausschließlich benutzen wollten, auf der Karte sich erledigen lassen, sondern die in der Natur selber anzustellen sind. Für jetzt kann nur davon die Rede sein, daß das Bestehen einer umgekehrten Proportionalität zwischen Dichte und mittlerer Breite wahrscheinlich gemacht ist. Man kann sich zudem leicht direkt überzeugen, daß hier tatsächlich große Vorsicht im Schließen notwendig ist. Denn wenn, wie bisher $L = \Sigma l$ die Gesamtlänge aller Wasserläufe eines Netzes, L_0 die Länge der Hauptader ist, dann hat man $D = L:F$, $B = F:L_0$, oder

$$BD = L:L_0.$$

Hiernach wird man nicht etwa schlechtweg behaupten dürfen, B und D seien einander umgekehrt proportional. Denn das Verhältnis $L:L_0$ ist keine Konstante, und über die Art seiner Veränderlichkeit können und wollen wir selbstverständlich nichts voraussetzen.

II. Kapitel.

Der Flußlauf im Flußtal.

§ 1.

Die Darlegungen des vorigen Kapitels gründeten sich ausnahmslos auf solche Beobachtungen, die auf der Karte angestellt werden können. Sie haben, obgleich sie zunächst nur deskriptive Bedeutung haben sollten und konnten, in der weiteren Entwicklung doch schon ganz naturgemäß zu kurzen Erörterungen über die Ursachen der Erscheinungen geführt und eine ganze Reihe von Problemen angedeutet, deren Untersuchung ein Hinausgehen über die Karte, ein Heranziehen der direkten Beobachtung in der Natur und ihrer Ergebnisse verlangt.

Immerhin war es bei den bisherigen Betrachtungen möglich und zulässig, in den Flüssen nur Linien zu sehen. Und das wird es immer dann sein, sobald nur augenblickliche Verhältnisse, die als abgeschlossene, fertige betrachtet werden, zur Diskussion stehen. Sowie es sich aber darum handelt, auch das Werden der Erscheinungen, ihre Entwicklungsgeschichte, in den Kreis der Untersuchung zu ziehen, dann muß die Natur selber an Stelle ihres durch die Karte gegebenen Bildes beobachtet werden.

Dann zeigt sich aber sofort, daß der Fluß niemals allein und für sich, sondern daß er stets in Verbindung mit dem Tal entgegentritt. Aus der alltäglichen Wahrnehmung bringt jeder ein Bild, eine allgemeine Vorstellung von dem mit, was ein Tal genannt wird; und im Gebirge und Hügelland erkennt jeder ein Tal sofort als solches. Aber auch im Flachland setzen sich die Täler fort, und sind dem geübten Blick auch dort leicht unterscheidbar. Unter allen Umständen aber ist der Zusammenhang zwischen dem fließenden Wasser und dem so bedeutsamen morphologischen Element des Tales ein so enger und allgemeiner, daß gesagt werden darf, es gehöre zu jedem Fluß ein Tal. Die Umkehrung dieser Feststellung ist damit freilich nicht ausgesprochen.

Um Art und Herkunft dieses Zusammenhangs kennen zu lernen, ist es erforderlich, die Erscheinung der Täler zunächst einmal für sich näher zu betrachten. Ein Tal ist eine Hohlform der Erdoberfläche, welche durch zwei Eigenschaften ausgezeichnet ist: die Länge überwiegt die Breite in ganz erheblichem Maße, und die Gefällsrichtung verläuft stets in einem und demselben Sinne. An dem Tale ist die Sohle oder der Boden und die Wände oder die Gehänge zu unterscheiden. Die Flächen der Talwände stoßen aber unten nicht in einer Linie zusammen, sondern es schaltet sich der Talboden als mehr oder weniger schmale Ebene zwischen sie ein. Es ist also fast immer teilweise, in einzelnen Fällen auch ganz oder fast ganz von fließendem Wasser eingenommen. Das Auftreten solcher Schluchten ist übrigens nicht auf solche Täler beschränkt, welche nur von einem kleinen Wasserlauf durchflossen werden. In den ferneren Darlegungen werden vielmehr insonderheit Beispiele voll ausgebildeter Flüsse entgegentreten, welche deutlich schluchtartige Talstrecken aufweisen. Fehlt das Wasser, so spricht man von einem Trockentale.

In einem Tale hinaufsteigend gelangt man zum Talanfang (oberen Talende), das in ursprünglichen Verhältnissen auch den Talschluß bildet, indem hier die Gehänge zu einem einzigen, dem Hintergehänge, sich zusammenschließen, und also von einem Talboden nicht mehr die Rede sein kann.

Geht man in einem Tale abwärts, folgt also dem Gefälle, dann gelangt man zuletzt zum (unteren) Talende oder Talausgang. Hier verschwinden die Seitengehänge entweder oder aber sie biegen, als Gebirgsabfälle, in verschiedenen Richtungen aus. Mit einem Ausgang mündet das Tal in ein anderes oder in eine andere Hohlform, etwa ein Seebecken. Beispiele lassen sich aus jeder orographischen Karte entnehmen; sie sind für das bisher Gesagte in einer Reihe typisch ausgeprägter Erscheinungen, insbesondere im Gebiete des Rheins von seinem Ursprung bis nach Mainz zu finden.

Die gegebenen Feststellungen beziehen sich auf die fundamentalen Eigenschaften des Tales. Sie bezeichnen das, was man ein normales Tal nennen könnte. Indessen treten einige Modifikationen doch so oft in der Natur auf, daß es geboten erscheint, sie schon jetzt kurz zu erwähnen.

Im Talschluß ist das Tal gegen das Gebirge hin abgeschlossen. Es bedarf noch einer größeren oder geringeren Wanderung um von hier aus nach dem Kamm des Gebirges zu gelangen, von wo aus dann nach Überschreitung der Wasserscheide der Abstieg nach der anderen Seite des Gebirges erfolgt. So steigt man in den Westbeskiden im Tal der Oberen Beczwa, eines Quellflusses der March, empor und über das Jawornik-Gebirge hinüber in das Tal der Kisuca, eines Quellflusses der Waag, hinab. Der Talschluß der

Beczwa schaut nach Westen, der der Kisuca nach Osten, zwischen beiden liegt trennend der Kamm des Gebirges, über den die Wasserscheide verläuft. Das ist also das normale Bild.

Es wird aber oft die Erscheinung sich anders gestalten. In einem Tale hinaufsteigend findet man die Gehänge in der Gegend, wo man etwa den Talschluß erwartet, nicht zusammentretend, und man gelangt, nach Überschreitung einer geringen, im Tale liegenden Bodenerhöhung, sofort in ein Tal, welches zur anderen Seite des Gebirges hinabführt. Eines der bekanntesten Beispiele ist das Pustertal, das aus dem Etschgebiet (Rienztal) über die Talwasserscheide des Toblacher Feldes unmittelbar, d. h. ohne Überwindung eines Kammes, in das Drautal hinüberführt. Solche Verbindung zweier entgegengesetzt fallenden Täler mag als einfacher Talzug bezeichnet werden. Die beiden ihn bildenden Täler sind also an ihren oberen Enden gegeneinander geöffnet, so daß man sie auch offene Täler genannt hat.

Diese Bezeichnung ist aber gewiß etwas zu unbestimmt. Denn es tritt auch häufig genug der Fall entgegen, daß man, in einem Tal hinaufsteigend, zu einer Stelle kommt, wo — ganz wie am unteren Ende — die Gehänge nach verschiedenen Seiten umbiegen, so daß also gewiß das Tal hier auch ein offenes wird, während nun aber, im Gegensatz zu dem vorhin betrachteten Fall, das Gefälle des Talbodens jenseits dieser Talöffnung im gleichen Sinne weiterverläuft wie in der eben verlassenen Talstrecke.

Die jetzt gekennzeichnete Erscheinung wird sich da einstellen, wo ein Gebirge sich quer vor ein Tal vorlagert, so daß durch dieses ein Durchgang durch das Gebirge geschaffen wird: Durchgangstal. Daneben besteht die Bezeichnung Durchbruchstal, die mit einer speziellen Vorstellung über die Entstehung solcher Talstrecken zusammenhängt. Beispiele, die wegen ihres großen Maßstabes allgemein bekannt sind, bieten der „Durchbruch" des Rheins durch das Rheinische Schiefergebirge, der Elbe durch das Elbsandsteingebirge. Das Auftreten solcher Durchgangsstrecken in einem Tal ist indessen gar nicht so selten.

Endlich ist hier noch eine Modifikation des normalen Tales zu erwähnen. Es kann nämlich geschehen, daß auch am unteren Ende eines Tales die Gehänge wieder zusammentreten und einen unteren Talschluß bilden. Das sind die blinden Täler, die besonders in den Karstgebieten auftreten, wo das in ihnen fließende Wasser unterirdisch in Hohlräumen des unteren Talschlusses entweicht (Reka in Istrien). Bei großem Wasserreichtum des in einem blinden Tal fließenden Flusses kann es am unteren Talschluß zu einer (temporären oder dauernden) Aufstauung eines sogenannten Endsees kommen, der dann ohne sichtbaren Abfluß sein wird. Eine unbegrenzte Anhäufung des Wassers im Endsee wird dann entweder durch die Verdunstung allein oder durch sie in Verbindung mit unterirdischem Abfluß verhindert.

§ 2.

Im Talboden ist nun der Fluß mit seinem Bett eingelagert, welches ein Abbild des Tales in kleinem Maßstabe gibt. Die Breite des Bettes ist im allgemeinen aber gering gegenüber jener des Talbodens. Die Wände des Bettes entsprechen dem Talgehänge, seine Sohle dem Talboden. Wenn aber bisher hinsichtlich der Täler stillschweigend nur die einfachste Gestaltung ihres Querschnittes angenommen worden ist, so muß beim Flußbett vonvornherein auf die Gliederung des Querschnittes hingewiesen werden.

Das Flußbett hat sich der wechselnden Wasserführung des Flusses anzupassen, die in weiten Grenzen schwanken kann. Daraus resultiert schon einige Schwierigkeit, wenn präzis definiert werden soll, was unter Ufer zu verstehen ist. Das römische Recht sagt: Ripa ea putatur esse quae plenissimum flumen continet. Diese formale Definition stellt fest, was wir den Uferrand nennen wollen, und zwar unter Voraussetzung eines vollkommen symmetrisch gestalteten Flußbettes, welches bordvoll ist. Aber weder trifft jene Voraussetzung über die Gestaltung des Flußbettes zu, noch ist der Fluß immer bordvoll. In Wirklichket ist er es sogar nur während kurzer Zeiträume in jedem Jahre. Man wird also sich der Wirklichkeit besser anschmiegen, wenn man als Ufer den Teil der Bettwandungen bezeichnet, welcher bei sogenannten mittleren Wasserständen unbenetzt bleibt. Bei Steilufern wird man dann auch über den Uferrand nicht im unklaren sein; bei sanft geböschten Bettwandungen gehen diese freilich allmählich in den Talboden über, so daß nur noch von einem Ufersaum gesprochen werden kann.

Das Bett, wie es nach der eben getroffenen Vereinbarung über das Ufer definiert scheint, ist das, was auch kurz als Mittelwasserbett bezeichnet werden kann. Für den jeweils augenblicklichen Zustand eines Flusses und insbesondere für die Beziehungen eines Flusses zum Menschen ist dies Mittelwasserbett zwar der wichtigste Teil des Flußbettes. Aber für das, was man das Leben des Flusses, seine Evolution in und mit dem Tale bezeichnen darf, kommt eben noch ein größerer Raum in Betracht.

Nach der Schneeschmelze, nach heftigen oder lang andauernden Regengüssen vermag das Mittelwasserbett die Wassermenge des

Flusses nicht mehr zu fassen. Der Fluß **ufert aus**, und das Wasser findet eine Schranke erst an den **Hochufern**. In schmalen Gebirgstälern werden das oft erst die Talgehänge sein; in breiten Talböden aber ziehen sich die Hochufer als niedrige — oft den künstlichen Dämmen sehr ähnliche Erhöhungen parallel dem Flußlaufe zu beiden Seiten desselben hin, so zwar, daß hinter ihnen, d. h. nach dem Talhang hin, wieder relativ niedriges Land liegt. Die nebenstehende Figur, deren Höhenmaßstab ein Vielfaches desjenigen der Länge ist, gibt ein Bild dieser Gestaltungen und läßt das links und rechts ungleich begrenzte Hochwasserbett erkennen, welches das Mittelwasserbett einschließt. Den Landstreifen, der vom Uferrand des Mittelwasserbett bis zum Fuße des Hochufers etwa vorhanden ist, bezeichnet man als das **Vorland**[1]).

Fig. 5. Profil der Eyach.

Je breiter diese Vorländer sind, desto mehr werden diese aus gleich nachher darzulegenden Gründen besonders fruchtbaren Teile des Talbodens anziehend auf die menschlichen Siedlungen wirken. Aber diese sind dann, wie aus dem Vorhergehenden ersichtlich, beständig der Überschwemmungsgefahr ausgesetzt, so daß man in den Tälern der großen Ströme an Stelle der allzu weit zurückliegenden natürlichen künstliche Hochufer (Deiche) schafft. Der Bruch eines solchen Deiches bedeutet dann freilich meist eine Katastrophe für die Niederung, die er schützen sollte. Allerdings ist die menschliche Sorglosigkeit gegenüber zerstörenden Naturgewalten oft eine sehr weitgehende. Wer unsere deutschen Gebirge und ihre Flüsse kennt, wird sich manchen Ortes und mancher industriellen Anlage erinnern, die auf so schmalem Vorlande aufgebaut sind, daß es keiner besonderen Erfahrung oder langjährigen Studiums bedarf, um sagen zu können, daß diese Punkte bei jedem Hochwasser großen Gefahren ausgesetzt sind, was um so schwerer in Rechnung zu setzen ist, als, wie später zu zeigen ist, damit auch weite Strecken und Gebiete unterhalb solcher Anlagen in höherem Maße gefährdet werden können, als es bei rein natürlichen Verhältnissen — also ohne jene Anlagen und Siedlungen — der Fall sein würde. Die erwähnte Wahrnehmung ist

[1]) In der Figur, welche dem Profil der Eyach bei Balingen nachgebildet ist, sind die Vorländer nur schmal, hier kam es auf ein Bild möglichst ungleichartiger Hochufer an.

freilich nicht auf Deutschland beschränkt. Es ist, um nur einige Beispiele anzuführen, im Themsetal und an den Flüssen Nordfrankreichs nicht anders als an der Görlitzer Neiße und an den schlesischen Flüssen. Die Raumnot der modernen Kulturvölker mit intensiv industrieller Entwicklung schafft überall ähnliche Erscheinungen.

§ 3.

Sofern nun nichts anderes ausdrücklich bemerkt wird, soll hier unter Flußbett immer das gesamte, zwischen den Hochufern liegende Bett verstanden werden.

Wenn nun aber nach den bisherigen Darlegungen und aus der schematischen Zeichnung klar geworden ist, daß der Querschnitt (das Profil) eines Flußbettes durchaus keine einfache Figur ist, so wird bei Betrachtung eines beliebigen der Wirklichkeit entnommenen Profils vor allem ein Irrtum sich noch korrigieren, der aus schematischen Darstellungen leicht entsteht, nämlich der, daß das Mittelwasserbett in seinem Profil eine zu einer senkrechten Mittellinie symmetrische Figur bilde. Das ist sehr selten der Fall, die tiefste Stelle der Sohle liegt vielmehr nach einer der Seiten zu, nicht in der Mitte. Und wenn man nun den Flußlauf entlanggeht und in bestimmten Abständen Profile aufnimmt, so ist es von Wichtigkeit zu bemerken, daß diese tiefsten Stellen (die Kolke) durchaus nicht in allen aufeinanderfolgenden Profilen homologe Lagen haben, sondern daß sie vielmehr, wenn man dem Lauf des Flusses folgt, von einer auf die andere Seite hinüberwechseln. Die tiefste Furche in der Sohle liegt also nicht symmetrisch in dieser. Sie wird als **Talweg** bezeichnet; ihre Lage ist, wie aus § 4 folgt, keine feste, sondern veränderlich. Der Talweg ist also als Grenze ganz ungeeignet, wenn er auch noch in neuesten Staatsverträgen als solche gewählt wurde.

War es hinsichtlich der Größe, der Flächeninhalte, von vornherein klar, daß der Querschnitt eines Flußbettes veränderlich sein müsse, indem er im allgemeinen vom Ursprung zur Mündung hin zunimmt, so ist nun auch ersichtlich geworden, daß die Form des Querschnitts ebenfalls eine sehr veränderliche ist. Und sie ist dies in noch höherem Maße, als bis jetzt gezeigt wurde, indem sie nicht nur von Profil zu Profil wechselt, sondern auch für ein und denselben Querschnitt im Laufe der Zeit ganz erhebliche Änderungen zu durchlaufen vermag. Diese Veränderlichkeit der Querschnitte hängt nun aber aufs engste zusammen mit jenen Veränderungen, welche das Gefälle und die Laufentwicklung eines Flusses in seinem Tale betreffen, daß ihre weitere Untersuchung nur im Zusammenhang mit der dieser Elemente erfolgen kann. Und damit ist dann auch der Punkt unserer Betrachtungen erreicht, wo das dynamische Moment in sie eintreten muß.

§ 4.

Das bewegliche Element des Wassers gehorcht dem Einfluß der Schwere und eilt von höheren nach niederen Niveaus, zuletzt nach dem Meere. Es sind ganz außerordentliche Energiemengen, welche bei diesen Bewegungen in Wirksamkeit treten. Eine Wassermenge m in der Höhe h über dem Meeresspiegel besitzt die potentielle Energie mgh, wo g die Schwerbeschleunigung bedeutet. Wird als Maßeinheit das Kilogramm, als Längeneinheit das Meter genommen, so kommt also der in Q Kubikmeter Wasser enthaltenen Masse die potentielle Energie $1000\,Qgh$ zu. Das ist selbst bei kleinen Werten von Q und h schon ein sehr bedeutendes Arbeitsvermögen. Es muß auch reichlich ausgenutzt werden, da die rauhe Erdoberfläche dem rinnenden Wasser eine Menge von Widerständen entgegensetzt. So wird es verstanden, daß in der Natur diejenigen Geschwindigkeiten des fließenden Wassers, die nach dem Energiesatz aus dem Durchfallen der Höhe h rein theoretisch — d. h. also abgesehen von allen Widerständen — zu erwarten wären, nicht angetroffen werden. Aber gerade durch den Verbrauch an Energie, der zur Überwindung jener Widerstände nötig ist, wird das rinnende Wasser jenes gewaltige modellierende Agens, als welches es in der Einleitung bezeichnet wurde.

Nach jedem Regen läßt sich an Wegeinschnitten, an den Hängen von Sandgruben die Wirkung des rinnenden Wassers auf die Erdoberfläche im kleinen beobachten. Alles was beweglich ist an der Oberfläche jener Gebilde, das ist vom Wasser zur Seite gestoßen, so daß sich Regenrillen bilden, die sich zu Systemen, Netzen, zusammenfügen, welche deutlich genug als nichts anderes erscheinen als Abbilder der Flußnetze unserer Karten. Indessen, nicht nur hier im kleinen, ist es die Wucht (kinetische Energie) des Wassers allein, welche gestaltbildend wirkt.

Wo die Energie des Wassers ein weiteres Betätigungsfeld findet, wo sie durch die größere Masse selbst größer geworden, da vermag das rinnende Wasser auch größere lose Massen, als die kleinen Sandkörnchen des Beispiels von vorhin, mitzureißen und für einige Zeit in Bewegung zu setzen. Indem es sich so mit *Geschieben* belädt, erhält das Wasser nun erst das kräftige Werkzeug, mit dem es die Erdoberfläche furcht. Diese von der Wucht des Wassers vorwärtsgestoßenen Geschiebe greifen nun den Boden wühlend, bohrend, reißend an, so daß aus der embryonalen Furche, der Regenrille, allmählich eine Hohlform entsteht, die als Flußbett zu bezeichnen ist, bei der sich deutlich schon seitlich Wände zeigen. Aber damit sind für die wühlenden Geschiebe, die zunächst nur in die Tiefe arbeiteten, sofort Angriffsstellen gegeben, an denen sie auch seitlich zu wirken vermögen. Durch das Schürfen und Scheuern der Geschiebe werden die elementaren Gehänge angegriffen, stellenweise untergraben, so daß sie nachstürzen, wodurch eine Verbreiterung des Bettes und gleichzeitig eine Vermehrung des vom Wasser gestoßenen, arbeitenden Materials geschaffen wird. Der Vorgang wird also noch intensiver sich gestalten.

So wirkt das rinnende Wasser mit Hilfe der durch seine Energie in Bewegung gesetzten Geschiebe **erodierend** auf die Erdoberfläche. Und das erste Ergebnis dieser Erosion ist das Flußbett.

Es ist notwendig, daß man sich darüber klar bleibe, daß das Wasser nur vermöge seiner Belastung mit Geschieben erodiert. Auf einer glatten Erdoberfläche, bei der nicht durch die Einwirkung der Atmosphärilien, die mechanische und chemische Verwitterung, kleinere Trümmer von vornherein geschaffen wären, würde das rinnende Wasser eine wühlende, einschneidende Wirkung, also eine mechanische Erosion nicht zu leisten vermögen. Nur die mechanische Erosion interessiert uns hier, während in Band III (Grundwasser und Quellen) eine eingehendere Betrachtung auch der chemischen Erosion stattzufinden hat.

Mit der ersten Anlage des Flußbettes ist nun aber die (mechanische) Erosionsfähigkeit des Wassers keineswegs erschöpft; wir haben im Gegenteil gesehen, daß sie gesteigert wird auch dann, wenn wir eine Steigerung der zur Verfügung stehenden Energiemenge noch gar nicht voraussetzen, allein durch die Vermehrung der Erosionsmittel. Aber jene Energiemenge ist Schwankungen unterworfen, die durch jene der Wassermenge bedingt sind. Sie erlangt Größtwerte zur Zeit der Schneeschmelze und nach heftigen oder lange andauernden Regengüssen. Damit wird dann die Wucht des Wassers wachsen und dieses größeres Material als sonst fortzustoßen vermögen, d. h. es wird um diese Zeiten der Angriff auf das bisher geschaffene Flußbett um ein meist hohes Vielfaches sich steigern. Damit wird zunächst eine Vertiefung des Sohle der Bettes, die im Gebirge — wo neben großer Wassermenge Q auch große Fallhöhe h vorhanden — unter Umständen in ganz kurzen Zeiten sehr bedeutende Beträge zu erreichen vermag. Dabei sind dann Geschiebe in Bewegung gesetzt worden, die, wenn der heftigste Ansturm des Wassers vorüber ist, von dessen abnehmender Stoßkraft nicht mehr bewegt werden können, also im Bett liegen bleiben. Und ebenso wird bei solcher Austiefung der Sohle gewachsenes härteres Gestein angetroffen werden, das nun in Riegeln und Rippen das Bett durchzieht. Durch beide Erscheinungen ist dann aber eine Ursache geschaffen, welche auch auf eine Verbreiterung des Bettes hinwirkt. Denn das anstürmende Wasser wird durch die Hindernisse ab- und gegen die Seitenwände hingelenkt, die durch diesen Angriff weiter unterwaschen und zum Abbröckeln und Nachstürzen gebracht werden. Das Ergebnis ist also eine Verbreiterung des Bettes, welche bald an dieser, bald an jener Seite stattfindet und, was wichtig zu bemerken ist, nicht etwa auf die Zeiten größter Wasserführung beschränkt ist, sondern im Gegenteil ganz vorzugsweise in den ruhigeren Zeiten mittlerer Wasserführung zur Geltung kommt, während die Hochwässer, wie aus dem vorhin Gesagten erhellt, vornehmlich die Erosion in die Tiefe fördern.

Wenn nun beachtet wird, daß die hier kurz beschriebenen Vorgänge, nicht nur Jahrzehnte und Jahrhunderte, sondern während Zeiträumen erdgeschichtlicher Entwicklung wirken, so wird man einsehen, daß durch die vorstehenden Betrachtungen — obgleich sie zunächst nur Hauptzüge der Erscheinung berücksichtigen — der Hinweis gegeben ist, daß durch die Arbeit des rinnenden Wassers aus der embryonalen Rille oder Furche, die er in geologischer Vorzeit gezogen, durch fortschreitende Vertiefung und Verbreiterung eine Hohlform erzeugt werden **kann**, die alle jene Eigenschaften besitzt, welche ein Tal charakterisieren (vgl. S. 22), die ein Tal **ist**.

Indem die einstigen Flußbettränder mehr und mehr zur Seite gedrängt werden und gleichzeitig die Tiefenerosion wirkte, sind sie zu Talgehängen geworden; und zwischen ihnen hat sich der Talboden gebildet, in dem nun das Flußbett als tiefste **Erosionsrinne** in oft vielfachen und großen Windungen eingeschnitten erscheint. Wir haben uns oben überzeugt, wie solche Richtungsänderungen des Flußbettes zustande kommen müssen, und wir könnten auch rein deduktiv noch erkennen, daß die Lage des Flußbettes im Talboden durchaus keine von Anbeginn durch die ganze Entwicklungszeit des Flusses und Tales bindend unveränderliche gewesen sein kann. Aber die Erfahrung weist uns schon von selbst auf eine Erkenntnis hin, wenn sich ein breiter Talboden bis in größere Tiefe erfüllt, d. h. aufgebaut (vgl. Kap. III) findet aus Material, das durch seine abgerundeten Formen darauf hinweist, daß es, durch das Wasser transportiert, erodierend tätig gewesen, also Flußgeschiebe ist, während es der petrographische Befund als gleichartig erkennen läßt mit dem noch jetzt von dem Fluß geführten Gerölle. Dieses

Verteilen eines Geschiebes über den Talboden kann der Fluß nur dadurch zustande gebracht haben, daß sein Bett über die ganze Breite des Talbodens im Laufe der Entwicklung hin und her gewandert ist. Aber auch die so karge geschichtliche Erfahrung kommt hier zum Worte, die von allen größeren Strömen die Erinnerung von recht erheblichen Verschiebungen des Bettes quer zur Talachse aufbewahrt hat. (So lagen, um nur ein Beispiel anzuführen, die jetzt rechtsrheinischen Dörfer Plittersdorf und Wintersdorf noch zu Ende des 14. Jahrhunderts auf dem linken Ufer, das linksrheinische Dorf Neuburg noch 1570 auf dem rechten Rheinufer: Zeichen für die gewaltigen Ausschweifungen des Stromes.)

§ 5.

Im vorigen Paragraphen handelte es sich darum, neben der Tatsache der Windungen eines Flußbettes in seinem Tale auch, zunächst freilich nur den großen Zügen nach, die letzte Ursache dieser Erscheinung kennen zu lernen. Es ist selbstverständlich, daß die allgemein gewonnene Einsicht nun noch zu vertiefen und die Erscheinung nach ihren möglichen Modifikationen zu untersuchen bleibt. Dabei entsteht zunächst die Frage nach der Verteilung der Windungen entlang dem Laufe des Flusses. Wir haben gesehen, daß der erste Anstoß zur Bildung einer Windung durch einen Widerstand im Flußbett, d. h. durch eine örtliche Energieaufwendung, gegeben wird.

Man wird also versuchen, der Lösung der aufgetretenen Frage dadurch näher zu kommen, daß man die Energieverteilung entlang dem Flußlaufe verfolgt. Das geschieht dadurch, daß man das Energiegefälle e, den Differentialquotienten von E nach l, wo l die Lauflänge bedeutet, betrachtet. Dann folgt aus $E = 1000\,g\,Q\,h$

$$e\,dl = 1000\,g\,Q\,dh + 1000\,g\,h\,dQ.$$

Wir wollen aber zunächst von dem Verhältnis $dQ:dl$ ganz absehen, d. h. eine Strecke betrachtern, innerhalb deren kein Nebenfluß einmündet. Dann bleibt das $e = 1000\,g\,Q\,dh:dl$. Das Verhältnis $dh:dl$ hat aber eine einfache Bedeutung. Es ist die Tangente des Winkels J, unter dem die Flußstrecke, deren Endpunkte die Höhen $h + dh$ und h haben, gegen die Basisebene, auf die die Höhen bezogen werden, d. h. also gegen die Referenzfläche des Meeresniveaus geneigt ist. Es ist also, da dieses G e f ä l l e J immer klein, also tang $J = J$ gesetzt werden darf,

$$e = 1000\,g\,Q\,J;$$

und das Studium der Verteilung der Energie längs eines Flußlaufs erscheint reduziert auf dasjenige seiner Gefällskurve, indem man diese in Abschnitte zerlegt, deren Grenzpunkte durch die Mündungen je zweier Nebenflüsse gegeben sind, und die Untersuchung der Verhältnisse in diesen Grenzpunkten besonderer Betrachtung vorbehält.

Um diese Gefällskurve bequem darzustellen, denken wir uns den Flußlauf unter Erhaltung der wahren Längen seiner einzelnen Strecken in eine Vertikalebene so übertragen, daß die Höhen der einzelnen Punkte durch die Ordinaten über einer horizontalen Abszissenachse — die dem Meeresniveau entspricht — gegeben sind. Es ergibt sich dann eine Kurve, deren wichtiges Charakteristikum ist, daß sie ihre Konkavität nach oben wendet. Hier ist nun aber zunächst eine prinzipielle Bemerkung zu erledigen. Es ist hier ganz allgemein von Gefälle gesprochen worden. Aber es ist leicht zu erkennen, daß wir in Wirklichkeit drei verschiedene Gefälle finden werden.

Zunächst tritt das Talgefälle entgegen, d. i. das Gefälle des Talbodens. Es ist eine zusammengesetzte Erscheinung, denn es resultiert aus dem Zusammenwirken der ursprünglichen Abdachung des Landes, auf der der Fluß entstand, und der Ergebnisse der ganzen Reihe von Arbeitsvorgängen, als deren Endglied eben der heutige Talboden erscheint. So ist es wichtig, weil es in seiner Entwicklung entlang dem Lauf eines Flusses oder Tales historische Hinweise auf die Entwicklungsgeschichte des letzteren gibt.

An erster Stelle für die hier durchzuführenden Betrachtungen steht natürlich das Gefälle des freien Wasserspiegels, der Flußgefälle im engeren Sinne. Es ist dasjenige, welches die Energieverhältnisse des Flusses der Gegenwart bestimmt, welcher direkten exakten Beobachtungen unterworfen werden kann.

Als drittes ist aber endlich auch noch das Sohlengefälle in Betracht zu ziehen. Es zeigt noch ganz das Werden der Gestaltung der Erdoberfläche unter der Einwirkung des fließenden Wassers. Die Sohle, das Bett sind die Orte, wo die Arbeit des rinnenden Wassers in der Gegenwart zu beobachten ist.

Die Beziehungen dieser drei Gefälle untereinander, von denen vonvornherein das klar ist, daß sie, wenn auch gleichsinnig, in ihren numerischen Werten erheblich voneinander abweichen können, werden öfter implicite entgegentreten. Zunächst wenden wir uns der Betrachtung der Gefällskurve im engeren Sinne, d. h. derjenigen des Spiegelgefälles zu.

§ 6.

So einfach die allgemeine Definition des Gefälles ist, so schwierig und mühevoll ist die wirkliche Bestimmung des Spiegelgefälles, die

Aufnahme der Gefällskurve. Soll sie rein von allen Sondereinflüssen das Gefälle darstellen, dann kann ihre Aufnahme offenbar nur dann stattfinden, wenn den ganzen Fluß entlang in einer und derselben Zeit an jedem Punkte die Wasserführung nicht oder nur so wenig schwankt, daß die Schwankungen vernachlässigt werden können. Einen solchen selten genug auftretenden Zustand des Flusses bezeichnet man als Beharrungswasserstand. Eine bei solchem Zustande aufgenommene Gefällskurve wird das allgemeine Längenprofil des Flusses liefern. Es kann nun selbstverständlich auch von Interesse werden, bei irgend einem speziellen Zustand ein Längsprofil kennen zu lernen, z. B. bei Hochwasser, wo ja dann freilich im Gegensatze zu jenen stationären Verhältnissen die Wasserführung und ihre Schwankungen von Punkt zu Punkt, d. h. von Querschnitt zu Querschnitt, wechseln werden. Solche speziellen Profile wird man für die extremen Wasserführungen (Hochwasser, Niedrigwasser) oder für eine aus wirtschaftlichen Gründen (Schiffahrt, Kraftbeschaffung) aufnehmen.

Bei der Bestimmung des Gefälles J in irgendeinem Punkte P des Längenprofils wird man in praxi nicht erst zu einer graphischen Differentiation greifen, sondern man wird zwei dem Punkte P benachbart liegende Punkte P_1 und P_2 von den Höhen h_1 und h_2 möglichst so wählen, daß P in der Mitte von P_1 und P_2 liegt, und dann bilden $J=(h_1-h_2):l$, wo l die Distanz P_1P_2 ist. Die Wahl dieser Distanz oder der Punkte P_1 und P_2 ist eine Sache des Taktes und der speziellen örtlichen Erfahrung. Allgemein kann nur gesagt werden, daß man sich umso mehr einer definitionsgemäßen Bestimmung von J nähert, je kleiner l angenommen werden kann. Beachtet man nun, daß die h in Metern, l aber in Kilometern ausgedrückt ist, dann ist der numerische Wert

$$J = 0{,}001\frac{h_1-h_2}{l}.$$

Es ist deshalb für Ausdruck und Schreiben bequem, das Gefälle in Promille anzugeben. Ein Gefälle $J=0{,}0023$ ist dann $J=2{,}3‰$ und besagt sofort, daß auf einer horizontaler Distanz von 1 km ein Fall von 2,3 m stattfindet. Solche Angaben sind unmittelbar anschaulich und vergleichbar, was nicht zutrifft für die wenig empfehlenswerte Art, das Gefälle durch echte Brüche darzustellen. Das wäre in dem gegebenen Beispiel $J=1:435$.

§ 7.

Die Gefällskurve verläuft zwischen zwei Fundamentalpunkten, dem oberen A, der kurz als Quelle bezeichnet werden mag, und dem unteren B, der Mündung, die nun die Mündung eines großen Stromes in das Meer oder die eines Nebenflusses in den Hauptfluß sein kann.

Die Stelle B wollen wir als Erosionsbasis bezeichnen. Sie bildet ein wichtiges Element der fluvialen Entwicklungsgeschichte. Denn für einen gegebenen Zustand dieser Entwicklung bedeutet sie in der Tat einen Fixpunkt, aber doch nur geometrisch-physikalisch, sie ist der tiefste Punkt, unter den die Erosion selbst die Gefällskurve nicht herabbringen kann. Aber die Erosionsbasis ist nicht auch in bezug auf die Zeit eine Konstante. Wenn ein Fluß auf einer Strecke immer tiefer und tiefer einschneidet, so wird dadurch für alle in dieser Strecke mündenden Nebenflüsse auch die Erosionsbasis immer tiefer und tiefer gelegt werden. Die Folge davon ist aber, daß alle Höhen im Flußgebiet, sofern sie auf die Erosionslinie bezogen werden, zunehmen. Und das wieder hat zur Folge, daß die Energie und mit ihr das Energiegefälle wächst, was wiederum eine Vergrößerung des Gefälles J zur Folge hat. Das Energiegefälle ist aber nichts anderes als die Stoßkraft des bewegten Wassers. Wir sehen so sofort ein, daß ein Fluß, der stark erodiert, auch seine Nebenflüsse zu starker Erosion zwingt.

Es ist aber weiter jeder Punkt der Gefällskurve als Erosionsbasis für den oberhalb von ihm liegenden Teil der Kurve (und damit des Flußgebietes) anzusehen. In der Tat ist es klar, daß, wenn der Fluß an einer Stelle b tiefer einschneidet, wieder alle Höhen h oberhalb vergrößert werden, also Energie und Energiegefälle zunehmen. Hiermit ist aber erkannt, daß die Tiefenerosion, das Einschneiden eines Flusses, von unten nach oben zurückschreitet. Diese rückschreitende Erosion ist eine Tatsache, von der man sich, in kleinem Maßstabe, bei jedem nicht zu kurze Zeit anhaltenden Regen an den Gehängen jeder Sandgrube leicht überzeugen kann.

Die beiden Ergebnisse dieses Paragraphen stellen wieder einmal deutlich vor Augen, welch gewaltiges modellierendes Agens das rinnende Wasser ist. Es ist ja nicht nur seine eigene Furche, welche der Fluß in das Antlitz der Erde gräbt, sondern, wie wir gesehen haben, je intensiver er diese Tätigkeit ausübt, um so intensiver wird das Werk der Erosion im ganzen Flußgebiet ausgestaltet.

§ 8.

Aber mit der im vorigen Paragraphen besprochenen Tiefenerosion ist (vgl. § 4) die erodierende Tätigkeit des rinnenden Wassers nur nach einer Seite hin betrachtet. Wenn große Widerstände im Flußbett auftreten, so kann noch zweierlei geschehen. Einmal kann der Widerstand, etwa ein größeres Felsstück, gerade groß genug sein, um einen Transport, eine Translation, unmöglich zu machen, während seine Gestalt und seine Lagerung aber so beschaffen sein mögen, daß er durch den Stoß des Wassers eine Rotation erhält. Die Rotation eines Geröllstückes erzeugt aber ihrerseits wieder Wirbel in dem fließenden Wasser. Und die gemeinsame Arbeit von Wasserwirbel und Rotation festen Gerölls bringt nun eine gewaltige Wirkung auf das Bett hervor, die sich in der Bildung von Kesseln oder Töpfen ausspricht, deren Dimensionen nach Tiefe und Breite sehr beträchtlich werden können. Diese Evorsion ist häufiger, als man anzunehmen geneigt war, wenn sie auch nicht die allgemein große Rolle spielt, die der schweizerische Geograph Jean Brunhes, der große Verdienste um ihr Studium hat, ihr zusprechen möchte[1]).

Das ursprünglich erzeugende Geröll ist oft in dem von ihm geschaffenen Topf eingeschlossen, oft aber auch durch eine kräftige Hochwasserwelle in den ersten Stadien seiner Wirkung doch einmal weiter gestoßen worden, worauf dann kleinere Gerölle an seine Stelle traten, die sein Werk mit gleichem Erfolg fortsetzten.

Haben wir hier einen prägnanten Fall der Wirbelbildung und seine Konsequenzen gefunden, so kommen solche Wirbelbewegungen auch bei der zweiten Möglichkeit ins Spiel, die auftritt, wenn sich ein Widerstand dem bewegten Wasser entgegenstellt. Ist dieser Widerstand nämlich fest, besteht er aus gewachsenem Fels, der sich als Schwelle oder Riegel ganz oder teilweise über die Breite der Sohle erstreckt, dann wird das ankommende Wasser gestaut und aus seiner Richtung gedrängt werden und, sich nun gegen das eine Ufer wendend, dieses angreifen und nun durch seitliche Erosion eine Einbuchtung, eine Konkavität in seinen Ufern erzeugen. Es wird aber unmittelbar unterhalb des Hindernisses — eben infolge des oberhalb desselben geschaffenen Staus — eine lokale relative Vergrößerung des Gefälles stattfinden, so daß in den entstehenden Konkaven auch die rückschreitende (Tiefen-) Erosion sich geltend macht. So wird verständlich, daß die größten Tiefen eines Profiles auf der konkaven Seite liegen. Auf der gegenüberliegenden Seite, in den Konvexen, wird die Energie nicht nur geringer wegen der Abnahme des Gefälles infolge der Stauwirkung des Hindernisses, sondern auch noch dadurch, daß ein Teil des Arbeitsvermögens zur Ablenkung, Umbiegung der einzelnen Wasserfäden zu verwenden ist. Hier ist also auch die Stoßkraft geringer, und es muß deshalb in der Konvexen Ablagerung von Geschieben stattfinden, die der Fluß dort nicht mehr

[1]) Brunhes, Le travail des eaux courantes: la tactique des tourbillons. Mem. Soc. Fribourgeoise des Sc. nat. t. II, fasc. 4. Freiburg (Schweiz) 1902.

zu transportieren imstande ist. Wir haben also: Auskolkung in der Konkaven, Ablagerung in der Konvexen.

Ist es aber einmal zur Bildung einer Konkaven (der dann, wie aus dem Gesagten erhellt, oberhalb eine Konvexe entspricht) gekommen, so bleibt die Neigung zum Serpentinieren dem Flusse so lange, bis sein Eintritt in hartes Gestein ihr ein Ziel setzt. Das ist leicht einzusehen, denn aus der Konkaven stößt das Wasser schief nach dem anderen Ufer hinüber und bohrt hier von neuem, soferne die Gesteinsnatur einen solchen Angriff gestattet. Auf diese Weise folgen dann die Konkaven — und die zwischen ihnen liegenden Konvexen — alternierend, d. h. von einem zum anderen Ufer wechselnd aufeinander. In weichem Gestein werden sich so kräftig ausgebildete und auf lange Strecken hin sich wiederholende Flußwindungen, Mäander, entwickeln. Flüsse mit schwachem Gefälle werden immer zur Mäanderbildung neigen. Denn bei ihnen ist die Energie gering, so daß jede Störung im Laufe sich maßgebend zur Geltung zu bringen vermag. Typisch sind diese Verhältnisse — geringes Gefälle, zahlreiche, große Windungen — ausgebildet bei der Theiß. Die beigegebene Figur zeigt die Windungen der Theiß oberhalb der Mündung der Szamos. Die Sandablagerungen in den Konvexen sind hier sehr deutlich ausgeprägt[1]). Analoge Darstellungen vom Weißen Nil findet man in Capitain Lyons' Werke über die Physiographie des Nils (Kairo 1906)[2]).

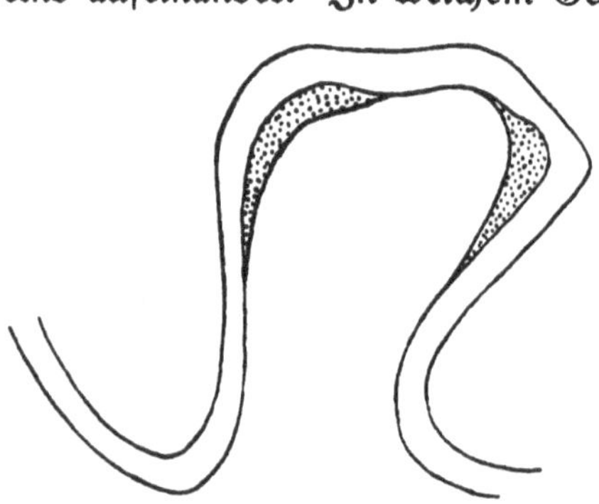

Fig. 6.
Windung der Theiß. Sandablagerungen.

Ein Beispiel für das Aufhören der Mäanderbildung beim Übergang auf härteres Gestein bietet die Donau, wenn sie unterhalb der Isarmündung in die Felsstrecke des Vilshofener Kachlet tritt.

§ 9.

In den letzten Ausführungen des vorigen Paragraphen ist implizite schon auf einen Zusammenhang zwischen dem Gefälle J

[1]) Die Abbildung ist gegeben nach dem zu dem amtlichen ungarischen Werke „Die Theiß einst und jetzt" gehörigen Atlas.

[2]) L., Physiography of the River Nile and its Bassin. Cairo, National Printing Department.

und der Häufigkeit oder Menge der Windungen eines Flusses hingewiesen worden. Es soll hier auf ihn etwas näher eingegangen werden.

Wir wollen versuchen, uns eine Zahl zu verschaffen, durch deren Werte der Unterschied zwischen einem windungsreichen und einem gestreckten Flußlauf möglichst eindeutig veranschaulicht werden kann. Eine einfache aber auch recht wenig genügende Methode würde auf folgendem beruhen. Wenn zwischen zwei Punkten AB eine beliebige Kurve verläuft, deren Länge l sei, während die gerade Strecke AB die Länge L hat, dann hat man das Verhältnis $\varphi = l:L$ die Entwicklung der Kurve AB genannt. Manche ziehen vor als Entwicklung die Zahl $(l-L):L$ zu nehmen, das würde also $\varphi-1$ sein.

Bei einem Fluß ist l die Flußlänge, AB die sogenannte Luftlinie zwischen den Endpunkten der Flußstrecke, im speziellen Fall also die Entfernung von Quelle und Mündung, der „Quellabstand". Man wird indessen leicht bemerken, daß die so ermittelte „Flußentwicklung" keineswegs eindeutig ist und daß sie im Grunde auch gar nicht das gibt, wonach hier gesucht wird, nämlich ein Bild von der Gewundenheit eines Flußlaufes. Sie ist nicht eindeutig, denn jede Kurve zwischen AB, welche die Länge l hat, ergibt die gleiche Entwicklung, welche Form sie auch immer haben möge. Durch Angabe der Zahl φ beschreiben wir also wirklich sehr wenig. Das kommt indessen nur daher, daß in der Zahl φ, d. h. in der Vergleichung der Länge einer Kurve mit dem geradlinigen Abstand ihrer Endpunkte, zu viel liegt. In der Tat wird durch diese Zahl ja sowohl die Gewundenheit einer Kurve, wie auch ihr bogenhaftes Ausweichen von der Graden zum Ausdruck gebracht. Wo indessen nur Karten kleineren Maßstabes zur Verfügung stehen, wird man sich trotz der eben gewonnenen Einsicht auch weiterhin mit dem Werte φ begnügen müssen.

In dem bisher Gesagten ist aber implizite schon der Hinweis darauf enthalten, daß die Stromentwicklung φ sich zusammensetzt aus der orographischen oder Talentwicklung und der hydrographischen oder Entwicklung des Stromlaufes im Tal. Die Tallänge zwischen zwei Punkten A und B wird man als die Länge einer in der Mitte zwischen den Talrändern verlaufenden Linie einfach bestimmen. Wenn sie mit t bezeichnet wird, und L wieder die Gerade AB ist, dann ist die Talentwicklung $\tau = t:L$. Bedeutet dann wie vorhin l die Länge des Flußlaufes zwischen A und B, dann ist $\lambda = l:t$ die Entwicklung im Tale. Und man sieht sofort, daß $\tau\lambda = \varphi$ ist.

Die Stromentwicklung ist also das Ergebnis eines historisch (d. i. hier erdgeschichtlich) gewordenen, nämlich τ, und eines mit dem jetztzeitlichen Leben und Werden des Flusses eng verbundenen Elementes, nämlich λ.

Ein besonders instruktives Beispiel für die gleichzeitige Betrachtung der drei Größen kann der Saale entnommen werden. Der Tabelle ist dann gleich noch für die einzelnen Strecken das mittlere Gefälle J in Promillen beigefügt.

Saale

Strecke:	l (km)	t (km)	L (km)	λ %	τ %	φ %	J %
Quelle bis Pulschnitzbach . .	12,0	11,7	8,4	102,6	139,9	142,7	18,17
Pulschnitz bis Hof	24,0	21,5	14,0	111,6	153,6	171,4	1,58
Hof bis Weischnitz	111,0	107,5	49,0	103,3	219,4	226,5	2,29
Weischnitz bis Unstrut	105,0	93,0	68,0	112,9	136,8	154,4	1,11
Unstrut bis Mündung . . .	174,8	127,0	86,0	137,6	147,7	203,3	0,29

Die Tabelle läßt gut erkennen, wie λ und J in entgegengesetztem Sinne variieren, wie also die gegenwärtige Laufentwicklung und das gegenwärtige Gefälle miteinander in Beziehung stehen. Sie zeigt weiter, wie ein Fluß in seinem Tale annähernd gestreckt, d. h. der Talachse sich anschließend, verlaufen kann, während man doch für ihn eine große Flußentwicklung erhält, weil die Talentwicklung eine große ist (Strecke Hof—Weischnitz). Zwischen τ und J wird man eine ähnliche Beziehung wie zwischen λ und J im allgemeinen gar nicht erwarten. Denn die Gestaltung des Tallaufes ist das Ergebnis einer langen Entwicklungsreihe, so daß in der Tat von vornherein gar keine Wahrscheinlichkeit vorliegt für eine solche Beziehung.

Im übrigen zeigen die Zahlen noch deutlich, wie mißlich es werden kann, wenn man genötigt ist, auf Grund von Karten kleinen Maßstabes ein Urteil über die Grundrißgestalt eines Flusses zu bilden. Denn je kleiner der Maßstab ist, desto mehr wird—neben allen anderen dann notwendig auftretenden Generalisierungen — auf der Karte Flußlauf und Tallauf der Gestaltung nach übereinstimmen, so daß in Wirklichkeit in solchem Falle nur die Talentwicklung gemessen wird. Das kann zu sehr irrigen Auffassungen führen, wenn in gestreckten Tälern reich gewundene Flußläufe entgegentreten. Das ist z. B. der Fall beim Dnjestr und einer Reihe seiner Zuflüsse. Es ist deshalb unter allen Umständen nötig, bei Angaben über „Entwicklung" hinzuzufügen, welche man meint, da sonst vergleichende Betrachtungen ausgeschlossen sind.

III. Kapitel.

Talgeschichte.

§ 1.

Waren die beiden vorhergehenden Kapitel auch nur den Grundzügen der deskriptiven Gewässerkunde gewidmet, so sind in ihnen doch bereits eine große Anzahl von Fragen entgegengetreten, die an sich schon Hinweise auf die Notwendigkeit kausativer und entwicklungsgeschichtlicher Betrachtungen waren. Eine Reihe weiterer Fragen und Probleme konnte bisher noch gar nicht angedeutet werden, da sie noch dringender Überlegungen der bezeichneten Art fordert.

Soviel war nun aus den Darlegungen des vorigen Kapitels schon zu erkennen, daß die Erosion des rinnenden Wassers unter allen Umständen ein Tal hervorbringen kann — auch unter den heute an der Erdoberfläche gegebenen Bedingungen —, und daß sie auf einer noch völlig ungegliederten Oberfläche, soferne diese nur stofflich von gleicher Art wie die jetzige wäre, Täler schaffen müßte. Wir sind also, freilich nur dem allgemeinen Überblick nach, zu einer ersten Einsicht gekommen in die Richtigkeit des in der Einleitung über die Bedeutung der Arbeit des fließenden Wassers für die Skulptur der Erdoberfläche Gesagten. Diese erste Einsicht ist nun zu vertiefen und zu erweitern durch eine genauere Betrachtung der Entwicklungsgeschichte eines Flusses und seines Tales.

Dabei ist zunächst die Vorfrage zu erörtern: welches von beiden Elementen, Fluß und Tal, ist das ältere, war zuerst da? Die Darstellungen des vorigen Kapitels weisen den Weg. Sie lassen erkennen, daß keineswegs die Präexistenz des Tales zur Entwicklung eines Flusses und seines Netzes notwendig ist, sondern daß vielmehr Fluß und Tal gleichzeitig, miteinander, durch die Arbeit des rinnenden Wassers geschaffen werden. Und es ist implicite in dem früher Ausgeführten auch schon die durch jede einzelne Erfahrung immer wieder zu bestätigende Feststellung gegeben, daß die Form der Flußtäler, wie sie heute entgegentritt, jener Arbeit verdankt wird. Dabei bleibt nun freilich noch die Frage bestehen, ob die *erste Anlage* eines jeden Tales oder jeder Strecke eines Tales durch das rinnende Wasser *allein* geschaffen sein müsse.

In dieser Beziehung wird man bei der Betrachtung der Formen der Erdoberfläche zu der Einsicht kommen, daß es in der Tat einige wenige unter ihnen gibt, welche dem rinnenden Wasser seine Wege vorzeichnen. Das sind zuerst die Mulden in den Synklinalen der Faltengebirge. Hier sind wirklich Tiefenlinien vorgegeben, die das Wasser als solche leichtesten Abflusses aufsuchen wird. Das sind dann die Mulden oder Synklinaltäler. Es kommt vor, daß in einer Mulde mehr als ein Fluß Platz gefunden hat. So erstreckt sich im Berner Jura eine Mulde von Tramelan im Westen bis Bärenwyl im Osten, über fast 60 km, die von fünf Flüssen entwässert wird. Ein schönes Beispiel eines Muldentales ist auch der Unterlauf der Themse zwischen Windsor und der Mündung. Ein weiteres Beispiel ist der obere Rhonelauf —zwischen Berner und Walliser Alpen—bis zum Knie von Martigny.

Eine andere Klasse von Tälern, welche nicht erst durch die Erosion geschaffen wurden, sondern in ihrer ersten Anlage durch den Bau der Erdrinde bedingt sind, bilden diejenigen, welche sich an Verwerfungen und Brüche anschließen. Die Rheinfurche zwischen Basel und Waldshut ist ein Beispiel. Ein anderes, sehr schön ausgebildetes, ist die Strecke im Vale of Edan zwischen Kirkley Stephen und Carlisle. Einbrüche, wie jene, als deren eines Ergebnis die erwähnte Rheinfurche entgegentritt, haben in der Geschichte der Abflußentwicklung der von ihnen betroffenen Gebiete durchgreifenden Einfluß ausgeübt und der Erosion neue Leitlinien vorgezeichnet (Rheingraben, Jordangraben).

Alle tektonischen, d. h. in ihrer ersten Anlage der Erosion vorangehenden Täler lassen sich unter diese beiden Kategorien bringen, sind also entweder aus Faltung oder Verwerfung herzuleiten, wobei freilich auf der Hand liegt, daß ein näheres Studium der Formen in der Natur noch zu einer eingehenderen Klassifikation führen wird. Hier genügt freilich der gegebene kurze Hinweis darauf, daß es überhaupt tektonische Täler gibt. An ihn knüpft sich einfach der andere, daß nämlich ein Flußtal im allgemeinen ein in dem Sinne kompliziertes Gebilde sein wird, daß in ihm tektonische Strecken und reine Erosionsstrecken miteinander abwechseln können. Bei den großen Strömen ist das immer der Fall. Das rinnende Wasser wird Leitlinien, die vor seiner Entstehung bereits gegeben sind oder während seiner Entwicklung durch Bewegungen in der Erdrinde erst gebildet werden, oft mit benutzen und seine erodierende Tätigkeit ihnen entlang ausüben. Allerdings wird im folgenden auch mancher Fall zu erörtern sein, wo ein Fluß scheinbar bequem sich darbietende tektonische Wege gemieden und Bahnen eingeschlagen hat, die auf den ersten Blick befremden.

Das Studium der Einzelheiten der Ausbildung eines Flusses und seines Tales führt nun zu einer der Hauptaufgaben der Hydrographie, der Talgeschichte. Es ist klar, daß für jeden Wasserlauf eine spezielle Gechichte auf Grund der an ihm speziell angestellten Beobachtungen zu schreiben ist. Die allgemeinen Darlegungen der folgenden Paragraphen sollen nur die Hilfsmittel und Methoden zur Erledigung solcher Aufgaben an die Hand geben, während es freilich grundfalsch wäre, in ihnen ein Schema zu sehen, nach dem der Gegenstand ein für allemal erledigt wäre.

§ 2.

Mit dem Auftauchen eines Stückes Festland aus dem Meere setzt auch die Talgeschichte eines jeden der Flüsse ein, von denen es durchfurcht wird. Das rinnende Wasser folgt zuerst der Neigung des als schwach geneigtes Tafelland erscheinenden vormaligen Meeresbodens. Ein Bild von der ersten Anlage dieser Erosionsfurchen gibt das System von Rillen, die sich am Hang einer Kiesgrube nach jedem Regenfalle beobachten lassen. Und so wie es hier minimale Unregelmäßigkeiten des Reliefs sind, die das Wasser zu rinnenhaftem Abflusse sammeln und es zu einem flächenhaften, in breiter Schicht erfolgenden Abflusse nicht erst kommen lassen, so ist es auch in dem allgemeinen Fall, den wir betrachten, denn der aufsteigende Meeresboden hat zwar noch nicht die Gliederung, die er nachmals als festes Land erhält, aber er ist auch keineswegs eine vollkommen glatte Fläche aus überall gleichartigem Material, die allein jenes Abströmen des Regenwassers in breiter Schicht gestatten würde. So entstehen denn auch auf neu aufgestiegenem Festlande solche Regenrillen, die Embryonen von Tälern. Jeder spätere Regenfall führt nun von neuem rinnendes, arbeitendes Wasser in die einmal angelegten Bahnen hinein, das in der im Kapitel II erörterten Weise dort erodiert. Aber, was so geschaffen wird, ist wohl ein Tal oder wenigstens das erste Entwicklungsstadium eines Tales, ja sogar eines Erosionstales, indessen fehlt ihm zunächst noch der Fluß, um ein Flußtal zu sein. Denn Wasser fließt in dieser Hohlform nur im Anschluß an hinreichenden Niederschlag. Und zwischen zwei Regenfällen liegt ein solches Tal trocken. Um den dauernd fließenden Fluß zu schaffen, muß noch ein anderes Moment als eben nur der Regenfall hinzutreten.

In der Tat rinnt ja nicht der gesamte Betrag eines Niederschlages an der Oberfläche ab; es findet vielmehr eine Dreiteilung — freilich in sehr variabeln Verhältnissen — so statt, daß ein Teil des gefallenen Regenwassers verdunstet, ein anderer in den Boden einsickert und erst der dann verbleibende Rest oberflächlich abfließt. Die Beziehungen zwischen diesen drei Komponenten werden in Kapitel V erörtert werden. Für den Augenblick interessiert uns in erster Linie der Anteil des Niederschlags, der versickert. Er wird dabei so weit in die Tiefe sinken, bis er eine Schicht erreicht, welche für Wasser undurchlässig ist, auf der sich also die Versickerungsmengen ansammeln müssen. Und diese werden, der Schwere folgend, in der Richtung des Fallens (der Neigung) der undurchlässigen Schicht fließen, wobei sie sich sehr wohl, wenn die Gestaltung und Porosität des Bodens es zuläßt, zu einzelnen Adern verbinden können. Ob und wieweit der gebräuchliche Ausdruck Grundwasserstrom zulässig ist, mag hier unerörtert bleiben, da der Gegenstand in Band III näher zu diskutieren ist.

Das Tal, dessen erstes Entwicklungsstadium wir verfolgen, wird nun einen dauernden Fluß enthalten, wenn es bis in die Grundwasser führende Schicht eingeschnitten ist. Bleibt aber die tiefste Linie seiner Sohle noch durchaus über dieser Schicht, so kann der im Tal fließende Wasserlauf nur ein temporärer sein. Das wird nicht hindern, daß er gelegentlich, also nach heftigen Regengüssen, sehr starke Erosionswirkungen ausübt, und dies wird um so mehr der Fall sein, wenn das Material, in welches das Tal einschneidet, durch Verwitterung schon ausreichend aufbereitet ist, so daß es dem rinnenden Wasser Werkzeuge der Erosion zu liefern vermag[1]).

Der Talanfang (das obere Talende) wird übrigens gerade unter den hier gemachten Voraussetzungen in ein gefällarmes Gebiet zu liegen kommen, über dessen undurchlässigem Untergrunde das Grundwasser sich allmählich staut, so daß in dem immer reichlicher durchfeuchteten Boden ein Reservoir zu entstehen vermag, aus dem durch

[1]) Man braucht, um Beispiele hierfür zu finden, nicht auf Wahrnehmungen aus exzessiven Klimaten zurückzugreifen. Ich habe am 17. Juni 1908 bei einem allerdings sehr schweren Gewitter mit Wolkenbruch in Wachwitz an der Elbe in einem an gar nicht einmal besonders steilem Hang sich hinaufziehenden Garten in knapp 20 Minuten eine rund 16 m lange Rinne von 80 cm Breite und 30 cm Tiefe durch das rinnende Wasser entstehen sehen. Das von diesem „Regenfluß" geförderte Material hat ausgereicht, um den unteren, ebenen Teil des Gartens völlig zu verschlämmen. Beispiele größeren Maßstabes findet man in der trefflichen Monographie Stinys über die Muren (Innsbruck 1910). Welch außerordentliche Wirkungen aber auch in gefällsarmem Gebiet bei einmaligen Erosionsakten gezeitigt werden können, läßt sich aus einer Mitteilung von Doß in der Zeitschrift der Deutsch. Geolog. Ges. 1902 ersehen: die kleine Schlocke, am 14. und 15. April 1900 knapp vor ihrer Mündung in den Rigaischen Busen durch Eisstand stark geschwellt, wurde in ein neues Bett gedrängt, wo sie in 24 Stunden einen 98 m langen, 5 bis 8 m breiten und $1^1/_2$ bis $3^1/_2$ m tiefen Graben in den anstehenden devonischen Dolomit und Mergel erodierte und dabei mehr als 2000 cbm Gestein entführte.

einen oder mehrere Ausflüsse das angesammelte Sickerwasser zutage tritt, um nun auch seinerseits den in dem entstehenden Tale fließenden Fluß zu einem dauernden zu machen. Das sind dann die Quellen im engeren Sinne des Wortes. Ihre Erscheinung enttäuscht den Wanderer, der sich aus der Poesie ein Bild der Quelle gestaltet hat, der aber an derjenigen so manchen großen Stromes vielleicht achtlos vorüber gehen würde, wenn nicht irgend ein Kunstbauwerk ihm verkündigte, hier „entspringt" Seine oder Elbe oder Wolga.

§ 3.

Es werden also erhebliche Zeiträume erfordert, um dem Tale einen Fluß zu geben, und klimatische wie Bodenverhältnisse können die Länge dieser Zeiträume noch wesentlich ausdehnen, während die Ausbildung des Tales eben immer ihre wenn auch sehr langsamen Fortschritte zu machen vermag. Ist es nun aber zur Entstehung des dauernden Flusses gekommen, so wird dieser also dem durch die reine Talerosion vorgezeichneten Lauf folgen und in diesem die Arbeit tun, die im vorigen Kapitel erörtert wurde.

Sein Tal ist, in dem neu aufgestiegenen Lande der Richtung des größten Gefälles folgend, im Sinne des Fallens der Schichten eingeschnitten, und der stetig arbeitende Fluß erfüllt nun die Aufgabe, immer tiefer in die oberste Decke des Landes einzuschneiden.

Ein Fluß und sein Tal, die so als unmittelbare Folge lediglich des Aufsteigens einer Landfläche erscheinen, sind konsequent genannt worden[1]). Wir werden nicht erwarten, daß ein konsequentes Tal — wie man in rein schematischer Vorstellung leicht geneigt sein kann anzunehmen — nun, da es dem größten Gefälle folgt, geradlinig verlaufe. Wir haben ja schon im Kapitel II bemerkt, daß kleine Unebenheiten hinreichen, das rinnende Wasser von der Geraden abzudrängen. In dem ganzen Tale, das lange Zeit hindurch ja noch mit dem Flußbett identisch ist, werden daher schon Zickzackbildungen, die

[1]) Die Terminologie bei der genetischen Klassifikation der Flüsse eines neu aufgestiegenen Landes ist von W. M. Davis angewendet in seiner klassisch gewordenen Untersuchung „The development of certain english rivers", Geographical Journal, vol. V, p. 127. Penck hat zwar dankenswerterweise versucht, diese Ausdrücke zu verdeutschen, wobei z. B. der konsequente Fluß zum Folgefluß wurde. Aber diese Bezeichnung hat, wenn sie auch deutsch ist, doch leider nicht den Vorzug, durch sich selber dem Deutschen den Weg zum Verständnis ihrer Bedeutung zu zeigen. Noch mehr gilt dies für den „Nachfolgefluß" und den „Gegenfluß" (s. S. 46). Diese deutschen Worte sind genau so termini technici, wie die fremdsprachlichen. Und da letztere nun schon bald 20 Jahre in der internationalen wissenschaftlichen Arbeit das Bürgerrecht haben, so sollen sie auch hier beibehalten werden; der Leser muß sie ja doch auf alle Fälle kennen lernen.

Urformen der späteren Windungen, vorhanden sein. An den einspringenden Ecken dieser Zickzacklinien sind die Talwände gefährdet: sie brechen ein, das Material rutscht nach, und es werden so Stellen geschaffen, an denen die rückschreitende Erosion quer zum Tallaufe in Aktion zu treten vermag. So setzen sich an den Stamm des konsequenten Tales die Zweige der Nebenflüsse an, die nun nicht im Fallen der Schichten, sondern in deren Streichen fließen. Das sind die subsequenten Flüsse, die man wegen ihrer eben angegebenen Eigenschaft auch Schichtflüsse nennen könnte. Konsequente Haupt- und subsequente Nebenflüsse bilden nun die Grundlinien zur Anlage des Flußnetzes. Wir wollen also dessen weitere Entwicklung betrachten unter der Annahme, daß die klimatischen Verhältnisse denen der gemäßigten Zone entsprechen, vor allem Regen zu allen Jahreszeiten bedingen.

§ 4.

Unter diesen Umständen kann die Arbeit des rinnenden Wassers ungestört ihren Fortgang nehmen. Die konsequenten Flüsse dehnen ihren Lauf bis zur Meeresküste aus, und haben damit ihre Erosionsbasis erlangt. Die Erosion schreitet nach oben fort, womit die Erosionsbasen der subsequenten Flüsse ihrerseits eine Vertiefung, deren Arbeit also eine fortwährende Belebung erfährt. Und allmählich entsteht durch diese Arbeit dann eine Skulptur in dem aufgestiegenen Lande, das Bild der Landschaft beginnt zu werden. Zunächst sind es noch einfache Formen, die entgegentreten. Zwischen zwei benachbarten in gleicher Richtung zum Hauptfluß strömenden Nebenflüssen wird ein Rücken herausgearbeitet, der bestimmt ist, nachmals eine Wasserscheide zu tragen, welche die an seinen Flanken herabrinnenden Wässer nach verschiedenen Abflußrichtungen trennt. Eine solche werdende, noch ganz jugendliche Landschaft stellt Figur 7 (S. 45) dar, auf der drei konsequente Flüsse mit ihren ersten subsequenten Zweigen entgegentreten. Aber mit aller Entwicklung in der Natur ist Kampf verbunden, in dem der Stärkere sich das Recht nimmt.

Der mittlere b der drei Flüsse auf Figur 7 ist schwach gegen seine Nachbarn; nur eine vergleichsweise geringe Wassermenge arbeitet in diesem Tal. Seinen Subsequenten wird damit eine weniger tiefe Erosionsbasis geboten als jenen der Flüsse a und c. Die Nebenflüsse von a und c schneiden daher tiefer ein und arbeiten schneller rückwärts. So werden zwei einander gegenüberliegende Subsequente benachbarter Hauptflüsse einander mit ihren Talanfängen entgegenrücken, aber in dem Maße, daß der stärkere von ihnen seinen

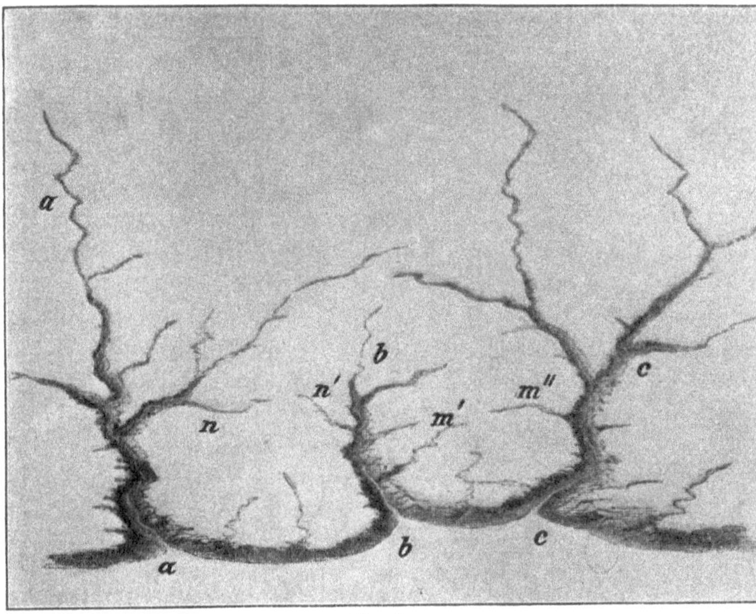

Fig. 7.

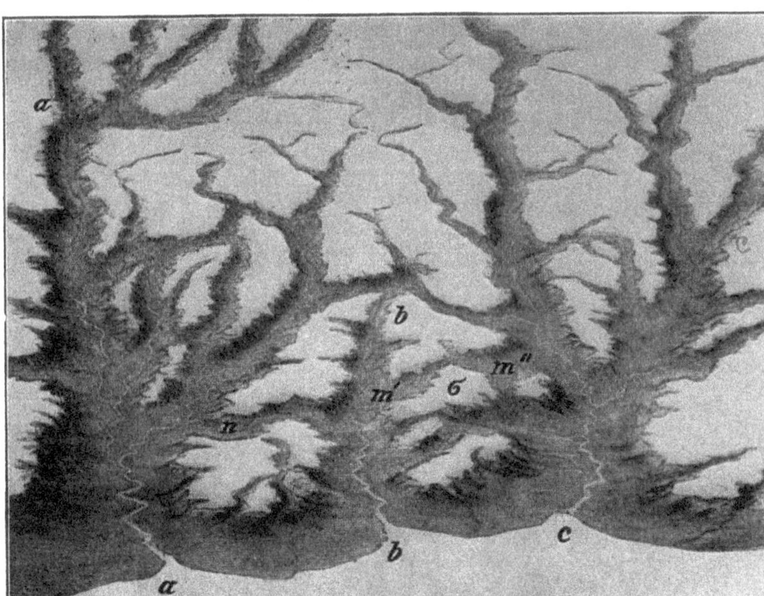

Fig. 8. Entwickelungsstadien eines Gewässernetzes.

Talanfang schneller rückwärts und damit den trennenden Rücken, der die Wasserscheide trägt, gegen den schwächeren Nebenfluß des Nachbarsystems hin schiebt, bis zuletzt nur noch eine flache niedrige Wölbung die beiden Talanfänge trennt. So haben sich die Nebenflüsse m′ von a und m″ von c (Figur 7) entwickelt, die in Figur 8, welche ein späteres Werdestadium der drei Systeme darstellt, nur durch eine flache Talwasserscheide getrennt, in einem offenen (vgl. oben S. 24) Tale fließen, durch welches ein unmittelbarer Übergang aus dem Gebiet von b nach dem von a nun möglich ist. Ähnlich liegen die Dinge zwischen n (Gebiet a) und n′ (Gebiet b), nur mit dem sehr wesentlichen Unterschied, daß in der späteren Entwicklung der Fluß n′ ganz verschwunden ist: sein Tal liegt trocken. Der viel stärkere Fluß n ist in das Quellgebiet von n′, nach Durchschneidung der Talwasserscheide, welche zuerst auch dort bestanden hat, eingedrungen und hat die dort fallenden Niederschlagswasser an sich gezogen; er hat durch stetiges Zurückschieben seiner Wasserscheide nach dem Gebiete von n′ zu das Gefälle dort umgekehrt. Was einst das Tal n′ hinabrann, muß nun dem Wege von n folgen, und jenes Tal ist flußlos geworden. Wenigstens für eine Zeit.

Denn es ist nun eines zu beachten. Indem nämlich in den subsequenten Flüssen die Erosion tätig ist, wird sich dort der gleiche Vorgang vollziehen wie einst bei den konsequenten. Es werden Zuflüsse 2. Ordnung entstehen. Diese fließen nun auf der einen Seite (auf unseren Figuren könnte man sie der Kürze halber die nördliche nennen) der subsequenten Flüsse in gleicher Richtung und in gleichem Sinne wie die konsequenten, also im Schichtenfallen. Das sind resequente Flüsse (Pencks Unterfolgeflüsse, neuerdings auch als Nachfolgeflüsse bezeichnet). Auf der Südseite der subsequenten gehen diesen nun auch Zuflüsse zu, aber sie fließen zwar ebenfalls, allgemein zu reden, parallel zu den konsequenten, jedoch nunmehr im entgegengesetzten Sinne mit jenen, d. h. gegen das Schichtenfallen. Das sind obsequente Flüsse, die man auch Gegenflüsse oder Stirnflüsse genannt hat.

Die Existenz dieser Zuflüsse 2. Ordnung ist dann wohl geeignet, einen Fluß wie n′, selbst wenn er durch das stärkere Arbeiten eines Flusses aus dem Nachbarsystem (vgl. oben) zu der vorhin beschriebenen Entwurzelung kommt, vor gänzlicher Vernichtung zu bewahren. Denn, wenn dann auch, wie oben erörtert, das Quellgebiet von n′ durch n angezapft und damit das dortige ursprünglich nach n′ tributäre Wasser nach n abgelenkt wird, so wird nun einer der Zuflüsse 2. Ordnung in die Rolle des Quellflusses von n′ eintreten. Dieser Fluß n′ wird also erhalten bleiben. Er ist freilich dann nicht mehr ein einheitlicher Schichtfluß, sondern setzt sich zusammen aus einem oberen resequenten oder obsequenten und einem unteren subsequenten Stück.

§ 5.

Einen weiteren Schritt tun wir mit einem Einblick in die Talgeschichte der obersten Donau, die von Penck gegeben wurde[1]). Ein kurzer Hinweis auf einen bemerkenswerten Einzelzug dieser Talgeschichte, der zum Studium der Originalabhandlung veranlassen soll, wird uns zugleich überleiten zur Darstellung der Modifikationen, welche in der Wirklichkeit zu den im vorigen behandelten einfachsten Bedingungen der Bildung eines Flußsystems hinzutreten.

Unterhalb Geisingen, wo die Donau bereits in ihren Durchbruch durch die Rauhe Alb eingetreten ist, mündet in sie von rechts her die Aitrach, deren Tal als offenes Tal in jenes der oberen Wutach, die dem Rhein zufließt, hinüberführt[2]). Im Aitrachtal aufwärtsgehend, gelangt man bei Blumberg an eine moorige Fläche, die ihr Wasser teils durch die Aitrach zur Donau führt, teils durch einen Bach zur Wutach, welche 2 km westlich von Blumberg fast rechtwinklig von ihrem bisherigen Lauf gegen Süden umgebogen ist, um in eng eingeschnittenem Tal zum Rheine zu eilen. Terrassenbildungen (s. unten S. 57) im oberen Wutachtal lassen sich deutlich im Aitrachtal weiter verfolgen. Legt dies schon die Vermutung der ehemaligen Existenz eines Tales Obere Wutach—Aitrach nahe, so wird diese bestätigt, wenn im Aitrachtal Schottermassen gefunden werden, die nahezu ausschließlich aus Schwarzwaldgeröll, dem oberen Wutachtal entstammend, bestehen. Damit ist aber der Nachweis erbracht, daß zu einer gegebenen Zeit die (obere) Wutach durch das jetzige Aitrachtal nach der Donau abgeflossen ist. Und wir sind auch nicht im Zweifel, welches diese Zeit war, denn in jenen Schottern werden Reste diluvialer Säugetiere gefunden.

Dieser Fluß Obere Wutach—Aitrach war wie die obere Donau ein echter Folgefluß, der über die Rumpfoberfläche des Schwarzwaldes, welche die Basis der mesozoischen Schichten bildet, dann über letztere, von älteren Gliedern allmählich auf jüngere übertretend, im Schichtenfallen floß. Südlich von diesem konsequenten rann im Schichtenstreichen der subsequente Fluß, welcher heute den

[1]) Penck, Talgeschichte der obersten Donau. Schriften des Vereins zur Geschichte des Bodensees und seiner Umgebung, Heft 28.

[2]) Zur ersten Orientierung wird man die Vogelsche Karte des Deutschen Reiches und Lepsius' Geologische Karte des Deutschen Reiches benutzen, wenn man nicht über die Blätter der geognostischen Spezialkarte von Württemberg verfügt.

Unterlauf der Wutach bildet. Die Erosionsbasis dieses Subsequenten wurde durch Vorgänge, welche bereits vor der Diluvialperiode eingesetzt hatten und für die ganze Entwicklungsgeschichte der Gewässer des südlichen Schwarzwaldes und des Jura von durchgreifender Bedeutung wurden, tiefer und tiefer gelegt[1]). Der so mit verschärfter Erosionskraft ausgestattete Fluß mußte mehr und mehr rückwärts arbeiten und endlich zur Anzapfung der Wutach-Aitrach gelangen. Das wurde sehr erleichtert, da, wie Penck a. a. O. S. 120 bemerkt, die Obere Wutach infolge der Vergletscherung des Schwarzwaldes ihr Bett während der Diluvialperiode erhöhte, wodurch die Möglichkeit eines Überfließens gegeben war, schon bevor die rückschreitende Erosion der subsequenten Wutach völlig herangekommen war. So ist die Umbiegung der jetzigen Wutach aus ihrem konsequenten Oberlauf in den subsequenten Unterlauf zustande gekommen. Die Aitrach ist der durch Entwurzelung übrig gelassene Torso des alten Wutach-Aitrach-Tales. Zwischen dem „Ablenkungsknie" der Wutach und dem Beginn der heutigen Aitrach blieb so ein Talstück, welches in seiner ganzen Breite zu einem anderen geöffnet ist. In dieses Talstück hat sich von der Ablenkungsstelle aus übrigens schon der kleine Schleifbach als Zufluß der Wutach eingenagt. Er fließt also in entgegengesetztem Sinne wie die konsequente Aitrach, d. h. ist ein obsequenter Fluß. Von derselben Stelle hat sich dann noch, nach Norden zu, als subsequenter Nebenfluß der Krottenbuch eingeschnitten. Lebhaft an der Vertiefung seines Bettes arbeitend, hat er seinen Ursprung bereits so weit zurückgeschoben, daß er nur noch 5 km von der Donau absteht. Diese ist also durch den Bach bedroht, dessen ungestörtes Rückwärtsarbeiten zu einer Ablenkung der konsequenten Brege durch den subsequenten Krottenbach nach der Wutach, also vom Donaugewässer in das Rheingebiet führen wird. Überhaupt ist dieses oberste Donauland ein typisches Kampfgebiet zwischen Flüssen und Flußsystemen, eine gute Illustration für das, was amerikanische Geographen als „river piracy" bezeichnet haben. Es sei zu näherer Einsicht in diese Verhältnisse wiederholt auf das Studium der Abhandlung Pencks selber verwiesen, an die man dasjenige einer ausgezeichneten neueren Arbeit von Reck anschließen wird, welche die Entwicklungsgeschichte des Neckarsystems behandelt[2]).

[1]) Für eine kurze erste Information über diese Vorgänge sei auf die schöne „Orographische Studie am Knie des Rheines" von F. v. Huene (Geograph. Zeitschr. 1911, S. 140) hingewiesen, für eine eingehendere Beschäftigung mit dem Gegenstand auf F. Machacek, Der Schweizer Jura (Petermanns Mitteil., Ergänzungsheft Nr. 110), wo sich auch ausgedehnte Literaturangaben finden.

[2]) Ztschr. d. Deutsch. Geol. Ges. Bd. 64 S. 81.

§ 6.

Die Verfolgung des im vorigen Paragraphen gegebenen Hinweises auf Pencks Untersuchung an Hand der orographischen Karte und die Betrachtung der Figuren 7 und 8 gibt schon eine Vorstellung von der in der Einleitung erwähnten Rolle des fließenden Wassers als Reliefbildner. Die Erosion zerschneidet und zerteilt die Landoberfläche, sie formt seine Einzelzüge, indem zwischen den ausgefurchten Tälern Höhen von mannigfaltiger Grundrißgestalt stehen bleiben. Und wir können uns nun vorstellen, wie es auch ihr Werk, wenn wir in geschichtetem, von Störungen freigebliebenem Land vor der Stirn einer Hochfläche einzelne Berge finden, die auf den ersten Blick als von völlig gleicher Art mit dem hinter ihnen liegenden „Gebirge" zu erkennen sind. Es sind Reste, die eben durch die Erosion aus dem Rande des größeren Gebildes herausgenagt und isoliert worden sind. So sind Hohenstaufen und Hohenzollern, die man zunächst als „vorgeschobene Posten" der Rauhen Alb ansah, nichts anderes als stehengebliebene Reste eines alten durch die Erosion zurückgedrängten Randes. Also das Gegenteil von dem, was eine rein deskriptive Betrachtung aus ihnen machen würde.

Noch auf eines werden wir durch Betrachtung der Figur 7 (S. 45) aufmerksam. Wenn wir von der Küste eines Landes gegen das Innere wandern, dann mögen wir den Eindruck haben, auf ein „Gebirge" zuzugehen, das mit reicher Gliederung vor uns liegt. Ist aber die Höhe dieses Gebirges erstiegen, dann zeigt sich, daß man auf einem weit gedehnten Lande mit nur geringer vertikaler Gliederung steht. Was man für ein Gebirge hielt, war nichts anderes, als der durch die Erosion zerschnittene, zu einem tieferen Niveau abfallende Rand dieser Hochfläche. Beispiele bieten Deutsch-Ostafrika und Kamerun. Auch in Fällen dieser Art zeigt sich also das rinnende Wasser von großer Bedeutung für die Formung des Landschaftsbildes.

§ 7.

Indessen sind wir ja erst am Anfang unserer Betrachtungen, die bisher dadurch erleichtert wurden, daß auf die Natur des Gesteins, in welchem die Bildung eines Tales erfolgt, keine Rücksicht genommen wurde. Es ist aber offenbar von großer Bedeutung für den Erfolg der Erosion, ob die Arbeit des rinnenden Wassers an weichem oder hartem Gestein angreift. Und es wird also einmal die Anlage eines Flußnetzes durchgreifend beeinflußt werden von der Anordnung weichen und harten Gesteins, und anderseits das resultierende

Landschaftsbild wiederum von der Verschiedenheit der Erosionsergebnisse in dem verschiedenen Gestein.

Es soll deshalb nun darauf Rücksicht genommen werden, daß die Fläche, auf welcher die Bildung eines Tales erfolgt, im allgemeinen keine gleichartige sein wird, sondern daß in ihr eine Reihe von Schichten abwechselnd harten und weichen Gesteins zutage treten.

Wir betrachten also zunächst wieder einen im Schichtenfallen (konsequent) sich entwickelnden Fluß, der nun aber abwechselnd auf weichen und harten Schichten verläuft. Nach dem im vorigen Kapitel Gesagten, ist es klar, daß der Fluß in den weichen Schichten leichtere Arbeit findet. Er wird hier nicht nur in die Tiefe einschneiden, sondern auch seitlich erodieren. Das Ergebnis wird ein breiter Talboden mit einem gewundenen Lauf sein. Anders im harten Gestein. Dort ist ein Arbeiten nach der Seite erschwert und beschränkt. Der Fluß wird sich wesentlich der Tiefenerosion widmen und infolgedessen das harte Gestein in gestrecktem Kanal durchqueren. Die Gefällskurve des Flusses wird durch solche Anordnung der Schichten eine Modifikation erleiden. Beim Übertritt von dem weichen Gestein, in dem das Einschneiden leicht geschah, in das harte, wo dies nicht mehr der Fall ist, wird ein gewisser Stau zustande kommen, dessen Maß von den natürlichen Verhältnissen des besonderen Falles abhängt, der sich aber jedenfalls in einer Verlangsamung des Gefälles kundgibt. Am unteren Ende der harten Schicht, wo beim Übertritt in weicheres Gestein die Erosion nun wieder leichtere Arbeit findet, wird das Gegenteil eintreten: das Gefälle wird sich verstärken.

Noch schärfer müssen diese Erscheinungen auftreten bei einem obsequenten Fluß, der dem Falle der Schichten entgegenströmt. Hier werden an den Übergängen vom harten zum weichen Gestein sich diejenigen Störungen der Gefällslinie bilden können, die als Wasserfälle bekannt sind.

Betrachten wir zunächst erst noch den subsequenten Fluß, der sich im Streichen der Schichten entwickelt. Ist ein solcher Fluß in hartem Gestein angelegt, so wird er zunächst in die Tiefe arbeiten, bis er die unterliegende weiche Schicht erreicht hat (Fig. 9).

Fig. 9. Fluß im Streichen der Schichten.

In dieser aber wird nun auch die seitliche Ausnagung zur Geltung kommen, so daß der Querschnitt nacheinander die in der Figur durch gestrichelte Linien angegebene Formen erhält, indem das Tal mit seinem Boden gewissermaßen auf der unterliegenden harten Schicht nach rechts gleitet. In der weiteren Entwicklung wird nun aber die nagende Arbeit des Wassers die weiche Schicht w überschreiten und demgemäß an die Grenze der nächsten harten gelangen, wodurch eine Unterspülung des harten Gesteins entstehen muß. Es wird dann durch solche Unterwaschung ein Abstürzen von hartem Gestein stattfinden. Wenn man beachtet, daß die Klüftungsrichtungen, allgemein zu reden, im Sinne des Streichens und dem des Fallens verlaufen und daß die letztere Richtung bei schwach geneigten Schichten sehr steil ausfallen muß, so versteht man sofort, wie in solchem Falle durch die Arbeit des fließenden Wassers ein Tal geschaffen wird, das eine sanft geneigte Wand und eine Steilwand besitzt.

Ist der Fluß in einer weichen Schicht angelegt, so wird er zunächst so weit in die Tiefe arbeiten, bis die unterliegende harte Schicht erreicht wird. Und von diesem Stadium aus wird dann die Entwicklung analog der vorhin betrachteten und mit analogem Ergebnis vor sich gehen.

Diese einfachsten Fälle, die überhaupt betrachtet werden können, lassen doch bereits tief eingreifende Wirkungen der Arbeit des rinnenden Wassers auf die Gestaltung des Landschaftsbildes erkennen, auch wenn nur die Tätigkeit konsequenter und subsequenter Flüsse in Betracht gezogen wird. Ein in der Richtung der konsequenten Flüsse durch das Land gelegtes Profil, wird immer ein bestimmtes Bild ergeben: eine Reihe von Stufen tritt entgegen, deren Steilabfälle (Eskarpements) sich nach dem Inneren des Landes kehren, während ihre sanft abfallenden Seiten, die Stufenlehnen, nach dem Meere bzw. in der Richtung des Hauptabflusses gewendet sind.

Man erkennt nun sofort, daß von den Eskarpements herab obsequente und auf den Lehnen resequente Flüsse als Nebenflüsse der subsequenten entstehen werden und wie so zuletzt die Oberfläche des Landes eine reiche Gliederung erhalten wird (a well dissected country der Amerikaner).

Man wird nun freilich nicht erwarten, in der Natur die scharfen geometrischen Formen zu finden, wie sie unsere schematischen Zeichnungen aufweisen. In den langen Zeiten, welche eine solche Entwicklung erfordert, wirkt auch die Verwitterung und die oberflächliche Abschwemmung der Verwitterungsergebnisse, es wirken nicht nur der einzelne Fluß oder die Flußgruppe, die gerade betrachtet ist, sondern gleichzeitig auch viele kleinere Wasseradern, die nach denselben Gesetzen arbeiten, wenn auch alle mit untereinander und von den Hauptflüssen verschiedener Intensität. So kommen zahlreiche Einzelzüge in das Landschaftsbild, die von ganz lokalen Verhältnissen bedingt werden, während gleichzeitig die Tendenz vorhanden ist, die scharfen Linien und Grate, welche die Schemata aufweisen — sofern sie zu irgend einer Zeit wirklich einmal so entgegengetreten sind —, abzumildern und abzurunden. Es kommt dann noch die Vegetationsdecke hinzu, welche teilweise verschleiernd zu wirken vermag. Man darf also nicht glauben, das Schema in der Natur auf den ersten Blick wieder zu finden. Aber ein sorgsames Betrachten der Natur in Verbindung mit dem Studium der geologischen Verhältnisse wird allerdings die behandelten Erscheinungen dann wieder verhältnismäßig leicht erkennen lassen.

Im Südosten Englands wird das Landschaftsbild in sehr markanter Weise von drei solchen Stufen beherrscht[1]). Sie kehren ihre Eskarpements nach Westen, während ihre Lehnen nach Osten zu abfallen; sie gehören von Westen nach Osten gerechnet nacheinander dem Jura (Oolith), der Unteren Kreide (Lower Greensand) und der Oberen Kreide (Kalk) an. Das Studium der dortigen Flußsysteme gibt eine interessante Anwendung der vorhergehenden Darlegungen. Ein anderes Beispiel hat in dem schwäbisch-fränkischen Stufenland durch Scheu und Reck neuerdings eine schöne Bearbeitung gefunden[2]).

§ 8.

Wir müssen uns den wirklichen Verhältnissen in ihrer großen Mannigfaltigkeit noch mehr nähern, als es durch die vorstehenden allgemeinen Betrachtungen bis jetzt schon geschehen ist. Wiederholt ist im vorigen wie in diesem Kapitel aufmerksam gemacht worden, wie auch kleine Unregelmäßigkeiten der Oberfläche oder der Gesteinsnatur für die Gestaltung des Flußufers von Bedeutung werden. Wir wollen nun einmal den Fall betrachten, daß ein in weichem Gestein angelegter subsequenter Fluß durch solche Sonderbedingungen aus seiner theoretischen Richtung parallel mit dem Streichen in eine schief zu diesem verlaufende gedrängt worden sei. In diesem Falle werden nun die im vorigen erkannten Erscheinungen modifiziert werden. Der Fluß wird zwar in dem weichen Gestein sich wieder ein breites Bett graben und es immer mehr vertiefen. Ebenso wird der Fluß auch (vgl. Fig. 10) seitlich gegen die nächste harte Schicht hin-

[1]) Für diese englischen Verhältnisse wird man eine erste Orientierung entnehmen aus H. J. Mackinder, Britain and the British Seas, London 1902; A. C. Ramsay, The physical Geology and Geography of Great Britain, London 1894 (6. Auflage). Für spezielles Studium kommt in Betracht in erster Linie F. R. Cowper Reed, The geological history of the rivers of East Yorkshire (Sedgwick Price Essay), London 1901.

[2]) E. Scheu, Zur Morphologie der schwäbisch-fränkischen Stufenlandschaft. Stuttgart 1909. (Forschungen z. Deutschen Landes- und Volkskunde, XVIII, 4.) Eine fein durchgearbeitete Studie. Recks Arbeit s. S. 48 Anm. 2.

rücken. Aber nun trifft er diese zunächst in einem von 180° verschiedenen Winkel, so daß eine Prallstelle entsteht, durch welche der Fluß wieder mehr in die weiche Schicht zurückgedrängt wird. Der Vorgang wird sich wiederholen, so daß jene Erscheinung zustande kommt, die man als die Tendenz zum Verharren in weicher Schicht bezeichnen

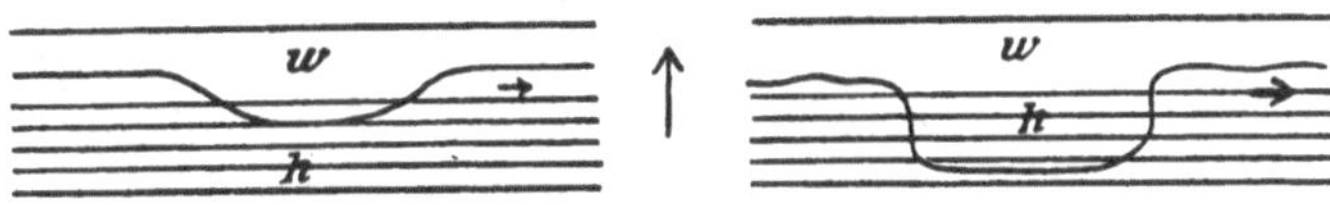

Fig. 10. Fluß in weicher Schicht.

kann. Aber die Prallstellen sind Konkaven des Flusses, in denen er seitlich und in die Tiefe arbeitet (Kapitel II). Es wird in ihnen also wieder Abbruch der Ufer stattfinden (vgl. S. 30) und bei einem hinreichend starken Hochwasser wird an einer solchen Konkaven ein Einbruch des Flusses in die harte Schicht stattfinden, die er nun dem für die Erosion günstigen Hauptgefälle folgend nahezu senkrecht überquert, während unterhalb der Umbiegungsstelle ein Altlauf übrig bleibt. Es kann also im Anschluß an spezielle Unregelmäßigkeiten in einer Schicht der Lauf eines Flusses und die Ausbildung seines Tales auch in den folgenden vom Fluß zu überschreitenden Schichten sehr wesentlich beeinflußt werden und zwar so, daß das Tal aus Strecken verschiedenen Charakters zusammengesetzt erscheint, wie hier, wo ein subsequentes und ein konsequentes Stück zu einem Lauf vereinigt sind. Wenn man sich an früheres erinnert, wird man übrigens bemerken, daß ganz ähnliche Erscheinungen auch durch Übergriffe aus einem stärkeren Flußsystem in ein schwächeres (Anzapfungen) sich ergeben können. Das hat man zu beachten, um in einem gegebenen praktischen Fall sich vor schematischen Urteilen zu schützen. Die betrachtete Erscheinung kann übrigens eine sehr ausgedehnte werden, wenn aus Gründen, die wir gleich nachher kennen lernen, ein Tal zu irgendeiner Epoche die Tendenz hat (oder überkommen hat), in schiefer Richtung zu allen Schichten zu verlaufen. Diese Tendenz wird nicht zur Ausbildung gelangen, vielmehr jetzt in wiederholter Anwendung des vorhin dargelegten Prinzips ein Tal zustande kommen, dessen Grundriß die treppenförmige Gestalt zeigt. (Vgl. Richthofen, Führer für Forschungsreisende, S. 167.)

§ 9.

Die Ausbildung der Flußsysteme, wie sie sich nach der Trockenlegung auf einem aufgestiegenen Festlande mit flach gelagerten

Schichten vollziehen wird, ist in der bisherigen Darstellung ihren Grundzügen nach erkannt worden. Die Flüsse und Flußsysteme haben sich der gegebenen Oberfläche angepaßt, d. h. sie sind durch deren Neigungsverhältnisse und geologische Natur bestimmt. Sie haben sich den in der Oberfläche etwa aus einer früheren geologischen Perioden noch vorhandenen geringen topographischen Resten angeschlossen und ihrerseits eine neue Topographie geschaffen, die wiederum — durch Entstehung resequenter und obsequenter Flüsse — zur weiteren Entwicklung der Flußsysteme beitrug.

Eine Landfläche, die so der Arbeit des fließenden Wassers unterworfen ist, wird in ihrer Skulptur eine Reihe von Wandlungen durchmachen, die kurz gekennzeichnet werden mögen. Im Beginne, während der Aufsteigung des Landes, wird die Oberfläche nur geringe Gliederung erfahren, die Wasserläufe fließen noch in unbedeutenden Tälern. Mit der definitiven Festlegung der Erosionsbasis aber stellt sich nun die Arbeit des rinnenden Wassers in bezug auf diese ein. Die konsequenten Flüsse schneiden tiefer und tiefer und zwingen so die Gesamtheit ihrer Zuflüsse ebenfalls zu intensiverem Erodieren. Dabei treten die Unterschiede im Gesteinsmaterial deutlich in Wirkung und das gesamte Flußsystem wird ausgezeichnet durch die Unausgeglichenheit der Längenprofile seiner Konstituenten, die häufige Brüche des Gefälles aufweisen. Das ist das jugendliche Flußsystem.

Die rückschreitende Erosion bringt dann ihre Tendenz, jene Unregelmäßigkeiten der Gefällslinien auszugleichen, immer mehr zur Geltung. Das Endergebnis ist die Herstellung eines Zustandes, bei dem das Energiegefälle längs dem einzelnen Flusse sich nicht mehr ändert. Die Gefällslinie hat dann eine Gestalt erreicht, die man als die Erosionsterminante bezeichnet hat[1]). Das ist der Reifezustand des Flußsystems. Mit seiner Erreichung hat die Tiefenerosion in einem Flußgebiete ihren Abschluß gefunden. Mit ihr hat der Abtrag des Landes Schritt gehalten und nun seinen Größtwert erreicht. Die Landoberfläche ist damit nicht zu einer flachen Ebene reduziert, wohl aber sind die Höhenunterschiede unter sich in dem Sinne ausgeglichen, daß die einzelnen über die allgemeine Oberfläche aufragenden Unebenheiten untereinander nur wenig in ihrer relativen Höhe differieren. Diese Höhenunterschiede sind in letzter Linie durch die verschiedene Härte des Gesteins bestimmt.

Man darf nun nicht denken, daß die Reife eines Gebietes gewissermaßen mit einem Schlage eintrete, und daß sie dann eine

[1]) Philippson, Petermanns Mitteilungen 1886, S. 72.

völlige Entwicklungslosigkeit des Gebietes darstelle. Sie wird beginnen, wenn die konsequente Hauptader des Gewässernetzes ihre der tiefsten zur Verfügung stehenden Erosionsbasis, dem Meeresspiegel, angepaßte Erosionsterminante ausgebildet hat. Aber dieser Beginn ist noch nicht die Vollendung. Es werden dann im allgemeinen noch immer Elemente in dem Netze vorhanden sein, die ihre eigene Terminante noch nicht erreicht haben, die infolgedessen in Abhängigkeit von den klimatischen Bedingungen (Schneeschmelze, Hochwasser, Gewitterstürme) der Hauptader immer wieder größere und gröbere Geschiebemassen zuführen, die dort eine neue Einschneidearbeit, also ein Wiederaufleben der (Tiefen-) Erosion bedingen. Erst wenn, wie oben schon ausdrücklich gesagt, für jeden einzelnen Fluß eines Systems die Terminante erreicht ist, ist auch die Reife des Gebietes erreicht, ist der Zustand ein stabiler geworden.

Dann kommt allerdings kein größeres Geschiebe mehr in die Wasserläufe, wenn auch die Abspülung durch den Regen ihren Fortgang nehmen wird. Aber das so in die Flüsse gelangende Material wird sofort weiter verfrachtet und gelangt im Mündungsgebiete zur Ablagerung, wo der (Haupt-) Fluß nun aufbauend tätig ist und aus dem Geschiebematerial ein Delta bildet, das er allmählich aufhöht und damit gegen das Meer hin vorschiebt. Diese Aufhöhung bedeutet vor allem für das Anschwemmungsgebiet des Deltas selber eine Höherlegung der Erosionsbasis, also eine Verminderung des Gefälles, so daß nunmehr geringfügige Einflüsse hinreichen, das fließende Wasser zu Abweichungen von seiner Richtung, und selbst zu Verzweigungen zu zwingen.

Mit dieser vollen Reife beginnen sich dann bereits Züge des Alters eines Gebietes auszubilden. Denn die Höherlegung der Erosionsbasis wirkt allmählich auch über das eigentliche Mündungsgebiet herauf, und der Fluß beginnt auf dem Material, mit dem er in den früheren Stadien seinen Talboden überschüttet hat, Windungen und Verzweigungen, zwischen denen Inseln liegen, zu bilden. Das Relief des Landes ist seit Erreichung der Reife, durch den Fortfall der Tiefenerosion, nicht mehr geändert worden. Es zeigt ruhige ausgeglichene Formen, die nur durch die Konsequenzen der ungleichen Härte des Gesteins, vereinzelte Monadnocks, belebt werden. Die so zustande gekommene Landschaftsform wird als Fastebene bezeichnet[1]).

* * *

[1]) Der Mount Monadnock im südlichen New Hampshire ist ein Typus eines solchen auf einer Fastebene erhalten gebliebenen Hügels; W. M. Davis hat den Namen als Terminus technicus eingeführt. Von ihm ist auch die Bezeichnung „Peneplain" oder Fastebene gegeben worden. Nach einem Vorschlag von Penck ist für Monadnock neuerdings im Deutschen die Bezeichnung „Härtling" aufgekommen.

Als ein flaches aus leicht geneigten Schichten aufgebautes Land dachten wir uns das Gebiet aufgestiegen, auf dem nachmals die Arbeit des fließenden Wassers einsetzte und in Verbindung mit der durch die Wirkung der Atmosphärilien bedingten Verwitterung mannigfache Formen in die einst ungegliederte Oberfläche hinein modellierte, die in der Jugendzeit der Flüsse deren Gefällslinie zu einer sehr unregelmäßigen gestalteten, wobei die am schärfsten ausgesprochenen Sprünge als Wasserfälle entgegentreten, und eine Reihe in rascher Folge angeordnete kleinere Stufen die Stromschnelle erzeugt. Die weitere Arbeit der Erosion hat dann, indem sie die Erreichung der Terminante anstrebte, diese Ungleichheiten der Gefällskurve mehr und mehr ausgeglichen und so zur Reife geführt, nach deren Erlangung — soferne sie wirklich für jede einzelne Ader eines Gewässernetzes eingetreten ist — lediglich noch seitliche Wirkungen möglich waren, die zu einer Verwischung aller schärferen Formen des Reliefs des Landes führten. Soferne wir die Erosion selber ins Auge fassen, können wir in solcher Entwicklung in der Tat einen Zyklus sehen. Man spricht in diesem Sinne von Erosionszyklen (Davis), und meint also damit den Ablauf der Entwicklung eines Flußnetzes zwischen den beiden Stadien der eben einsetzenden Erosion (nach dem Aufsteigen des Landes) und der ermatteten Erosion im Alter des Systems. Man darf aber nicht meinen, daß mit dem Zyklus der Erosion sich auch ein solcher des Landschaftsbildes schließe, d. h. daß dieses am Ende des Zyklus mit dem Anfange übereinstimme. Das würde unrichtig sein. Denn wenn die Peneplain auch gegenüber den Stadien der Jugend und der beginnenden Reife ausgeglichene Skulptur aufweist, so ist sie doch sehr verschieden von der ungegliederten Oberfläche, welche das aufsteigende Land aufwies.

§ 10.

Den bisherigen Betrachtungen lag die theoretische Forderung zugrunde, daß während der betrachteten Vorgänge das Gebiet, auf welchem diese sich abspielen, keinerlei Störungen durch Bewegungen der Erdkruste erfahre. Diese Voraussetzung wird aber nie voll erfüllt werden, und wir werden in der Entwicklungsgeschichte eines Gewässernetzes schwerlich je einen ganz ungestört abgelaufenen Zyklus nachweisen können. Vielmehr liegen die Dinge so, daß wir zwar manche Fastebene kennen, uns aber überzeugen müssen, daß die betrachteten Gebiete diese Landschaftsform nicht in einem einzigen Zyklus erreicht haben, sondern daß dieser Zyklus gestört worden ist durch Bewegungen der Erdrinde, die als Hebungen,

Senkungen, als Faltung und als Verschiebung einzelner Schollen (Verwerfungen) und als Kombinationen dieser Vorgänge entgegentreten. Dadurch — immer in Verbindung mit der Arbeit des rinnenden Wassers — haben die Formen der Erdoberfläche jene weit größere Mannigfaltigkeit erreicht als diejenige ist, welche auf Grund der bisherigen einführenden, und daher mit den einfachsten Voraussetzungen arbeitenden, Darlegungen erkannt werden konnte. Weiter ist nicht zu übersehen, daß für die vollständige Talgeschichte eines Flußsystems auch die Klimaschwankungen mit großem Gewicht in Betracht kommen werden. Auch sie beeinflussen die Erosionsfähigkeit der Flüsse. Denn wenn jene vorhin erwähnten geologischen Vorgänge in dem Ausdruck mgh der Energie den Faktor h variieren, so äußern sich die Klimaschwankungen in der Variation von m, also der Wassermenge. Das Problem der Klimaschwankungen erweist sich übrigens als ein zusammengesetztes, denn mit den Beträgen von Hebung und Senkung — allgemein zu reden von Änderungen der Höhe h — um die es sich in den Entwicklungsperioden eines Flußsystems handeln kann, werden auch immer Schwankungen der Niederschlagsmenge als Folgeerscheinungen verbunden sein, ohne daß deshalb ohne weiteres von einer allgemeinen Klimaänderung gesprochen werden dürfte, in dem Sinne nämlich, daß auch solche benachbarte Teile der Erdoberfläche, welche von jenen Bewegungen nicht betroffen wurden, gleichzeitig eine Änderung des Klimas erfahren müßten. (Vgl. Bd. IV, Kap. 5 und 6.)

§ 11.

Wir wenden uns nun einer kurzen Betrachtung der im vorigen Paragraphen erwähnten Vorgänge zu und untersuchen ihren Einfluß auf die Gestaltung eines Gewässernetzes.

Wenn der Grenzsaum zwischen Meer und Land meerseitig zurückweicht, wenn also eine sogenannte negative Strandverschiebung[1]) stattfindet, dann bedeutet dies für die Flüsse des von solchem Vorgang betroffenen Gebietes eine Tieferlegung der Erosionsbasis. Die Erosion in diesem Gebiete wird also unter allen Umständen verstärkt werden; sie wird, wenn sie bereits zu geringen Beträgen herabgesunken war, wieder aufleben. Aus dem so bedingten erneuten tieferen Einschneiden des Flusses resultiert nun eine bemerkenswerte Erscheinung im Landschaftsbilde, die **Flußterrassen**. Das sind Stufen im Talgehänge, welche dem Flußlaufe folgen und ein deutliches Gefälle im Sinne des Flußgefälles aufweisen.

[1]) Vgl. über diese S. **Günther**, Physische Geographie, Nr. 26 dieser Sammlung.

Die Entstehung der Terrassen unter den gegebenen Bedingungen ist leicht einzusehen. Der Fluß hatte in seiner vor der Änderung der Erosionsbasis stattgefundenen Entwicklung den Boden seines Tales mit seinen Geschieben aufgeschüttet und beim Ermatten der Erosion seinen Lauf mehr und mehr in Windungen angelegt. Mit dem neuen tieferen Einschneiden des Flusses werden Uferränder, die früher noch vom Hochwasser erreicht wurden, dauernd aus dem Bereich des Hochwassers herausgehoben und treten nun als Stufen, Terrassen entgegen, die die vorhin erwähnte Eigenschaft hinsichtlich des Gefälles ihrer Oberfläche haben. Und da mit der Verstärkung der Erosion auch die Tendenz zu einer Streckung des Laufes sich ausbilden wird, so verstehen wir auch, warum die Terrassen keineswegs in allen Fällen auf jeder Strecke den Fluß beiderseitig begleiten, sondern streckenweise von einem zum anderen Ufer hinüberwechseln: bei dem Abschneiden von Windungen ist das alte Ufer stellenweise abgetragen worden.

Zu der eben gegebenen Erklärung für das Entstehen von Flußterrassen waren wir im Zusammenhange der unmittelbar vorher durchgeführten Betrachtungen gekommen. Und es war auch Absicht, die allgemeine Erscheinung der Terrassen zunächst auch in ursächliche Beziehung zu setzen mit einer anderen allgemeinen Erscheinung, wie es die Hebungen und Senkungen sind. Zudem haben einige Forscher in speziellen Untersuchungen der in das Mittelmeer mündenden Flüsse zeigen[1]) können, daß die Terrassen dieser Täler den Strandmarken des seit dem jüngeren Tertiär zurückweichenden Meeresspiegels des Mittelmeers entsprachen. Wir stehen also, wenn wir in dem Schwanken des Grenzsaumes zwischen Meer und Land — d. h. in Hebungen und Senkungen — eine Ursache der Terrassenbildung sehen, durchaus auch auf dem Boden der Tatsachen[2]).

Aber wir bleiben auch auf diesem Boden, wenn wir nun sofort darauf aufmerksam machen, daß ausdrücklich von einer Ursache der besprochenen Erscheinung die Rede war. Wir wollen uns vor dem Irrtum bewahren, die Ursache gefunden zu haben, in dem Sinne, daß es nur eine einzige geben könne.

Aus der Darlegung am Anfang dieses Paragraphen geht die physikalische Bedingung für Entstehung von Terrassen hervor:

[1]) Vgl. insbesondere de Lamothe, Bull. soc. géol. de France 1899 und 1901; wie auch Comptes rendus 1907. Dann Cvijic, Petermanns Mitt. Ergh. 160, Gotha 1908, und Scheffer sowie Hassinger in Mitt. Geogr. Ges. Wien 1902, 1904, 1905, 1907.

[2]) Wo dieser verlassen wurde und theoretisierend z. B. ein Zusammenhang zwischen den norwegischen Strandterrassen und den Terrassen der Mittelmeerflüsse konstruiert werden sollte, hat die Wissenschaft sehr rasch abgewehrt.

es ist der Wechsel zwischen Zeiten ermatteter oder zur Ruhe gekommener und solchen wieder auflebender Erosion. Eine solche Intensitätsfolge der Erosion kann aber sehr wohl auch lokal, auf einen Fluß oder eine Flußstrecke beschränkt, auftreten. Wenn ein Tal durch einen Felsriegel durchquert wird, so muß oberhalb desselben mit der Minderung des Gefälles auch eine solche der Erosion eintreten. Ist es aber im Verlauf seiner weiteren Entwicklung dem Wasserlaufe gelungen, jene Schwelle zu durchbrechen, so tritt nun eine Neubelebung der Erosion auf, und es ist damit die Möglichkeit der Terrassenbildung in der Strecke gegeben, wo bisher eine starke Ablagerung des Geschiebes stattfinden mußte.

In gleicher Weise wird eine Hebung des Landes im Quellgebiete eines Flusses wirken. Zunächst wird so rein mechanisch die Erosion verstärkt. Mit der Hebung wird aber auch eine Steigerung der Niederschlagsmenge einhergehen, so daß also beide Faktoren der Erosion zunehmen.

§ 12.

Die im bisherigen gemachte Voraussetzung, daß im Gebiete eines auf der Abdachung eines flachgeneigten Tafellandes angelegten Flußsystems keine Bewegungen in der Erdrinde auftreten, wird also keineswegs durch die ganze Talgeschichte des Systems hindurch erfüllt bleiben. In welcher Weise Hebungen oder Senkungen einer Scholle im ganzen auf die Modellierung eines Tales einzuwirken vermögen, ist schon kurz erörtert worden. Aber Faltung und Verwerfung innerhalb einer Scholle sind doch in noch weit höherem Maße geeignet, die ursprüngliche Anlage eines Flußsystems zu modifizieren. Es würde natürlich ganz falsch sein, hier an katastrophale Vorgänge und Einwirkungen zu denken. So vollzieht sich ja die Reliefbildung überhaupt nicht. Sie nimmt im Gegenteil lange Zeiträume in Anspruch, denen gegenüber die geschichtlichen Zeiten nur außerordentlich kurz sind. Aber die große zeitliche Ausdehnung, welche ein solcher die Oberfläche umgestaltender Vorgang gebraucht, um irgend einen Zustand — etwa den jetzt zu beobachtenden — zu erreichen, gibt dann die Möglichkeit der Anpassung der Flüsse und Flußsysteme an den jeweiligen Zustand der Oberfläche.

Freilich, trotz der langen Zeiträume, auf die soeben hingewiesen wurde, wird solche Anpassung doch in sehr verschiedener Art zustande kommen. Die Vorgänge innerhalb der Erdrinde können so weitgreifende sein, daß die zu ihrem Beginn vorhandenen Flußsysteme tatsächlich zerrissen werden, so daß nur wenig Verwandtschaft der neuen Flußläufe und Täler mit den ursprünglichen erhalten bleibt und nur durch sehr eingehende Einzelforschung erkannt werden kann[1]). Solchen Fällen stehen andere gegenüber, in denen die Beziehungen zwischen den Zuständen eines Flußsystems zu zwei verschiedenen Epochen — es muß die eine nicht immer die Gegenwart sein — sich einfacher und leichter übersehen lassen.

Diese Fälle haben das gemein, zu der Erkenntnis zu führen, daß das betrachtete Flußsystem mit seinen Hauptelementen und seinen Gefällsrichtungen älter ist, als die Landschaft, in der es sich zur Zeit der Betrachtung findet. Es soll dann von einer Antezedenz des Flußsystems (zeitlichem Vorangehen vor der Landschaft) gesprochen werden. Das Flußsystem ist dann gewissermaßen stärker gewesen, als die Angriffe, die durch die Vorgänge in der Erdrinde auf seinen Bestand ausgeübt wurden.

Ein solches Verhältnis wird insbesondere dort sich herausbilden, wo ein noch junges System — das also über eine kräftige Erosion verfügt — in weichem Gestein angelegt ist. Erfolgt dann quer zu einem Flußlaufe eine allmähliche Aufwölbung, so wird die Erosion mit dieser Schritt zu halten vermögen, d. h. jedem Betrag von Aufwölbung wird ein gleicher Betrag von Eintiefung entsprechen. Das Endergebnis ist, daß in der von der Aufwölbung betroffenen Strecke ein enges von steilen Wänden begrenztes Tal entsteht, das von den oberhalb und unterhalb gelegenen Strecken des Flußlaufes in seiner ganzen Erscheinung völlig abweicht, und den Typus darstellt, den wir als Durchgangstal bezeichnet haben.

Powell hat zuerst die Entstehung dieses Typus auf die Antezedenz des Flusses zurückgeführt[2]). Diese Antezedenztheorie konnte nicht allzu schnell Fuß fassen, da ihr ältere Ansichten über den Durchbruch-Charakter der Durchgangstäler gegenüberstanden, und bei der ersten Überlegung tatsächlich auch ein physikalisch begründetes Bedenken entstehen kann.

Wenn nämlich quer zu dem Flußlaufe ou eine Aufwölbung abc erfolgt, dann wird das zur Erläuterung der Entstehung des „Durchbruchs" oft gebrauchte Vergleichsbild von dem Zerschneiden eines bewegten Balkens durch eine Kreissäge nur dann genau zutreffen,

[1]) Die Zeitschrift der Deutschen Geologischen Gesellschaft bietet fast in jedem ihrer Bände wertvolle Arbeiten zu diesen Fragen. Ebenso ist zu verweisen auf die Jahrbücher der Preußischen Geolog. Landesanstalt. Für außerdeutsche Verhältnisse: Annales de géographie, Bulletin de la société géologique de France, Geological Magazine, Annal Report U. S. Geological Survey, Journal Geological Society, London.

[2]) Exploration of the Colorado river of the West. Washington 1875, p. 102 ff. Der grundlegende Gedanke findet sich allerdings schon 1863 bei Lyell (Antiquity of Man) ausgesprochen.

wenn wirklich in jedem Moment, und zwar vom ersten Beginn der Hebung an, die Beträge der Aufwölbung und des erosiven Einschneidens mathematisch genau gleich sind. Ist das Maß der Aufwölbung größer als das des Einschneidens, so wird an ihrem oberen Rande a eine Stauung des Flusses erfolgen müssen. Die Erosionskraft wird also dort auf alle Fälle geschwächt — nämlich durch Verringerung von J (vgl. oben S. 31) —, der Lauf verlangsamt, und es muß in der oberen Strecke Geröllablagerung stattfinden. Die Bildung der Durchgangsstrecke ac des Tales kann freilich auch jetzt noch erfolgen. Denn, auf dem unteren Hang der werdenden Aufwölbung erfährt die Erosion jedenfalls eine kräftige Belebung gegenüber ihren bisherigen Werten, so daß — es handelt sich ja um ein Werden des Rückens — das Einschneiden mit der Zeit auch die oberhalb entstandenen Geröllablagerungen erreichen muß, wonach der „Durchbruch" dann vollzogen sein wird. Das Ergebnis würde freilich nicht der Theorie in voller Reinheit entsprechen: das Bild von der in den bewegten Balken eingreifenden Kreissäge wäre nicht mehr anwendbar. Regressive Erosion hätte einen Anteil am Zustandekommen der Erscheinung.

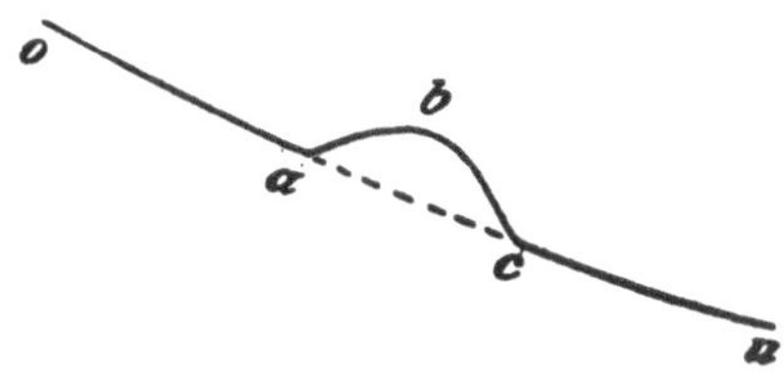

Fig. 11. Durchbruch.

Weist dieses Ergebnis unserer Überlegung ganz allgemein darauf hin, daß man nicht annehmen kann, das Problem der Durchgangstäler mit einer einzigen Theorie zu lösen, so stellt es im speziellen auch die Aufgabe, ein eindeutiges Indizium für die Antezedenz eines Flusses zu finden.

Denn die weitere Erwägung unseres Resultats führt doch zum wenigsten zu der Vermutung, der Fluß mit der Durchgangsstrecke könne auch so entstanden sein, daß nach dem Aufsteigen des Rückens zunächst auf dessen unterem Hange ein Fluß seinen Ursprung genommen und dann durch rückschreitende Erosion allmählich, nach Durchschneidung des Rückens, auch das obere Stück seines Laufes geschaffen habe. Dann würde es sich freilich nicht um einen den Vorgängen in der Erdrinde antezedenten, sondern vielmehr um einen ihnen nachfolgenden Fluß handeln.

Das geforderte Kriterium ist von Futterer gegeben worden[1]). Es liegt in folgendem. Entstand der Fluß von einer auf dem Kamm b

[1]) Zeitschrift der Gesellschaft für Erdkunde. Berlin 1895. (Über Durchbruchstäler in den Südalpen.)

der Höhe abc gelegenen Wasserscheide aus, so müssen in dem Tale cu die grobkörnigen Geschiebe, die von dem Rücken abc stammen, unter jenen liegen, die der rückwärtigen erst durch Regression erreichten Wasserscheide O entstammen, und die, entsprechend dem längeren Wege feiner sind als jene. Ist aber umgekehrt die Erosion von O ausgegangen und hat die Aufwölbung von abc überwunden, dann müssen die feinen O-Geschiebe unter den gröberen, von abc herkommenden liegen.

Mit diesem Kriterium ist man in der Tat imstande, im gegebenen Falle der Wirklichkeit durch Beobachtung die Frage nach der Antezedenz eines Flusses zu entscheiden[1]). Als völlig einwandfreie Beispiele mögen die Flüsse angeführt werden, welche die südlichen Vorketten des Himalaja durchbrechen, die Durchbruchtäler der Karnischen Alpen und endlich zwei aus einer Gegend, in der sie auf den ersten Blick wohl nicht erwartet werden, des Teterew (Nebenfluß des Dnjepr) und des Usch (Nebenfluß des Pripjat), also im Gebiete der russischen Tafel, wo es sich um verhältnismäßig sehr junge Erscheinungen handelt, was freilich der Schlüssigkeit der Beweisführung nur zugute kommen konnte.

§ 13.

Es ist in diesem Buche mehrfach betont worden, daß man nicht annehmen darf, die Erscheinungen der Natur nach einem Schema erfassen zu können, und es ist im vorigen Paragraphen auch wieder darauf aufmerksam gemacht worden, daß neben der dort in den Vordergrund gestellten speziellen Antezedenztheorie auch noch wenigstens eine andere Erklärung für die Entstehung der Durchbruchstäler möglich scheint, die aus der Regressionstheorie zu entnehmende, und daß nur die spezielle Beobachtung darüber entscheiden kann, welche Erklärung anzunehmen ist.

In der Tat ist ja jene spezielle Antezedenztheorie von der Durchsägung aufsteigender Ränder oder Ketten von außerordentlicher Bedeutung für das Erfassen der zunächst paradoxen Erscheinung, daß ein Fluß ein Gebirge durchsetzt, welches höher ist als sein

[1]) Die Literatur über Durchgangstäler ist sehr reich. Es können demgemäß hier nur einige Hauptarbeiten genannt werden, in denen man dann noch weitere Literaturnachweise findet. Diener, Jahrb. k. k. geolog. Reichsanstalt, XXVIII, p. 581; XXXII, p. 685; XXXVIII, p. 633. Löwl, Petermanns Mitt. 1882. Hilber, ebenda 1889. Philippson, Studien über Wasserscheiden, Leipzig 1886. Ferner: Löwl, Talbildung, Prag 1884 und dessen Geologie, Leipzig und Wien 1906. Neueste Arbeiten sind die von Mordziol, Zeitsch. Ges. f. Erdkunde, Berlin 1910, S. 77 (Antezedenz des Rheindurchbruchtales) und W. v. Lozinsky, Zeitschr. D. Geol. Ges., Monatsbericht Nr. 6, 1911 (Quartäre Krustenbewegungen i. d. wolhynisch-ukrainischen Granitplatte).

Quellgebiet, wie das gerade bei den Himalaja-Flüssen der Fall ist. Und für Erscheinungen, welche in einer gewissen Isolierung entgegentreten, wie die vorhin erwähnten im Dnjeprgebiet, bietet jene Theorie auch, wie es scheint, die einzige Erklärungsmöglichkeit.

Aber selten liegen die Dinge so einfach, wie gerade in diesen letzten Beispielen. Wenn wir beachten, daß ein Gebiet heutigen Festlandes in der geologischen Vergangenheit wiederholt von Transgressionen des Meeres betroffen worden sein mag, so erkennen wir, daß die Entwicklungsgeschichte eines Flußsystems auch in folgender Weise sich vollzogen haben kann.

Das Gebiet des Systems mag einen ersten Zyklus durchlaufen haben, also zu einer gegebenen Zeit eine Peneplain darstellen, die nun, wie wir früher sahen, nicht eine flache Ebene ist, sondern ein Gebiet, welches noch durchzogen wird von Rippen härteren Gesteins und in dem mehr oder weniger „Härtlinge" hervorragen. Das Gebiet wird wieder überflutet und die neuen Meeresablagerungen verhüllen völlig die gesamte in der Peneplain noch übrig gebliebene Gliederung. Wenn nun dieser Meeresboden von neuem Festland wird und die Erosion auf ihm einsetzt, dann wird sich ein System von konsequenten und subsequenten Flüssen bilden, welches lediglich bestimmt ist durch die Abdachungsverhältnisse des neuen Tafellandes. Ist nun die Hebung (oder Schrägstellung) des Gebietes so groß, daß auch die alte Peneplain höher zu liegen kommt als die jetzige Erosionsbasis, dann werden die Flüsse nicht nur die neue Decke durchschneiden, sondern auch in die alte Peneplain hineinschneiden, wobei aber Anlage und Richtung der Täler allein bestimmt bleibt durch die Abdachung eben der neuen Decke. So werden denn auch die alten Wölbungen aus härterem Gestein, die von dem früheren Zyklus übrig geblieben waren, in der Länge der Zeiten von der Erosion durchsunken werden. Ist — wie es vielfach der Fall war — die Decke aus weichen Gesteinen gebildet, dann können diese mit der Zeit, soferne günstige klimatische Verhältnisse (starke Temperaturschwankungen und großer Regenfall) dazu beitragen, völlig durch Verwitterung und Abtragung entfernt werden, so daß am Schlusse der Entwicklung eine Landschaft resultiert, deren Flußsystem unabhängig erscheint von ihrem Aufbau nach Form und Gesteinsnatur. Richthofen hat solche Flußsysteme als epigenetische bezeichnet. Die amerikanischen Geologen gebrauchen auch die Bezeichnungen inherited (vererbt) und superimposed (aufgelegt), deren letztere allerdings zuerst in England angewandt wurde.

Ein ausgezeichnetes Beispiel für ein epigenetisches Durchbruchtal bietet die Donau, der im österreichischen Alpenvorland durch den tief gelegenen Streifen jungtertiärer Sedimente ein bequemer Weg vorgezeichnet scheint, und die dennoch zwischen Passau und Krems dreimal durch das Böhmische Massiv schneidet. Ein weniger bekanntes Beispiel bieten die rechtseitigen Zuflüsse der Yonne (Durchbruch des Serein bei Isle-sur-Serein), bei denen es sich um Einschneiden in ältere härtere Gesteine während der allmählichen Denudation einer weicheren liassischen Decke handelt.

§ 14.

Die Dinge werden sich nicht immer so gestalten, daß die deckende Schicht über dem ganzen Gebiet gleichmäßig abgetragen wird. Auch wenn sie überall von gleicher Art ist, so wird doch die Abtragung in einer wesentlich höher gehobene Region, da diese den Angriffen der atmosphärischen Agentien mehr ausgesetzt ist, stärker vor sich gehen als in niedrigeren Teilen der Schicht. Das Ergebnis wird eine von oben nach unten fortschreitende Landstufe (aus dem Material der Deckschicht) sein, auf deren oberer Seite die Erosion schwächer ist als auf dem unteren Hang. Auf diesem wird sich also die regressive Erosion in zunehmendem Maße geltend machen, so daß zuletzt die Landstufe durchschnitten, d. h. ein Durchgangstal hergestellt wird. Hat oberhalb der Stufe der Fluß nach Abtragung der Deckschicht etwa noch leicht angreifbares Gestein angetroffen, so ist es nun sehr wohl möglich, daß als Konsequenz sich ein Fluß herausstellt, dessen Quellen in einem Gebiet liegen, welches wesentlich niedriger ist als der Scheitel der von ihm in dem Durchgangstal durchsetzten Landstufe. Das ist der Fall bei der Altmühl, deren Quellen im Keuper Frankens in 450 m Höhe liegen, während sie den 600 m hohen fränkischen Jura durchbricht. Die Juraformation reichte einst bis auf das im Norden angrenzende Triasgebiet hinauf. Ganz analog liegen die Verhältnisse bei der Donau, die in 800 m am südlichen Schwarzwald entspringt und doch den 1000 m hohen Wall der Schwäbischen Alb bei Tuttlingen durchsetzt, um in die oberdeutsche Hochebene zu gelangen. Und ganz ebenso handelt es sich um den stärkeren Abtrag des Hinterlandes bei dem Durchbruch der Themse durch die Chilterns zwischen Wallingford und Reading.

§ 15.

Aus dem in dem letzten Paragraphen Gesagten erhellt implizite, daß die Entwicklungsgeschichte eines großen Stromgebietes nicht in allen seinen Teilen als eine gleichartige erwartet werden darf. So sind es z. B. ganz andere Entwicklungen, welche das Donautal abwärts Passau und das oberste Tal dieses Stromes charakterisieren. Auch hier zeigt es sich also wieder, daß wir nicht mit einem Schema an die Natur herantreten können, und daß die Talgeschichte eines Flußsystems nur durch eingehendes Detailstudium im Terrain und mit der geologischen Karte erkannt werden kann.

Wir sind in den vorstehenden Betrachtungen so verfahren, daß von zunächst einfachen und leicht einleuchtenden Erscheinungen und ihrer Erklärung ausgegangen, dann aber gezeigt wurde, wie die Dinge in der Wirklichkeit sich mehr und mehr zu komplizieren vermögen, während ihr Endergebnis in gleicher Form erscheint. Es möge aber ausdrücklich gesagt sein, daß, da es sich in diesem Kapitel nur um eine allgemeine Übersicht der Erscheinungen handeln soll, der Bereich der möglichen Komplikationen auch nicht annähernd erschöpft worden ist. Nur eine Darstellung wesentlicher Hauptzüge, die in der Talgeschichte der Flüsse entgegengetreten sind, konnte hier gegeben werden. Der Leser wird zu bedenken haben, daß ein Erosionszyklus in der geologischen Entwicklung gestört werden kann, also am vollen Ablauf verhindert oder in ihm auf längere Zeit unterbrochen wird. Diese Störungen, die in Hebungen oder Senkungen, Schrägstellung der Schollen, Faltung oder Verwerfung bestehen können, beeinflussen unter allen Umständen die Größe der Gefälles, also auch die Verteilung der Energie der Wasserläufe, und es läßt sich, wenn man auch im besonderen Falle die notwendige Rücksicht auf die Gesteinsnatur nimmt, an der Hand der bisher gemachten Ausführungen sehr wohl eine erste Übersicht gewinnen über die nächsten an eine solche Störung sich anknüpfenden Modifikationen eines Flußsystems. Die erste Vorbedingung für Betrachtungen über die Talgeschichte ist freilich die, daß man sich mit der geologischen Geschichte des betreffenden Landstückes überhaupt hinreichend vertraut gemacht hat, und nicht etwa an Hand der orographischen Karte aus oft sehr rasch sich darbietenden Analogien zu Schlüssen gelangt, die mehr Phantasiewert als wissenschaftlichen haben. Aus der Geschichte der Wissenschaft ist auch hier ein „Vestigia terrent" zu entnehmen[1]).

§ 16.

Es ist im vorigen Paragraphen nur von den Variationen der Größe des Gefälles die Rede gewesen, welche sich an Vorgänge in

[1]) Es ist wünschenswert, daß der Deutsche vor allem über die Geologie seines Landes unterrichtet sei. Das ist nun leichter und mit wissenschaftlicher Sicherheit und Zuverlässigkeit zu erreichen, seit Professor Walther in Halle sein „Lehrbuch der Geologie von Deutschland, Eine Einführung in die erklärende Landschaftskunde" hat erscheinen lassen (Leipzig, Verlag von Quelle und Meyer 1910).

der Erdrinde anschließen können. Aber auch Änderungen der Richtung des Gefälles sind möglich. Unmittelbar klar ist dies, wenn an Senkungen und Einbrüche mitten in einem Gebirge gedacht wird. Wir haben an einer früheren Stelle der Bedeutung solcher Vorgänge für den jetzigen Rhein schon Erwähnung getan.

Aber auch die Aufwölbung und Faltung kann zu Störungen der Gefällsrichtung führen, und damit ebenso wie die Brüche und Senkungen zur Neuanlage von Flußsystemen oder Teilen solcher Anlaß geben. Wir brauchen uns nur vorzustellen, daß die in Figur 11 schematisch dargestellte Aufwölbung so rasch oder in so hartem Materiale vor sich gehe, daß der Fluß entgegen der früheren Voraussetzung jetzt nicht die werdende Höhe abc zu durchsägen vermag, sondern vielmehr auf deren Kamme b in zwei Flüsse zerreißt, deren einer bcu die alte Gefällsrichtung beibehält, während ein neuer im Gefälle ba geschaffen wird. Es müssen nun ganz spezielle Verhältnisse obwalten, wenn der obere Restfluß oa vor dem Rande a der Aufwölbung zu einem See aufgestaut wird, und es müßten noch viel speziellere Bedingungen erfüllt sein, wenn dieser See so hoch steigen soll, daß er sich zuletzt einen Ausfluß über die Höhe b bahnt, um seinen alten Weg bcu wieder zu finden und dann zuletzt durch regressive Erosion ein Durchbruchstal ac zu schaffen, wie es eine ältere Meinung wollte. In der überwiegenden Mehrzahl aller Fälle wird vielmehr der Fluß oa vor dem aufsteigenden Rande a umbiegen, um im Schichtenstreichen sich einen Weg zu suchen, d. h. es wird ein neuer Fluß oam entstehen, der aus einem konsequenten Stück oa und einem subsequenten Lauf am zusammengesetzt ist, und der in a vom Hange ab einen konsequenten Nebenfluß erhält. Ist dann bc die Wetterseite der Aufwölbung abc, dann wird der Fluß bcu der kräftiger erodierende sein, die Wasserscheide b mehr und mehr zurückdrängen und erniedrigen, während der Nebenfluß ba zum K ü m m e r f l u ß wird. Geht die Erniedrigung der Wasserscheide noch weiter, so k a n n der Fall eintreten, daß bei einem großen Hochwasser der Fluß oa sie durchbricht und so — im Laufe der Zeiten auch wohl ein Durchbruchstal ac bildend — die alte Hydrographie wieder herstellt, während das Tal am dann nur noch von einem Flüßchen benetzt wird, das zu den Dimensionen desselben, die von dem mächtigen Fluß am geschaffen wurden, in keinem Verhältnis steht.

§ 17.

Bisher sind immer noch nur solche Fälle behandelt worden, in denen die Störungen, welche ein altes Tafelland trafen, isoliert betrachtet werden konnten. Wenden wir uns nun zur Betrachtung eines ganzen großen Gebirges. Und zwar werden wir hier gleich von dem komplizierteren Falle eines Kettengebirges ausgehen, an dessen Gestaltbildung zunächst die Faltung — die der Erdrinde die charakteristische Form langgestreckter Wellen verlieh, — neben ihr oder besser gesagt, mit ihr verbunden und durch sie bedingt aber auch das Auftreten von Überschiebungen und Brüchen beteiligt sind. Mit dem, was hier auszuführen ist, im Zusammenhang mit dem in den früheren Paragraphen Gesagten, können dann auch die Erscheinungen der Massengebirge und der Plateaugebirge leicht verstanden werden.

Die Alpen stellen im wesentlichen den Typus dar, um den es sich hier handelt; sie enthalten freilich auch Massive und Plateaugebirge, doch zeigen auch diese deutliche Anordnung in der Längsrichtung des ganzen Gebirges.

In solchen Gebirgen werden nun allerdings durch die Faltung in den Mulden oder Synklinalen und durch die Brüche linienförmige Gebiete schwächeren Widerstandes, die zugleich Tiefenlinien sind, vorgezeichnet, in denen die Erosion erleichterten Angriff zu finden vermag, um so mehr, da sie ja im Schichtstreichen verlaufen. Aber diese Furchen, die sich der Parallelstruktur des Kettengebirges einfügen und heute als **Längstäler** bezeichnet werden, sind keineswegs von Anfang an wirkliche Täler, d. h. linienförmige Hohlformen **gleichsinnigen** Gefälles gewesen. Erst die Arbeit des fließenden Wassers hat sie zu wirklichen Tälern ausgestaltet. Sie ist freilich noch nicht überall fertig zustande gekommen, wie das Auftreten von Talwasserscheiden zeigt.

Den Längstälern stehen gegenüber diejenigen, welche an den durch die Faltung geschaffenen Hängen, also quer zum Schichtenstreichen ausgebildet sind. Diese **Quertäler** — sie sind ja quer zur Längenerstreckung des Gebirges — sind nun offenbar reine Erosionstäler. Ihre Flüsse sind konsequent, während diejenigen der Längstäler subsequent sind.

Beachtet man, daß die Faltung kein rascher, gewissermaßen katastrophaler Vorgang ist, sondern daß sie sich langsam vollzogen hat, so wird man nach früherem nun leicht verstehen, wie so manches Quertal durch die eine oder andere der Methoden der Natur, die wir kennen gelernt haben im Laufe der Entwicklung zum Durchgangstal, sich gestalten mußte.

In den Alpen sind das Pustertal, das Gailtal, der Pinzgau, das Inntal zwischen Landeck und Wörgel, das Wallis, das Tal des Vorderrheins u. a. m. Längstäler, während Zillertal, Ötztal, das

Reußtal aufwärts vom Vierwaldstätter See, das Eisacktal, das Etschtal unterhalb Bozen, das Piavetal Quertäler sind.

Auch hier ist wieder darauf aufmerksam zu machen, daß, sowie man größere Gebiete betrachtet, man nicht mehr auf einen einheitlichen Charakter der Flüsse und ihrer Täler rechnen darf. So ist der Schwesterfluß des Vorderrheins, der Hinterrhein, aus Längs- und Quertal zusammengesetzt. So biegt der Inn aus dem vorhin genannten Längstal um in das Quertal von Kufstein. Die Salzach fließt von ihrem Ursprung am Krimler Tauern bis unterhalb Kriml in einem Quertal nach Norden, biegt dann in rechtem Winkel in das westöstlich verlaufende Längstal des Pinzgaus um, in dem sie bis St. Johann bleibt, um dann abermals umzubiegen in das nach Norden gerichtete Quertal des Pongau, welche Richtung dann bis zum Austritt aus den Alpen bei Salzburg beibehalten wird.

Im Jura, in der Schweiz wie in Ostfrankreich, liegt die tektonische Vorzeichnung der großen Abflußlinien klar zutage: die großen Längstäler verlaufen mit Vorliebe in der tiefsten Linie der Synklinalen. In den Alpen tritt die gleiche Erscheinung nicht so vorherrschend entgegen; hier handelt es sich neben den reinen Faltungen auch um Brüche, bei denen dann der Vorgang sich vollzogen hat, den wir oben (S. 53) kurz erläutert haben. Ein schönes Beispiel liefert das Gailtal: der große Gailbruch läuft jetzt hoch oben am nördlichen Gehänge entlang, während der Fluß etwa 3 km südwärts von der geologischen Leitlinie in weicheren Schiefer hinabgeglitten ist.

§ 18.

Hat nun die Betrachtung des Gebirgslandes uns zu einer Einsicht in Begriff und Bedeutung der bekannten Erscheinungen der Längs- und Quertäler geführt, so muß sie uns auch noch einmal zum Anfang, zum Ursprung des Tales und des Wasserlaufes zurückleiten.

Steigen wir im Tal eines von steilem Hang heruntereilenden Baches hinauf. Es ist zunächst auch dem wenig erfahrenen Blicke die meißel- oder V-förmige Gestalt des Talquerschnittes leicht zu erkennen, während der Bachlauf mit grobem Geschiebe erfüllt ist. In der Höhe ist die Wirkung der Atmosphäre — insbesondere der starken Temperaturschwankungen, Folgen der intensiven Ein- und Ausstrahlung — auf das Gestein eine mächtige, die Verwitterung eine sehr große, und mit dem reichlichen Verwitterungsmateriale kann das rinnende Wasser so scharf einschneiden, daß jene V-Querschnitte seines Tales entstehen müssen. Gelangen wir zum Talanfang, so fällt die deutliche trichterförmige Ausbildung desselben auf. Das ist der Sammeltrichter des Baches. Ein Analogon im kleinsten kann am Hange jeder Kiesgrube nach einem stärkeren Regenfall beobachtet werden. Der Sammeltrichter[1]) zeigt sich bei näherer Beobachtung aus mehreren gleichartigen Formen (kleineren Sammeltrichtern) zusammengesetzt, die fächerartig konvergieren, und die jede in ihrer Mitte eine kleine Wasserinne führt. Aus der Vereinigung dieser Rinnen entsteht dann die Erosionsstrecke des Baches. Mit gewaltiger Wucht und beladen mit wachsenden Geschiebemengen stürzt der Bach sie nach jedem starken Regen herab, so immer mehr seine Erosionsstrecke, die vielfach zur Erosionsschlucht wird, herausarbeitend. Aber diese reicht nicht etwa bis zur Mündung in den größeren Wasserlauf, dem er zufließt. Dafür sorgt der Bach selber eben durch seine reichliche Geschiebeführung, indem er zunächst an der Mündung das transportierte Geröll abzulagern beginnt. Damit wird seine Erosionsbasis allmählich erhöht, und wenn er auch in seine eigene Materialablagerung immer wieder einschneidet, so wird diese doch — wenn unsere Voraussetzungen: steiles Gefälle und starke Verwitterung erfüllt sind — immer mehr und mehr anwachsen, bis sie sich zum Schuttkegel ausgebildet hat. In diesen schneidet nun freilich der Bach auch weiterhin ein, aber der Schuttkegel bedingt doch erst recht eine Höherlegung der Erosionsbasis, und es muß daher schon etwas oberhalb der Spitze dieses Kegels eine Strecke liegen, in der die Ablagerung beginnt. Wasserläufe der betrachteten Art bezeichnet man als Wildbäche (Gußbäche, Sturzbäche). Wir kommen auf sie bei Betrachtung des Regimes der Wasserläufe in den beiden nächsten Kapiteln noch mehrfach zurück. Sie reißen, wie schon angedeutet, in die Bodenfläche oft tiefe Schluchten, für welche viele lokale Bezeichnungen vorhanden sind, deren bekannteste Tobel und Klamm sind. Die romanische Benennung der Wildbäche (französisch torrent, italienisch torrente), die auch im Englischen wiederkehrt, war eine Zeitlang auch bei uns in Brauch, so daß man in einer noch nicht weit zurückliegenden Literatur auch im Deutschen den Ausdruck „Torrent" und „Torrentencharakter" findet. Das ist aber eine von den überflüssigen Verwendungen eines Fremdwortes gewesen.

Die Wildbäche sind im eigentlichen Hochgebirge sehr häufig und bilden dort nicht nur einen Übelstand, sondern oft genug eine

[1]) Vgl. hierzu die ausgezeichneten Ausführungen Lepplas in „Geologisch-hydrographische Beschreibung des Niederschlagsgebiets der Glatzer Neiße" (Abhandlg. K. Preuß. Geol. Landesanstalt, Neue Folge, Heft 32, Berlin 1900), S. 116. Ferner: Thiéry, Restauration des Montagnes, Paris 1891, p. 43; und Wang, Grundriß der Wildbachverbauung, Leipzig 1901, S. 9.

schwere Gefahr für ihre Mündungsgebiete (s. Band IV); aber sie sind nicht auf das Hochgebirge beschränkt, sondern treten auch im Mittelgebirge überall da auf, wo die vorhin genannten Bedingungen für ihre Entstehung gegeben sind.

§ 19.

Bei dem Wildbach haben wir uns eben überzeugt, daß sein Gebiet und sein Tal sich in zwei Teile scheiden läßt, das eine, in dem das Material gesammelt wird und die Erosion stattfindet, das andere, in dem Ablagerung des Materials stattfindet. Man hat noch weitergehende Teilungen vorgenommen, die aber doch mehr dem logischen Klassifikationsbedürfnis — gegen welches an sich freilich nichts einzuwenden ist — als den Tatsachen der Beobachtung entsprechen, so daß wir sie unter Verweisung auf die angegebene Literatur übergehen.

Aber es ist nun hier der Zusammenhang gegeben, um zum ersten Male auch einer schematischen Einteilung Erwähnung tun zu dürfen, welche man auf die großen Flüsse und Ströme anwendet. Es ist die dem Leser bereits wohlbekannte in Ober-, Mittel- und Unterlauf. Man hat dieses Schema in folgender Weise physikalisch zu begründen gesucht. An jeder Stelle des Flusses hat die Stoßkraft des Wassers einen bestimmten Wert, er sei E; das Gewicht der Geschiebemenge an derselben Stelle wollen wir mit G bezeichnen. Von der Größe der einzelnen Geschiebe und deren „Sortierung" entlang dem Flußlaufe sehen wir hier ab; sie wird uns in Kapitel V beschäftigen. Hier handelt es sich um die Gesamtmenge des Geschiebes. Ist $E > G$, dann wird das Geschiebe nicht nur fortbewegt, sondern es wird ihm auch noch Kraft eingeprägt, vermöge deren seine reibende, reißende, schneidende Wirkung vergrößert wird. Es gibt also im Flusse, wie wir ja schon wissen (Kapitel II), eine Strecke, in der er lediglich erodiert; sie liegt erfahrungsgemäß in dem hohen, oberen Teil eines Gebietes. Sie ist der Oberlauf. Ist $E < G$, dann reicht die Kraft des Flusses nicht mehr zur Bewegung der Geschiebe aus, diese fallen also aus, sie werden abgelagert. Das ist der Unterlauf. Auch solche Strecken kennen wir genugsam aus der Erfahrung. Nun aber tritt die Forderung auf, daß es zwischen Ober- und Unterlauf, d. h. zwischen Erosions- und Ablagerungsgebiet, auch eine Strecke geben solle, in der $E = G$ sei. Sie würde also so beschaffen sein, daß in ihr das Geschiebe mit dem Flusse „zieht", ohne indes irgendwelche nach der Tiefe erodierende Wirkungen ausüben zu können. Das wäre der Mittellauf. Aber man bemerkt doch sofort, daß hier eine Voraussetzung gemacht wird. Wenn im Oberlauf $E - G > 0$, im Unterlauf $E - G < 0$ ist, dann muß freilich der Übergang von der ersten zur zweiten Ungleichung durch die Gleichung E — G = 0 erfolgen. Aber, ob und in welchem Ausmaße dieser Übergang längs einer endlichen Strecke erfolgt, das müßte in jedem einzelnen Falle erst durch eine genaue Untersuchung ermittelt werden. Untersuchungen, die diesen Zweck verfolgen, sind in den Kulturländern, wo die großen Flüsse durch Deichanlagen und Regulierungen in ihren natürlichen Verhältnissen ganz erheblich modifiziert sind, heutzutage schlechthin untunlich und zwecklos. Sie könnten das Ziel gar nicht erreichen, da sie es eben gar nicht mehr mit den Erscheinungen der Natur allein zu tun hätten.

Man wird nun freilich auch weiterhin gebräuchlich gewordene Einteilungen der besprochenen Art beibehalten. Aber man wird nicht glauben dürfen, daß man mit ihnen die oben besprochenen physikalischen Tatsachen zum Ausdruck bringe. Sie sind unter allen Umständen ein bequemes Mittel zur abschnittweisen Orientierung an einem langen Strome. Die Grenzpunkte der einzelnen Abschnitte haben sich zum Teil aus politischen und wirtschaftlichen Ursachen heraus als solche entwickelt, teils sind sie durch die Planimetrie des Gewässernetzes — also ohne Rücksicht auf die Physik des Flusses — bestimmt.

Der Gegenstand bedarf keiner Erläuterung durch zahlreiche Beispiele. Es wird genügen, darauf hinzuweisen, daß man ohne weiteres die Berechtigung einsieht, wenn bei der Oder von der Mündung der Warthe, bei der Weser von der der Aller an, ein Abschnitt gerechnet wird (vgl. Kapitel I, S. 12). Das sind die Unterläufe jener Ströme. Was nun die obere Grenze der Mittelläufe angeht, so wird sie an der Weser bei Minden, an der Oder etwas unterhalb Breslaus (Weistritzmündung) angenommen. Im ersteren Falle ist sie deutlich orographisch bestimmt durch den Austritt aus dem Mittelgebirge, bei der Oder tritt mehr die politische Bedeutung des Punktes Breslau hervor, wobei jedoch nicht zu übersehen ist, daß an der Stelle, wo Weistritz (links) und Weide (rechts) münden, der Strom noch einmal eine vorgelagerte Landschwelle durchbricht.

Beim Rhein läßt man den Mittellauf enden bei Bonn, also beim Austritt des Stromes aus dem Schiefergebirge, während die untere Grenze des Oberrheins bei Basel gesetzt wird. Beide Punkte werden teils orographisch, mehr aber noch durch die Planimetrie des Gebietes bestimmt: sie liegen auf dessen ausgeprägten „Einschnürungslinien".

Schon aus diesen drei Beispielen erkennt man, daß in der Tat sehr verschiedene Momente in praxi maßgebend gewesen sind für die Abgrenzung großer Stromabschnitte.

Wollte man eine Vorschrift aufstellen, die wenigstens für Mitteleuropa und ähnliche Gebiete den Anspruch auf allgemeine Geltung erheben könnte, so wäre die von Haase in Petermanns Mitteilungen 1891 (S. 49) vorgeschlagene Teilung in Berglauf und Flachlandlauf noch die annehmbarste. Aber auch nur mit der angegebenen Einschränkung. Sie versagt — oder führt zu Schwierigkeiten — bei den großen osteuropäischen Strömen, bei der Mehrzahl der des skandinavischen Nordens und ebenso bei denen der italienischen Halbinsel.

Man wird, wie schon gesagt, die Einteilung eines Flusses in Abschnitte, wo sie üblich geworden ist, als etwas historisch gegebenes weiter benutzen, ohne nach ihrer physikalischen Berechtigung zu fragen, um so mehr als bei einem tieferen Studium eines Flusses eine begründete Individualisierung einzelner Abschnitte sich, wie aus den Ausführungen dieses Kapitels implizite folgt, schon aus der Talgeschichte des Wasserlaufes ergeben wird.

§ 20.

In den zwei letzten Paragraphen dieses Kapitels sollen nun noch Erscheinungen behandelt werden, die von großem Einfluß sind oder sein können auf diejenigen des rinnenden Wassers, insbesondere die Talgeschichte, ohne daß sie jene selbst unmittelbar beträfen.

Wir knüpfen gerade an die letzten Betrachtungen, die zusammen mit früheren Ausführungen in diesem und dem vorigen Kapitel nun eine ganz bestimmte Vorstellung von dem Ineinandergreifen der einzelnen Zweige eines Gewässernetzes vermitteln. Wir erwarten, daß die Täler der Nebenflüsse gleichsohlig in das Tal des Hauptflusses einmünden.

Es gibt aber große Gebiete, auf denen sich diese Erwartung durchaus nicht bestätigt. Dort entsprechen einem ausgeweiteten Haupttal Nebentäler, deren Mündungen hoch am Hange des ersteren gelegen sind, so daß ihre Bäche in Wasserfällen oder in engen in die Mündungsstrecke eingeschnittenen Klammen in die Hauptwasserader gelangen. Die Erscheinung ist auf den ersten Blick eine sehr paradoxe[1]). Die, wie schon gesagt, breiten Haupttäler weisen durchaus einen trogförmigen Querschnitt auf, dessen unteren Teil man an-

[1]) Der Leser, welcher sich für die in diesem Paragraphen besprochenen und angedeuteten Erscheinungen näher interessieren will, sei vornehmlich auf folgende Literatur verwiesen: Penck, Die Übertiefung der Alpentäler, Verh. Internat. Geographenkongreß Berlin 1899; ders., Valleys and lakes in the Alps, Verh. Int. Geogr. Kongr. Washington 1908. Heß, Die Gletscher, Braunschweig 1904. Tarr, The Yakutsk Bay Region, Alaska, U. S. Geol. Surrey, Profesional Paper 64, Washington 1909. Tarr, Glacial erosion in the Finger Lake Region of Central New York, Journal of Geology XIV, 1; Glaciers and Glaciation of Yakutsk

nähernd mit einem U vergleichen mag, ohne daß indessen die Wände des Trogs die vertikale Steilheit der U-Schenkel teilen werden. Wo die eigentliche U-Form aufhört, wird die Böschung merklich geringer, d. h. der Querschnitt hat an dieser Stelle einen konvexen Knick. Das bedeutet, daß in der Natur hier eine Stufe, ein Rand (englisch lip) auftritt. Über diesen Rand stürzen die Bäche der Nebentäler herab. Aber — und das ist nun sehr wesentlich — die Mündungen der Nebentäler liegen nicht etwa in einer dem Gefälle des Tales entsprechenden Linie, so daß man den Rand als eine terrassenartige Bildung ansprechen dürfte. Die Mündungen „hängen" vielmehr in verschiedenen Höhen ohne „Alignement" an den Seitenwänden des Haupttales. Freilich deshalb nicht ohne Regel oder Gesetz. Es fällt vielmehr bald auf, daß im allgemeinen ein solches Hängetal um so höher mündet, je kleiner es ist, und umgekehrt.

Also eine Erscheinung, die durchaus anomal ist gegenüber allem, was wir bisher von der Erosion durch fließendes Wasser kennen gelernt haben. Zu einer Erklärung gelangen wir, wenn wir ihr räumliches Auftreten beachten. Überall da, wo das Eis geherrscht hat oder noch herrscht, wie in Alaska, finden sich Hängetäler. Und wo die Spuren eiszeitlicher Gletscher fehlen, da fehlen auch die übertieften, d. h. mit ihrer Sohle unter denjenigen der Nebentäler liegenden, Haupttäler mit ihren hängenden Zweigen. In den Alpen ist die Erscheinung durchaus auf das Gebiet der alten Gletscher beschränkt.

Daß Gletscher, also Eisströme, erodieren können und müssen, ist durch das intensive Studium, welches man ihnen seit einigen Jahrzehnten zugewandt hat, heute völlig einwandfrei klar. Und es läßt sich auch leicht erkennen, in welcher Weise sich die Gletschererosion von der des fließenden Wassers unterscheiden muß. Wenn in einer Zeit intensiver Vergletscherung ein Eisstrom ein bereits vorher ausgebildetes Flußtal invadiert, dann wird er sich nicht auf das Flußbett beschränken, wie das rinnende Wasser, sondern die arbeitende Eismasse wird das Tal nach seiner ganzen Breite erfüllen und sich auch — in Abhängigkeit von der Intensität und der Dauer des Vorstoßes der Vergletscherung — mehr und mehr in der Höhenrichtung ausdehnen, also zu einem Angriff auf die Wände des Tales gelangen. Mit anderen Worten, der Gletscher erfüllt das Tal so wie der Fluß sein Bett erfüllt. Es tritt also ein größerer Querschnitt einer erheblich größeren erodierenden Masse in Aktion, und

Bay, Bull. Americ. Geogr. Soc. XXXVIII, No. 3; Glacial erosion in Alaska, Popular Science Monthly LXX. Die ausgezeichneten Arbeiten Tarrs bieten eine reiche Fülle instruktiver Abbildungen (Photographien).

zwar wesentlich gleichmäßiger als dies beim Flusse in seinem Bett der Fall, wenn man die großen Schwankungen in Betracht zieht, welche die Wasserführung des Flusses innerhalb der Jahresperiode erleidet (Kapitel V). Der Gletscher greift also die Wände des Tales in derselben Weise, nur mit relativ weit höherer Intensität, an wie der Fluß die Wände seines Bettes. Und damit verstehen wir zunächst das Zustandekommen der Trogform eines Tales, welches, vor dem Eintritt der Eiszeit als Flußtal ausgebildet, während dieser von von einem Eisstrom eingenommen wurde. Aber nicht nur die U-Form des Haupttales, sondern auch seine Übertiefung gegenüber den Nebentälern oder deren Hängen, wird nun verständlich. Denn das ist klar, daß die mächtigere Eismasse auch die von ihr vorgefundene Hohlform stärker und tiefer auspflügen wird. Und wenn diese hängenden Täler ihre Mündungen nicht in einem durch das Gefälle des Haupttales vorgezeichneten Alignement aufweisen, so wird auch hierfür bei gleichem Gesteinscharakter die verschiedene Mächtigkeit des Eisstromes in Betracht kommen, während anderseits zu beachten ist, daß bei verschiedenem Material von zwei gleich mächtigen Eisströmen das weichere Gestein tiefer ausgearbeitet werden muß als das härtere. Wir dürfen solche Überlegung hier gelten lassen, da sich immer zeigt, daß auch die hängenden Nebentäler, so wie sie heute entgegentreten, Werke des Eises sind: ihr Querschnitt zeigt die U-Form wie das Haupttal.

Waren wir hier nun genötigt, um dem Leser bei Betrachtung einer speziellen Talgeschichte keine paradoxe Erscheinung übrig zu lassen, neben dem rinnenden Wasser schon einmal auf das feste und ein Ergebnis seiner Arbeit kurz hinzuweisen, so wird das wiederholt geschehen müssen in den folgenden Kapiteln, die sich mit der Wasserführung der Flüsse beschäftigen, auf welche die heutigen Gletscher nicht ohne Einfluß bleiben können.

§ 21.

Wir haben bisher, wenn die Arbeit des rinnenden Wassers und ihre Ergebnisse betrachtet wurden, immer nur an seine mechanischen Wirkungen gedacht. Und damit war dann auch von selbst gegeben, daß unsere Überlegungen sich bis jetzt nur auf Erscheinungen bezogen, die im eigentlichen Sinne des Wortes *an* der Erdoberfläche auftraten. Aber es gibt Gebiete, wo, infolge der Eigentümlichkeiten des Gesteinsmaterials, neben diese mechanischen Wirkungen, oft sie völlig verdrängend, rein physikalische treten, was dann sowohl für die Morphologie wie die Hydrographie eines solchen Gebietes von tiefgreifender Bedeutung wird.

Wir haben schon bei Betrachtung der Flußdichte Gelegenheit gehabt, auf den Unterschied zwischen durchlässig und undurchlässig aufmerksam zu werden. Durchlässig ist ein Gestein, wenn der Aufbau seiner Masse ein derartiger ist, daß die einzelnen konstituierenden kleinen Teilchen (Körner) durch Zwischenräume (Poren) voneinander getrennt bleiben. Dann wird ein Teil des auffallenden Regenwassers in diese Zwischenräume eindringen und in ihnen nach der Tiefe wandern können. In stark durchlässigen Gesteinen kann das ein sehr großer Teil des Regens werden, so daß derartige Gebiete, wie wir sahen, flußarm, d. h. von geringer Flußdichte, sich gestalten. Die Sandsteine der Sächsischen Schweiz sind ein gutes Beispiel für eine Durchlässigkeit der bezeichneten Art. Das auf reich verästelten Wegen durch die Gesteinporen nach unten sickernde Wasser wird eine Grenze seiner Tieferbewegung finden, wenn es auf wenig durchlässige und undurchlässige Schicht auftrifft, d. h. auf ein Gestein, dessen Poren beliebig klein sind. Dann wird das Sickerwasser zum Grundwasser. Dieses stagniert nicht etwa, sondern folgt dem Fallen der undurchlässigen Schicht, es strömt auf dieser. Die Bedeutung dieses Grundwasserstromes für die Wasserführung der Flüsse wird uns in Band III ausführlich beschäftigen; hier möge aber daran erinnert sein, daß, da es auf das Fallen der undurchlässigen Schicht ankommt, es sehr wohl möglich ist, daß das über dem Untergrund eines Flußgebietes gesammelte Grundwasser in einem anderen Flußgebiet zur Wirkung kommt, wenn nämlich jene Schicht in bezug auf das sammelnde Gebiet nach außen fällt. Wo das Grundwasser zutage tritt, sprechen wir von Quellen. Sie werden unter Umständen nicht immer sichtbar sein, wenn sie nämlich an den Wänden eines Flußbettes liegen. Sie werden freilich auch nicht immer jenes Bild aufweisen, was die Poesie von ihnen gibt. Wir sprechen ausführlich von ihnen im vorhin erwähnten Zusammenhang mit der Wasserführung in Band III.

In großen Übersichten werden von den Ingenieuren gelegentlich auch Gesteine als durchlässig bezeichnet, die es im oben gegebenen Sinne nicht sind. Kalke sind nicht durchlässig, soweit ihr Gesteingefüge in Betracht kommt. Aber sie sind in ausgezeichnetem Maße klüftig, d. h. von zahllosen Spalten, Kluften durchsetzt[1]). In diese verfällt das Niederschlagwasser (Regen oder schmelzender Schnee) freilich noch rascher und vollständiger als in die Poren des durch-

[1]) Wie es kein Gestein gibt, welches in mathematisch exaktem Sinne völlig undurchlässig wäre, so auch keines, welches absolut der Klüftigkeit entbehrte. Selbst ungeschichtete Eruptivgesteine, wie z. B. die Granite Südböhmens, weisen noch feinste Kluftsysteme auf, in denen Wasser eingedrungen ist (Bergfeuchtigkeit).

lässigen Gesteins. Und so sehen wir, daß Kalkgebiete, insbesondere wenn sie aus reinem Kalk (ohne Beimischung von Ton, Mergel usw.) aufgebaut sind, in extremem Sinne flußarm sind. Nun wird freilich auch im Kalkgebirge Grundwasserbildung erfolgen, sowie das einsickernde Niederschlagswasser eine undurchlässige Schicht erreicht hat, aber hier komplizieren sich die Vorgänge doch. Denn der Niederschlag hat schon während des Falles Gelegenheit aus der Luft Kohlensäure zu absorbieren, und findet sie noch weiter, wenn er an der Erde mit verwesenden Pflanzen in Berührung kommt. Aus diesem Gehalt an Kohlensäure, so gering er auch in der einzelnen Probe etwa sein mag, erlangt das Wasser die Fähigkeit, Kalk zu lösen. Das in die Klüfte gelangende Wasser wird diese also erweitern und sich damit Gänge im Innern des Gebirges schaffen, die im Laufe der Zeit zu einem ganzen Netze unterirdischer Kanäle werden, in denen das Wasser fließt ohne erst zum Grundwasserniveau abgesunken zu sein. So kommt eine chemisch-physikalische Erosion zustande, die also wesentlich im Inneren des Gesteins wirkt, während an der Oberfläche die mechanische Erosion gar nicht oder nur stellenweise, nämlich da, wo etwaige Beimengungen zum reinen Kalk es ermöglichen, ins Werk kommt.

Eine der reinsten Typen eines Gebietes der eben gekennzeichneten Art ist der österreichische Karst. Der ganze Komplex der Erscheinungen der unterirdischen Erosion und ihrer morphologischen Konsequenzen wird daher auch unter der Bezeichnung der Karsterscheinungen oder der Verkarstung zusammengefaßt.

Die Karsterscheinungen sind weit über die Erde verbreitet. Ihre Intensität hängt von dem Grade der Reinheit des Kalkgesteins ab. Sie müssen nach dem gesagten von großer Bedeutung für Hydrographie und Talgeschichte werden. Sie sind es aber auch namentlich in Hinsicht der Geographie des Menschen; es läßt sich begreifen, daß die Beziehungen des Menschen zum Wasser und die aus ihnen resultierenden Kulturaufgaben in verkarsteten Gebieten besondere, von denen in hydrographisch normalen Gegenden verschiedene Aufgaben stellen müssen[1]).

Es sollen hier nur ganz kurz einige Hauptzüge des Karstphänomens gekennzeichnet werden, damit der Leser bei der ersten

[1]) Die Tätigkeit der österreichisch-ungarischen Ingenieure in den karstreichen Provinzen Bosnien und Herzogowina ist zu einer ganz bedeutsamen kulturellen Leistung geworden. Dem Leser wird das Studium von Ballif, Der Wasserbau in Bosnien und der Herzegowina, Wien 1896 und 1899 dringend empfohlen. An grundlegender Literatur über den Gegenstand mögen hier nur zwei Werke genannt sein, in denen sich aber vollständige weitere Literaturnachweise finden: Cvijic, Das Karstphänomen, 1893, und Grund, Die Karsthydrographie, 1903, beide in Pencks Geographischen Abhandlungen (V, 3 und VII, 3).

Kenntnisnahme der Talgeschichte von Karstflüssen nicht durch völlig fremde Dinge überrascht wird. Wo ein eingehendes Studium dieser speziellen Verhältnisse beabsichtigt wird, ist es freilich notwendig, den III. Band dieses Werkes und die angegebenen Spezialarbeiten zu Rate zu ziehen.

Es ist einer der Hauptzüge vieler Kalkgebiete, daß ihre Oberfläche durch geschlossene Hohlformen ohne gleichsinnige Abdachung gekennzeichnet wird. Ihre Gliederung erfolgt durch Wannen. Diese treten als Dolinen, kleine rundliche Vertiefungen, als blinde Täler, also schmälere, mehr oder weniger gewundene Wannenformen, und endlich als Poljen, lange und breite Wannen, entgegen. Neben diesen Formen finden sich Systeme tiefer und schmaler Furchen, die durch scharfe Grate getrennt werden, so daß die Wanderung über ein solches Karrenfeld oft auf ganz erhebliche Schwierigkeiten trifft. Im Innern des Kalkgebirges treten, oft weit verzweigte, Hohlräume — Höhlen — auf, deren manche beträchtliche unterirdische Wasserläufe bergen.

IV. Kapitel.

Die Wasserführung der Flüsse.

I. Methoden.

§ 1.

In diesem und den folgenden Abschnitten wird uns nun, nachdem im vorhergehenden eine Einleitung in die „historische Hydrographie" gegeben wurde, das gegenwärtige Leben der Flüsse nach seinen Erscheinungen, deren Zusammenhängen und Bedingtheiten beschäftigen. In erster Linie wird es dabei auf den jeweiligen Wasserinhalt des Flußbettes, d. i. die Wasserführung, ankommen.

Die physisch-geographische Bedeutung und Notwendigkeit exakter, auf unmittelbare Beobachtung gegründeter Untersuchung der Wasserführung erhellt aus dem im früheren Gesagten schon zur Genüge. Aber die seit alten Zeiten erkannte wirtschaftliche Bedeutung des fließenden Wassers als Kraftquelle und als Verkehrsweg tritt in der Gegenwart immer zwingender hervor; und sie ist es nun gerade, welche in immer steigendem Maße ein eingehendes Studium der Wasserführung fordert, so daß, speziell in den letzten drei Jahrzehnten, mehr und mehr in den Kulturstaaten Einrichtungen geschaffen wurden, welche die Lieferung umfassenden exakten und systematischen Beobachtungsmaterials bezwecken.

Unter diesem Material nehmen die Wasserstände die erste Stelle, die am leichtesten einer dauernden und regelmäßigen Beobachtung zugänglich sind.

Der Wasserstand ist die Höhe, welche der Fluß an einem in seinem Bett aufgestellten Maßstab, dem Pegel, markiert. Der Pegel wird am Ufer oder auch an einer Brücke, dann aber an der flußabwärts gekehrten Seite eines Pfeilers, anzubringen sein, da er an der anderen Seite unter der stauenden Wirkung des Pfeilers läge, seine Angaben also unrichtig würden. Überhaupt wird man nach Möglichkeit danach streben, den Pegel in geschützter Lage anzubringen, damit er Beschädigungen durch den Eisgang oder den Schiffahrtsbetrieb entzogen bleibe.

Von großer Wichtigkeit ist die Festlegung des Nullpunktes des Pegels. Bei der Errichtung des Pegels wird man darauf bedacht sein, den Nullpunkt in die Höhe des bisher bekannten niedrigsten Wassers zu legen. Sofern man in der Lage gewesen ist, den Fluß in dem betreffenden Profil auch während eines strengen Dürrejahrs kennen zu lernen, ist das auch das einzig richtige. Ist diese Voraussetzung aber nicht erfüllt, dann sollte man, sofern es tunlich ist, mit dem Nullpunkt noch unter das bekannte niedrigste Wasser gehen, um in späteren Trockenjahren nicht zu negativen Wasserständen zu kommen, die an sich freilich so wenig Befremdliches haben, wie negative Temperaturen, die aber doch bei raschen und häufigen Schwankungen des Wasserstandes um den Nullpunkt herum durch kleine Unachtsamkeiten des mit der Pegelablesung betrauten unteren Personals leicht zu Fehlern (Weglassung des Minuszeichens, Vertauschung von — und +) Anlaß geben können. An vielen älteren Pegeln findet man nun freilich den Nullpunkt in wesentlich anderer als der hier bezeichneten Lage, nämlich sehr hoch, so daß die Mehrzahl der im Laufe des Jahres abgelesenen Wasserstände negativ ist. Man ist hier bei Wahl einer solchen Lage von einer anderen Anschauung ausgegangen; man hat durch die Pegelablesungen immer erfahren wollen, wie weit unter einer verkehrlich oder überhaupt wirtschaftlich mehr oder weniger wichtigen Ebene sich der Wasserstand des Flusses in jedem gegebenen Moment hält.

Der Pegelnullpunkt ist nivellitisch genau festzulegen, mit dem allgemeinen Landesnivellement zu verbinden und in seiner Höhenlage durch Anschluß an in bezug auf ihre dauernde Unveränderlichkeit zuverlässige Fixpunkte zu versichern. Er ist möglichst häufig, sicher alljährlich, aber auch nach großen Hochwassern oder schweren Eisgängen zu kontrollieren, damit etwaige Veränderungen seiner Lage tunlichst bald festgestellt und eventuell korrigiert werden können. Wird dieser Überwachungsdienst mit der erforderlichen Strenge durchgeführt, dann wird auch bei Erneuerungen oder Versetzungen des Pegels keine Unstimmigkeit und kein Bruch der Homogeneität der Beobachtungen entstehen können. Denn wenn durch irgendwelchen Eingriff, sei es seitens der Natur oder des Menschen, der Pegelnullpunkt z. B. um den Betrag a gehoben wird, ohne daß über diesen Vorgang eine Verlautbarung erfolgte, dann ist ein und derselbe Wasserstand, der *vor der Nullpunktänderung* durch die Ablesung h gegeben war, *nach der Nullpunktänderung* durch h—a gegeben, d. h. es ist eine Diskontinuität in die Beobachtungen hineingekommen, die unter Umständen zu recht mißlichen Trugschlüssen verleiten kann.

Es ist daher ein tatsächlich sehr großes Verdienst, welches sich Wilhelm Seibt durch seinen beharrlichen Hinweis auf die Notwendigkeit einer dauernden und regelmäßigen Kontrolle der Pegelnullpunkte erworben hat, und ein großes Glück für die Wissenschaft, daß man auf ihn gehört und ihm die Möglichkeit geboten hat, seine Forderungen mit allem Nachdruck zur Durchführung zu bringen.

§ 2.

Die Beobachtungen werden meist nur einmal täglich zu einer festen Stunde (z. B. 6 Uhr vormittags oder 12 Uhr mittags) gemacht. Der so gewonnene Wasserstand wird als der des Beobachtungstages angesehen. Die hier zugrunde liegende Voraussetzung, daß der Wasserstand im Laufe eines Tages nicht merklich variiere, ist nun freilich im allgemeinen nicht zutreffend; und es wäre wohl zu wünschen, daß man — was jetzt nur an wenigen Stationen geschieht — mehr und mehr dazu übergehen möchte, die Pegelablesungen dreimal täglich (6 Uhr, 12 Uhr, 6 Uhr) oder (7 Uhr, 1 Uhr, 7 Uhr) vorzunehmen. Man wird um diese Maßnahme nicht herumkommen, wenn man das Studium der Wasserführung physikalisch vertiefen will. Für eine reine Statistik genügen die einmaligen täglichen Ablesungen indessen.

In besonderen Fällen freilich werden jetzt schon zeitlich enger aneinander gedrängte Beobachtungen vorgenommen: während der Hochwasser, während deren in den betroffenen Flußstrecken stündliche Pegelablesungen gemacht werden.

Viel zu selten werden noch registrierende Pegel verwendet, deren gemeinsames Prinzip darin besteht, daß die Bewegungen eines Schwimmers auf einen am freien Ende mit einer Schreibfeder versehenen Hebel übertragen werden. Diese Feder zeichnet die Schwankungen des Wasserstandes — eventuell in einer konstanten Verjüngung — auf einen Papierbogen auf, welcher um eine Trommel gelegt ist, die durch ein Uhrwerk in einer gegebenen Zeit, am besten in fünf Tagen, einmal um ihre Achse gedreht wird. Wenn der Bogen von der Trommel abgenommen wird, dann bietet er also die kontinuierliche Wasserstandskurve der Aufzeichnungszeit dar. Die genauesten, am besten arbeitenden Apparate dieser Art sind die von dem schon genannten Professor Dr. W. Seibt konstruierten. Ihr Bau weicht von der vorhin gegebenen summarischen Skizze einigermaßen ab. Sie sind in zahlreichen Aufsätzen im Zentralblatt der Bauverwaltung besprochen und hinsichtlich der Bearbeitung ihrer Ergebnisse diskutiert. Der für den Gegenstand speziell interessierte Leser sei auch auf die Kataloge der Firma R. Fueß in Steglitz-Berlin verwiesen, welche die Apparate baut und ausgezeichnete Abbildungen von ihnen publiziert hat. Wir werden gleich Gelegenheit haben, den großen Wert solcher Registrierbeobachtungen des Wasserstandes kennen zu lernen.

§ 3.

Die Ausnützung der Wasserstandsbeobachtungen zu dem Zwecke, einen Einblick in die Wasserführung eines Flusses zu erlangen, kann nur schrittweise erfolgen. Schon die Beobachtungen eines einzigen Monats liefern, gleichviel ob sie tabellarisch oder graphisch dargestellt werden, im allgemeinen ein unruhiges Bild, das nur noch unübersichtlicher wird, wenn man mehrere Monate zu Jahreszeiten vereinigt, oder endlich zur Betrachtung ganzer Jahre und Jahreszeiten übergeht.

Jene „Unruhe" ist es nun freilich, auf deren Studium es in letzter Linie ankommt. Wir verlieren sie auch keineswegs aus den Augen, wenn wir uns zunächst mit der Einführung von „Ordnungselementen" befassen, die uns gestatten sollen, eine erste Übersicht in der Fülle des Beobachtungsmaterials zu erlangen.

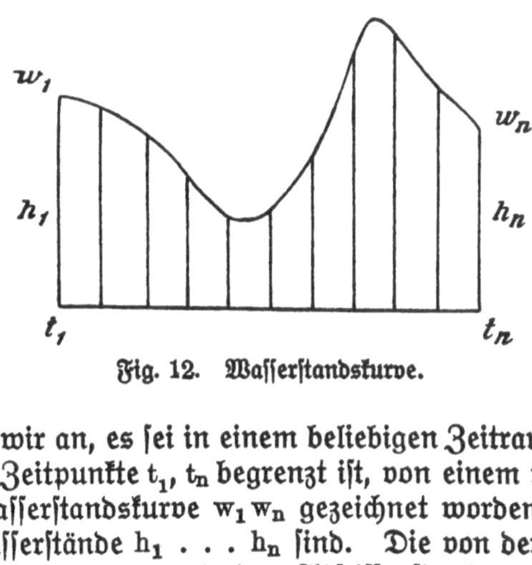

Fig. 12. Wasserstandskurve.

Nehmen wir an, es sei in einem beliebigen Zeitraum $T = t_n - t_1$, der durch die Zeitpunkte t_1, t_n begrenzt ist, von einem registrierenden Pegel die Wasserstandskurve $w_1 w_n$ gezeichnet worden, deren Ordinaten die Wasserstände $h_1 \ldots h_n$ sind. Die von der Kurve $w_1 w_n$, den Endordinaten $h_1 h_n$ und der Abszissenstrecke $T = t_n - t_1$ umschlossene Fläche sei F. Dann definieren wir eine Größe h_0 durch

$$h_0 \cdot T = F$$

und nennen sie das **Mittelwasser der Zeit T.**

Aber nur in seltenen Fällen wird die Wasserstandskurve durch Registrierung als eine stetige Linie zu erlangen sein. In der weitaus überwiegenden Mehrheit aller Fälle wird das Beobachtungsmaterial nur zeitlich äquidistante Ordinaten dieser Kurve liefern können (§ 2). Dann ist die Fläche F nur durch Annäherung zu bestimmen. Wenn das konstante Intervall zwischen zwei Beobachtungen mit bezeichnet wird,

$$\tau = t_2 - t_1 = \ldots = t_n - t_{n-1},$$

dann hat man

$$F = \tau\left(\frac{1}{2}h_1 + h_2 + \ldots + h_{n-1} + \frac{1}{2}h_n\right)$$

$$= \frac{\tau}{2}\left(h_1 + 2h_2 + \ldots + 2h_{n-1} + h_n\right)$$

indem man das durch zwei Nachbarordinaten begrenzte Flächenstück als Trapez ansieht. Nun ist $T = (n-1)\tau$ und somit das Mittelwasser

$$h_0 = \left(\frac{1}{2}h_1 + h_2 + \ldots + h_{n-1} + \frac{1}{2}h_n\right) : \left(n-1\right) \qquad 1)$$

Setzt man nun

$$n M_n = h_1 + h_2 + \ldots + h_{n-1} + h_n$$

wo also M das arithmetische Mittel der den äquidistanten Zeitpunkten t_1 bis t_n entsprechenden n Wasserstände ist, so findet man

$$h_0 - M_n = \frac{M_n - \frac{1}{2}\left(h_1 + h_n\right)}{n-1}$$

Der Ausdruck auf der rechten Seite ist immer sehr klein und wird es um so mehr, je größer n, die Anzahl der Beobachtungen, ist. Man kann deshalb das durch diesen Bruch dargestellte Korrektionsglied meist vernachlässigen und als praktische Rechenformel benutzen

$$h_0 = M_n = \frac{1}{n}\left(h_1 + \ldots + h_n\right) \qquad 2)$$

Die die Beobachtungen am badischen Rhein im Mai 1900 wiedergebende Tabelle auf S. 83 liefert Beispiele und Mittel zur Prüfung des Unterschiedes $h_0 - M_n$. Man sieht, daß, wenn für das Mittelwasser des Monats keine größere Genauigkeit angestrebt wird als diejenige ist, mit der die Beobachtungen mitgeteilt werden (nämlich 1 cm), man in der Tat das arithmetische Mittel der Wasserstände als Mittelwasser annehmen kann. Man darf deshalb freilich die exakte Definition für $F:T = h_0$ nicht vergessen (S. 81), weil man sonst bei späteren Betrachtungen Schwierigkeiten finden wird.

Wasserstände am Bodensee und am Rhein in Metern.
Mai 1900.

Datum	Konstanz	Waldshut	Basel	Breisach	Kehl	Maxau	Mannheim
			Mittags 12 Uhr:				
1.	3,38	2,96	1,40	2,77	2,71	4,06	3,71
2.	3,41	2,95	1,68	3,08	2,93	4,11	3,71
3.	3,43	2,92	1,60	3,00	2,92	4,34	3,86
4.	3,48	2,99	1,62	2,99	2,89	4,29	3,97
5.	3,52	2,96	1,66	3,05	2,94	4,29	3,93
6.	3,56	2,97	1,64	3,03	2,92	4,32	3,96
7.	3,62	2,97	1,64	3,03	2,92	4,31	3,95
8.	3,66	3,04	1,71	3,09	2,96	4,31	3,94
9.	3,69	3,10	1,84	3,27	3,02	4,40	3,98
10.	3,71	3,11	1,83	3,26	3,13	4,56	4,12
11.	3,72	3,06	1,79	3,23	3,11	4,56	4,25
12.	3,73	3,09	1,81	3,22	3,08	4,53	4,25
13.	3,73	3,03	1,75	3,18	3,07	4,52	4,21
14.	3,74	3,04	1,73	3,13	3,04	4,50	4,19
15.	3,76	3,07	1,75	3,16	3,06	4,50	4,17
16.	3,76	3,12	1,83	3,23	3,13	4,57	4,22
17.	3,73	3,06	1,77	3,20	3,13	4,62	4,40
18.	3,73	3,00	1,70	3,14	3,06	4,59	4,40
19.	3,74	2,95	1,66	3,08	3,00	4,52	4,30
20.	3,74	2,98	1,67	3,06	2,95	4,46	4,18
21.	3,74	2,95	1,63	3,04	2,96	4,44	4,08
22.	3,74	2,92	1,60	3,02	2,92	4,42	4,05
23.	3,75	2,90	1,57	2,97	2,89	4,37	4,00
24.	3,79	2,96	1,60	3,00	2,88	4,35	3,95
25.	3,85	3,34	1,93	3,14	2,92	4,36	3,91
26.	3,89	3,31	2,06	3,49	3,24	4,56	3,98
27.	3,98	3,28	2,04	3,47	3,23	4,79	4,25
28.	3,89	3,21	1,92	3,34	3,20	4,80	4,41
29.	3,89	3,19	1,87	3,30	3,13	4,74	4,42
30.	3,92	3,28	1,98	3,33	3,12	4,67	4,35
31.	3,96	3,28	2,00	3,42	3,18	4,70	4,32
Summe.	115,15	94,99	54,30	97,72	93,64	138,56	127,42
Mittel ..	3,71	3,06	1,75	3,15	3,02	4,47	4,11
Höchst. .	3,96	3,39	2,12	3,50	3,26	4,80	4,43
Niedr. ..	3,34	2,67	1,38	2,76	2,68	4,06	3,70

Das Mittelwasser h_0 faßt also nach einer bestimmten Definition die Gesamtheit aller Beobachtungen h eines gegebenen Zeitraumes zusammen. Es wird zunächst für jeden Monat eines Jahres bestimmt, so daß man eine Darstellung folgender Art gewinnt.

Rhein zu Mannheim 1910. Monatliche Mittelwasser (cm).

Januar ...	468	April	348	Juli	662	Oktober	320
Februar...	487	Mai	432	August ...	526	November	658
März	385	Juni	572	September	485	Dezember .	441

Aus der Gesamtheit der h=Beobachtungen des Jahres wird das Mittelwasser des Jahres hergeleitet. Man begnügt sich allerdings vielfach, es durch den Prozeß 2 (S. 82) aus den 12 Monats=Mittelwassern zu berechnen. Im vorliegenden Beispiel wird es 465 cm.

Man wird den Vorgang der Mittelbildung nicht auf ein einzelnes Jahr und dessen Monate beschränken, sondern auch auf Gruppen von Jahren: Lustren, Jahrzehnte und größere Reihen, ausdehnen, was auch an dem Beispiel von Mannheim illustriert werden möge.

Rhein zu Mannheim. Mittelwasser (cm).

	I	II	III	IV	V	VI	VII	VIII	IX	X	XI	XII	Jahr
1906—1910	303	303	358	356	442	487	513	408	360	273	263	302	364
1901—1910	292	301	344	400	434	469	464	408	368	313	279	300	364
1871—1910	339	344	381	406	447	500	500	450	411	374	345	350	404

Zusammenstellungen dieser Art geben ein kondensiertes Bild der jährlichen Wasserstandsbewegung, der jährlichen Periode des Wasserstandes, d. h. sie geben den Grundzug dieser Bewegung, nachdem durch die Mittelbildung Einzelerscheinungen, die sich in kurzen Zeiträumen abspielen, eliminiert sind. Und diese Elimination wird um so vollständiger, je größer der Beobachtungszeitraum ist, der zur Mittelbildung zur Verfügung steht. Man erkennt dies sehr gut aus den drei obigen Reihen für den Rhein bei Mannheim: die 40=jährige verläuft weit glatter als die 5= und die 10=jährige. Aber aus der Betrachtung dieser Reihen wird man schon jetzt, da sie zeigen, wie die jährliche Periode von Zeitraum zu Zeitraum Modifikationen erleiden kann, einen sehr wichtigen Grundsatz entnehmen: Bei dem vergleichenden Studium der Wasserstandsbewegung in den verschiedenen Profilen eines Flusses ist es unbedingt erforderlich, überall einen und denselben Zeitraum der Untersuchung zugrunde zu legen. Als Konsequenz ergibt sich die gleiche Forderung auch für das Studium eines ganzen Stromsystems und für die vergleichende Betrachtung mehrerer Stromsysteme untereinander.

Dieser letzteren Forderung ist freilich zurzeit noch nicht völlig zu genügen. Aber die eifrige Arbeit der hydrographischen Ämter in allen Kulturländern wird es in einigen Jahren schon ermöglichen, für sehr weite Gebiete über wirklich synchrone Beobachtungsreihen aus 2 bis 3 Dezennien zu verfügen.

Auf den physikalischen Inhalt der Tabelle über den Rhein bei Mannheim gehen wir in späterem Zusammenhang ein. Für jetzt möge es bei dem Hinweis bewenden, daß für das Jahrfünft 1906 bis 1910, wie für das Jahrzehnt 1901 bis 1910 sich das gleiche jährliche Mittelwasser ergibt, obgleich die beiden jährlichen Perioden in einigen wesentlichen Zügen voneinander abweichen. Das ist freilich nicht weiter erstaunlich, denn keine der beiden Definitionen für h_0 nimmt Rücksicht auf die zeitliche Anordnung der Elemente h. Aber man erkennt so am praktischen Beispiel, daß das jährliche Mittelwasser für sich allein nicht hinreicht, um die Wasserstandsbewegung in einem Profil zu charakterisieren.

§ 4.

Die Betrachtung der jährlichen Periode selber führt zunächst zu einem weiteren Index, nämlich zur periodischen Amplitude, worunter der Unterschied des höchsten und des niedrigsten Monatsmittels verstanden wird. Sie ist in unserem Beispiel 250 cm für das Lustrum 1906 bis 1910 und 190 cm für das Jahrzehnt 1901 bis 1910, endlich 161 cm für den 40-jährigen Zeitraum. Die Abnahme dieser Schwankung mit der Länge der Beobachtungszeit bestätigt nur die schon gemachte Wahrnehmung, daß die jährliche Periode um so „glatter“, d. h. ausgeglichener erscheint, je länger der zugrunde liegende Zeitraum ist. Aber diese Beobachtung muß auch vorsichtig machen, denn sie läßt sehr klar erkennen, daß man einen Strom aus der Betrachtung möglichst langjähriger Mittel allein sicher nicht kennen lernt. Auch diesem Hinweis werden wir noch genauer nachzugehen haben.

Im jetzigen Zusammenhang werden wir aus dem Gesagten Anlaß nehmen, neben die periodische Amplitude noch einen anderen beschreibenden Index zu stellen, der zu den Einzelbeobachtungen nähere Beziehungen hat als jener. In jedem einzelnen Jahre werden der höchste und der niedrigste Wasserstand, h_{max} und h_{min}, bezeichnend sein für den Verlauf der Wasserstandsentwicklung. Ihre Differenz $h_{max} - h_{min}$ ist das Intervall, in dem der Wasserstand überhaupt hin und her geschwankt hat. Sie wird als Spielraum oder aperiodische Schwankung bezeichnet. Es liegt nahe, den Begriff unter Zuhilfenahme des Prozesses der Mittelbildung auch auf eine beliebige Reihe von Jahren zu übertragen, wo dann vom mittleren Spielraum zu reden ist. Damit sind dann zugleich eingeführt der mittlere Höchststand und der mittlere Niedrigststand des Jahres. Ist s der mittlere Jahresspielraum,

h^0_{max} und h^0_{min} die eben bezeichneten mittleren Extreme, so ist also

$$s = h^0_{max} - h^0_{min}.$$

Es ist sehr darauf zu achten, daß diese Größen h^0_{max} und h^0_{min} sich auf das Jahr beziehen, daß sie, um in den Nachbarwissenschaften gebräuchliche Namen zu verwenden, das mittlere absolute Jahresmaximum und das mittlere absolute Jahresminimum sind. Es ist um so notwendiger, das nicht zu übersehen, als der Sprachgebrauch in Deutschland nicht so allgemein feststeht, daß nicht erhebliche Mißverständnisse entstehen könnten. Man bezeichnet die Grenzen, von denen die Rede ist, nämlich auch kurz als mittleres Hochwasser (MHW) und mittleres Niedrigwasser (MNW).

Aber wenn eine längere Beobachtungszeit betrachtet wird, dann gibt es auch für jeden Monat ein mittleres Minimum und ein mittleres Maximum. Seien die ersteren durch $\mathfrak{h}_1, \mathfrak{h}_2, \ldots, \mathfrak{h}_{12}$; die Maxima durch $\mathfrak{H}_1, \mathfrak{H}_2, \ldots, \mathfrak{H}_{12}$ bezeichnet. Dann werden auch die Größen gebildet

$$\mathfrak{h}_0 = \frac{1}{12}\left(\mathfrak{h}_1 + \ldots + \mathfrak{h}_{12}\right)$$

$$\mathfrak{H}_0 = \frac{1}{12}\left(\mathfrak{H}_1 + \ldots + \mathfrak{H}_{12}\right)$$

Nun braucht nicht erst bewiesen zu werden, sondern ist einfach eine Folge der Definition, daß stets

$$\mathfrak{h}_0 > h^0_{min} \text{ und } \mathfrak{H}_0 < h^0_{max}.$$

Es ist also sehr nötig, sich stets zu vergewissern, welche Grenzen mit den Bezeichnungen MNW und MHW gemeint sind. Da, wie oben gesagt, die Verwendung dieser Zeichen in Deutschland noch keine einheitliche ist, die Extreme des Wasserstandes aber nicht nur rein hydrographisch, sondern in ganz besonderem Maße in den wirtschaftlichen Anwendungen sehr wichtige Größen sind, so folgt hier noch eine kurze tabellarische Zusammenstellung.

I. Einzelnes Jahr.

1. Niedrigster Jahresstand (absolutes Minimum)	h_{min}
2. Höchster Jahresstand (absolutes Maximum)	h_{max}
3. Niedrigster Stand eines Monats	$\mathfrak{h}^i_{min}\ \left(i = 1, \ldots 12\right)$
4. Höchster Stand eines Monats	$\mathfrak{H}^i_{max}$
5. Mittlerer Niedrigststand (mittleres Minimum) des Einzeljahres	$\frac{1}{12}\left(\mathfrak{h}^1_{min} + \ldots + \mathfrak{h}^{12}_{min}\right)$
6. Mittlerer Höchststand (mittleres Maximum) des Einzeljahres	$\frac{1}{12}\left(\mathfrak{H}^1_{max} + \ldots + \mathfrak{H}^{12}_{max}\right)$

II. Reihe von n Jahren.

1. Mittlerer jährlicher Niedrigststand $h^0_{min} = \frac{1}{n} \Sigma h_{min} = MNW$

2. Mittlerer jährlicher Höchststand $h^0_{max} = \frac{1}{n} \Sigma h_{max} = MHW$

3. Niedrigster Stand der ganzen Reihe (absolutes Minimum) $H_{min} = NNW$

4. Höchster Stand der ganzen Reihe (absolutes Maximum) $H_{max} = HHW$

Von den unter I 5 und 6 angeführten Größen werden wir keinen Gebrauch[1]) machen, und nur gelegentlich Mittelwerte der durch I 3 und 4 definierten Monatsextreme zu betrachten haben. Aus den absoluten Extremen leitet sich nun noch der absolute Spielraum her

$$S = H_{max} - H_{min}.$$

§ 5.

Mit den auf Grund des § 4 zur Verfügung stehenden Mitteln läßt sich schon eine ganz eindringliche Beschreibung der jährlichen Periode geben, aber für eine ganze Reihe von Problemen reichen wir mit diesen Darstellungen, auf die man sich bis in die letzte Zeit beschränkt hat, nicht aus.

Der Grund liegt in dem losen Zusammenhang der Mittelwerte mit den Einzelwerten.

Es treten daher neben die Mittelwerte noch die Zahlen, welche sich auf die Häufigkeit des Vorkommens der Einzelwerte beziehen. Man stellt fest, wie oft, d. h. wie viel Tage, der Wasserstand h sich in den einzelnen durch den Spielraum umfaßten Dezimeter-Abschnitten, während einer gegebenen Zeit (Monat, Jahr, Jahrzehnt usw.) gehalten hat.

So ist zum Beispiel für Mannheim 1910

$$h_{max} = 758 \text{ cm}, \; h_{min} = 246 \text{ cm}, \; h_0 = 465 \text{ cm}.$$

Man wird also hier die angegebene Untersuchung auf die Dezimeter-Abschnitte 241—250 cm, . . ., 751—760 cm zu erstrecken haben. Das Ergebnis ist folgendes:

---

[1]) Der Leser mußte sie aber kennen lernen, da sie nicht nur in der älteren Literatur, sondern auch jetzt noch in den ausgezeichneten Publikationen des württembergischen Amts für Gewässerkunde auftreten.

Mannheim 1910. Häufigkeit des Wasserstandes in Tagen.

Abschnitt	Häufigkeit	Abschnitt	Häufigkeit	Abschnitt	Häufigkeit
241—250	1	301—310	9	401—410	15
251—260	2	311—320	6	411—420	12
261—270	3	321—330	11	421—430	9
271—280	2	331—340	5	431—440	16
281—290	2	341—350	9	441—450	13
291—300	11	351—360	11	451—460	14
		361—370	9	461—470	24
		371—380	11	471—480	16
		381—390	11	481—490	8
		391—400	10	491—500	13

Abschnitt	Häufigkeit	Abschnitt	Häufigkeit	Abschnitt	Häufigkeit
501—510	5	601—610	6	701—710	6
511—520	9	611—620	3	711—720	1
521—530	6	620—630	3	721—730	1
531—540	4	631—640	3	731—740	6
541—550	9	641—650	5	741—750	3
551—560	4	651—660	4	751—760	1
561—570	7	661—670	4		
571—580	5	671—680	5		
581—590	4	681—690	2		
591—600	4	691—700	2		

Zusammenstellungen dieser Art sind nun zwar unerläßlich, haben aber nur erst eine vorbereitende Bedeutung. Man bemerkt leicht, daß die graphische Darstellung eine sehr unregelmäßige Kurve ergeben wird, deren Interpretation zeitraubend ist und dem subjektiven Ermessen einen sehr großen Spielraum lassen würde. Die exakte Ausbeute ist gering. So hat z. B. der Wasserstand in dem Abschnitt 461—470, in welches das Mittelwasser fällt, nur während 24 Tagen gestanden. Daraus ist weiter kein Schluß zu ziehen, als daß alle Aussagen über Eigenschaften, die ein Fluß „bei Mittelwasser" hat (oder haben soll) nur sehr wenig Gewicht haben. Denn diese 24 Tage sind nur 6.6 % des ganzen Jahres. In Wirklichkeit haben solche Angaben „bei Mittelwasser" und ähnliche nur einen sehr vagen Sinn, was aber zu vermeiden ist, nachdem man sich erst angelegen hat sein lassen, „das Mittelwasser" scharf zu definieren.

Man schaltet aber solche Bedenken aus, wenn man folgenden Weg geht. Ich habe im Jahre 1898 (Zeitschr. f. Gewässerkunde I) an die Stelle der durch eine Zusammenstellung von der Art der mitgeteilten gegebenen sog. Häufigkeitskurve eine andere eingeführt, welche genau genommen die Integralkurve jener ist: sie geht durch fortlaufende Summation aus ihr hervor. Man erhält so, indem jetzt nur die obere Abschnittsgrenze in der Spalte h geschrieben wird, wo um Raum zu sparen, für die letzte Vertikalreihe die doppelte Intervallänge genommen ist:

Mannheim 1910.

h	Tage	h	Tage	h	Tage	h	Tage	h	Tage
250	1	310	30	410	128	510	258	620	319
260	3	320	36	420	140	520	267	640	325
270	6	330	47	430	149	530	273	660	334
280	8	340	52	440	165	540	277	680	343
290	10	350	61	450	178	550	286	700	347
300	21	360	72	460	192	560	290	720	351
		370	81	470	216	570	297	740	361
		380	92	480	232	580	302	760	365
		390	103	490	240	590	306		
		400	113	500	253	600	310		

Diese Tabelle gibt nun an, an wieviel Tagen (im Jahr) der Wasserstand h unter einer gegebenen Grenze geblieben ist oder sie eben erreicht hat. So ist z. B. an 216 Tagen $h \leqq 470$ gewesen. Man bezeichnet die so einem Wasserstand h zugeordnete Anzahl von Tagen als die jährliche Unterschreitungsdauer dieses Wasserstandes. Ist sie n, so ist $365-n$ die Anzahl von Tagen im Jahr, an denen der Teilstrich h der Pegellatte von Wasser benetzt war. Die Überschreitungsdauer $365-n$ wird daher auch als Benetzungsdauer bezeichnet. Der Übergang von einer zur anderen der so einem Wasserstand zugeordneten Dauerzahlen ist einfach genug, da sich beide zu 365 ergänzen. Vor einem Irrtum ist der Anfänger zu warnen: wenn hier von „Dauer" n gesprochen wird, so ist damit nicht eine kontinuierliche Periode gemeint, sondern es soll nur ausgedrückt werden, daß die über das ganze Jahr verteilte Anzahl der Tage, an denen der Wasserstand $\leqq h$ ist, eine Gesamtdauer n umfasse.

Wenn im folgenden von Dauer schlechtweg gesprochen wird, so ist darunter immer die Unterschreitungsdauer verstanden.

Die graphische Darstellung der Dauerzahlen[1]) führt nun zu einer Kurve, die man als Dauerkurve bezeichnet, und die im Gegensatz zu den früheren Häufigkeitskurven (S. 88) eine sehr einfache Gestalt hat. Wir nehmen die Zeit t als Abszisse und tragen zu jeder Dauer (Abszisse) den zugehörigen Wasserstand als Ordinate[2]) auf. Der Definition (s. oben) gemäß stellt die Dauerkurve eine Funktion der Zeit dar, welche mit wachsendem Argument immer nur wachsen kann, die deshalb keinerlei Singularitäten aufweist.

Ist die Fläche der Dauerkurve F, die Länge der Basis T, so hat man

$$h_0 T = F;$$

[1]) Vgl. Zeitschrift f. Gewässerkunde 1898 und Jahresbericht des Zentralbureaus für Meteorologie und Hydrographie im Großherzogtum Baden 1901.

[2]) Beim praktischen Zeichnen wird man die Basis (Abszissenachse) durch den Ordinatenwert h_{min} gehen lassen, mit anderen Worten, man wird nicht die Wasserstände h selber, sondern die Zahlen $h-h_{min}$ als Ordinate benutzen.

aber man sieht (vgl. Fig. 13) sofort, daß, wenn man die Endordinate, d. i. den Spielraum $s = h_{max} - h_{min}$ als Basis nimmt, sich auch ergibt

$$s(T - T_0) = F.$$

Dieses $T - T_0$ ist nun nach obigem als mittlere Benetzungsdauer, T_0 also als mittlere Unterschreitungsdauer zu bezeichnen. Setzt man

$$\vartheta_0 = T - T_0,$$

so ist

$$s\vartheta_0 = h_0 T,$$

es kann also ϑ_0 (und damit T_0) schon vor Beginn der Vorarbeiten zur Darstellung der Dauerkurve aus den zusammengehörigen Elementen s, T, h_0 berechnet werden. Die Konstante T wird meist 365, die Jahresdauer, sein.

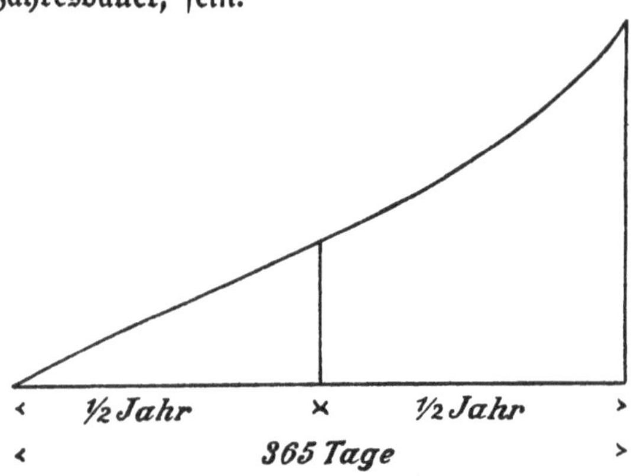

Fig. 13.

Wird, wie das hier immer geschieht, s in Zentimetern angegeben, so ist $n = s : 10$ die Anzahl der Dezimeterintervalle, welche auf die gesamte Wasserstandsbewegung in dem Zeitraume T kommen. Es ist dann also

$$T : n = 10 T : s = f_0$$

die mittlere Dauer des Vorkommens des Wasserstandes in irgendeinem Dezimeterintervall des Spielraums. Es möge f_0 kurz als Frequenz bezeichnet sein. Man sieht, daß nun auch ist

$$\vartheta_0 = 0{,}1\, h_0 f_0.$$

Das Badische Zentralbureau bezeichnet die Dauer f_0 als mittlere Häufigkeit und gibt ihre Werte, wie diejenigen der mittleren Benetzungsdauer ϑ_0 für die Rheinprofile in seinen Jahresberichten an.

Wichtiger als diese Mittelwerte erscheinen aber gewisse Zeitintervalle, zu deren Bestimmung freilich die Dauerkurve erfordert wird. Es sind im vorigen Paragraphen einige Grundzahlen für die Beschreibung der Wasserstandsbewegung definiert worden; von denen die absoluten und mittleren Extreme zwar einen ohne weiteres greifbaren Wert haben, während am Anfange dieses Paragraphen aber deutlich wurde, daß das Mittelwasser h_0 eine nur geringe beschreibende Kraft hat. Indessen wird man in der Literatur häufig genug auf Angaben treffen, die von Eigenschaften eines Flusses oder von Maßnahmen, die an ihm getroffen werden, sagen, daß sie sich „auf Mittelwasser" beziehen. Das ist ein unerwünscht unklarer Ausdruck. Ihn auf den Einzelwert h_0 zu beziehen, ist offensichtlich unzulässig und nichtssagend; er wird also auf irgendein Intervall bezogen, welches sich um das Mittelwasser herumlegt. Aber damit ist dem subjektiven Ermessen Tür und Tor geöffnet und es werden Angaben geschaffen, die nicht miteinander vergleichbar sind, soferne nicht eine Einigung darüber getroffen wird, was unter Mittelwasserintervall zu verstehen sei. Die Vereinigung der Vorstände der Hydrographischen Ämter von Deutschland, Österreich und der Schweiz hat hierüber Vorschläge gemacht, die allgemeine Annahme verdienen. Es werden die untere Grenze η_1 und die obere Grenze η_2 des Mittelwasserintervalls so definiert:

$$\eta_1 = \frac{1}{2}\left(h_{min} + h_0\right),\quad \eta_2 = \frac{1}{2}\left(h_0 + h_{max}\right),$$

wo die Zahlen h_{min}, h_0, h_{max} Mittelwerte sind, die auf einen längeren, wenigstens 10 jährigen, Zeitraum sich beziehen. Die Größe des Mittelwasserintervalls ist also

$$\eta_2 - \eta_1 = \frac{1}{2}s,$$

und, wenn man den Mittelpunkt des Spielraums mit σ bezeichnet, also

$$\sigma = \frac{1}{2}\left(h_{max} + h_{min}\right)$$

setzt, so ist

$$\eta = \frac{1}{2}\left(\eta_1 + \eta_2\right) = \frac{1}{2}\left(h_0 + \sigma\right);$$

es fällt also die Mitte η des Mittelwasserintervalls weder mit dem Mittelwasser noch mit dem Spielraummittelpunkt zusammen, sondern in deren Mitte. Nur in dem sehr speziellen Falle — für dessen wirkliches Vorkommen mir kein Beispiel bekannt ist —, in dem

$$h_{max} - h_0 = h_0 - h_{min},$$

würde

$$\sigma - h_0 = 0, \quad \eta - h_0 = 0$$

werden können.

Durch die eben eingeführten Größen η_1, η_2 wird nun die gesamte jährliche Wasserstandsbewegung in drei große Abschnitte zerlegt: den

Niederwasserbereich:	$h < \eta_1$,
Mittelwasserbereich:	$\eta_1 \leqq h \leqq \eta_2$,
Hochwasserbereich:	$h > \eta_2$.

Die Dauerkurve ermöglicht nun auch, nach Eintragung der Ordinaten η_1, η_2 die Bestimmung der Dauer dieser Intervalle. Wenn t_1 die Unterschreitungsdauer von η_1, t_2 die von η_2 ist, dann ist

Dauer des Niederwassers:	$T_1 = t_1$
„ „ Mittelwassers:	$T_2 = t_2 - t_1$
„ „ Hochwassers:	$T_3 = 365 - t_2$.

Für unser Beispiel von Mannheim[1]) ist, aus den Beobachtungen des Jahrzehnts 1901—1910 ($h_{min} = 188{,}6$, $h_0 = 362{,}6$, $h_{max} = 652{,}5$),

$$\eta_1 = 275 \text{ cm}, \quad \eta_2 = 507 \text{ cm}.$$

Für das Jahr 1910 gibt die Dauerkurve (S. 89) hiermit $t_1 = 7$, $t_2 = 257$ Tage; für das Jahrzehnt 1901—1910 ist $t_1 = 92$, $t_2 = 333$ Tage. Man hat also

	Mannheim 1910.			Mannheim 1901—10.		
	Größe	Dauer	Frequenz	Größe	Dauer	Frequenz
NW-Bereich	29 cm	7 Tage	2,4 Tage	87 cm	92 Tage	10,6 Tage
MW-Bereich	232 „	250 „	10,8 „	232 „	241 „	10,4 „
HW-Bereich	251 „	108 „	4,3 „	145 „	32 „	2,2 „

Diese Nebeneinanderstellung ist gegeben, um an einem Beispiel zu zeigen, daß mit Einführung des Momentes der Dauer der Einblick in die Verschiedenheit der Wasserstandsentwicklung zu verschiedenen Zeiten an Umfang wesentlich gewinnt, und damit auch an Tiefe. An sich war ja in diesem extrem gestalteten Fall, der gerade deshalb gewählt wurde, schnell zu erkennen, daß das Jahr 1910 sich erheblich unterscheidet von dem mittleren Bild; das ließen die Zahlen auf Seite 84 schon leicht genug erkennen, insbesondere aber die Unterschiede des jährlichen Mittelwassers, das für 1910 sich zu

[1]) Vgl. Zeitschrift für Gewässerkunde, Band XI, 4, Seite 232.

465 cm, für das Jahrzehnt aber zu 364 cm ergibt. Aber dabei bleibt noch volle Unklarheit über den Aufbau dieser Mittelzahlen, der erst durch die Dauerkurven gegeben wird, die zeigen, daß 1910 nur während einer Woche NW herrschte, während dessen jährliche Gesamtdauer im Mittel 3 Monate beträgt. Auf der anderen Seite hat die HW-Dauer des Jahres 1910 die mittlere um mehr als das Dreifache übertroffen. Beachtlich ist endlich, daß die MW-Dauer 1910 gar nicht erheblich abweicht von dem mittleren Werte.

Es ist um so wichtiger, sich in dieser Weise ein Bild von dem Aufbau des Mittelwertes h_0 aus den Einzelbeobachtungen zu machen, als es ja doch aus der Definition von h_0 schon hinreichend klar ist, daß dieser Aufbau bei gleichen Werten von h_0 ein sehr verschiedener sein kann, daß also h_0 keineswegs eine eindeutige Charakteristik für die Wasserführung eines Jahres bietet. Ich verweise den Leser wegen weiterer Ausführungen auf eine umfassende vergleichende Studie über die Wasserführung von Rhein, Weser, Elbe und Oder, die ich in der Zeitschrift für Gewässerkunde, Bd. XI, Heft 4, veröffentlicht habe. Hier möge nur noch ein jener Arbeit (l. c. S. 237) entnommenes Beispiel Platz finden.

Mannheim.

	h_0	Nw-Dauer	Mw-Dauer	Hw-Dauer
1901	384 cm	105 Tage	219 Tage	41 Tage
1902	376 „	58 „	293 „	14 „

Hier sind nun selbstverständlich die Dauerzahlen im Anschluß an die vorhin gegebenen konstanten Intervallgrenzen η_1, η_2 ermittelt. Und es ist nun beachtlich, daß die h_0 zwar wenig voneinander abweichen, daß die Dauerzahlen aber sehr große Differenzen aufweisen und zwar solche, die man nach dem Sinne des Unterschiedes der beiden h_0 nicht ohne weiteres erwarten wird. Das Jahr 1901 hat trotz der größeren h_0 doch die dürftigere Wasserführung, wie die fast zweimal so groß als 1902 ausgefallene Nw-Dauer zeigt.

Untersuchungen über die Dauer der Wasserstände haben nach der praktischen Seite hin sehr wesentliche Bedeutung, so, wenn es sich z. B. um Fragen der Schiffahrt oder der Besiedlung der Ufer handelt. Die Form, die vorhin den Ergebnissen gegeben wurde, die also vornehmlich durch die Festsetzung der Abschnittsgrenzen η_1, η_2 geleitet war, wird bei solchen wirtschaftlichen Fragen oft nur eine vorläufige sein, die zu ergänzen ist durch die Bestimmung der Grenzwasserstände (h_1, h_2), von denen an und bis zu denen auf einer gegebenen Flußstrecke die Schiffahrt in einem gegebenen Umfange (z. B. volle Ladung der Transportfahrzeuge oder nur ein Teil derselben) stattfinden kann. Es wird dabei also unter Umständen noch die Dauer der Intervalle $\pm (\eta_1 - h_1)$ und $\pm (h_2 - \eta_2)$ zu bestimmen sein. Für wieder andere Zwecke wird es sich erforderlich machen, kennen zu lernen, ob, wie lange und in welchem Maße eine gegebene Strecke des Ufergeländes der Überschwemmung ausgesetzt ist. Hat diese Strecke die Höhe h_3, bezogen auf den Nullpunkt des in Betracht kommenden Pegels, so wird jetzt etwa die Dauer $h_3 - \eta_2$ interessieren.

Beide Beziehungen, Schiffahrt und Siedelung, vereinigen sich beim Fährbetrieb zu einem gerade für die ärmere Bevölkerung sehr wichtigen Moment. In einer brückenlosen Flußstrecke ist der Verkehr zwischen den beiden Ufern lediglich durch Fähren irgendwelcher Art zu bewerkstelligen und kann also sehr erschwert oder ganz verhindert werden durch die Entwicklung des Wasserstandes. Und zwar nicht nur durch die hohen Wasserstände, an die man in diesem Zusammenhang zuerst denken wird, sondern auch durch niedrige Wasserstände, indem bei ihnen die Fähre die Ufer nicht mehr zu erreichen vermag. Es müssen dann Not-Landungsstege errichtet werden, deren Benutzung örtlich noch an besondere Gebühren geknüpft wird, so daß sich das Fährgeld um 50% erhöht. So gering die Beträge, um die es sich handelt, an sich auch erscheinen (in Schandau Steigerung von 10 auf 15 Pfennige), so sehr fallen sie doch für die bezeichneten Bevölkerungskreise in Gewicht. Die Dauerkurve läßt die Dauer des hier „kritischen" Wasserstandes erkennen; und auf Grund dieser Zahl mag man erwägen, ob es wirtschaftlich gerechtfertigt ist, Maßnahmen größeren Stils zur Behebung der verkehrlichen Hemmnisse durch Niedrigwasser zu ergreifen. Es sei kurz auf ein weiteres Moment hingewiesen, welches Untersuchungen über die Dauer des Wasserstandes als notwendig erscheinen läßt. Wir haben früher den Wasserstand als das Maß der Füllung des Profils bezeichnet. Wenn nun diese Füllung eine gewisse Höhe überschreitet, so wird dadurch der Abfluß des Grundwassers aus den Uferländereien gehemmt werden; bei langer Dauer solcher Wasserstände muß geradezu eine Stauung des Grundwassers eintreten, durch die der Wert des Bodens für die Landwirtschaft vermindert wird. Der Grad dieser Wertverminderung wird bestimmt werden durch die Zahl 365—t, welche angibt, wie lange der kritische Wasserstand h überschritten wird, also durch die zu h gehörige Benetzungsdauer.

§ 6.

Wenn nun auch manche Fragen durch Bearbeitung der Wasserstandsbeobachtungen erledigt werden können, so blieben doch deren noch viele, und unter ihnen die wichtigsten, bei denen dies nicht angeht. Es liegt das daran, daß der Wasserstand doch wesentlich ein geometrisches Element ist, das im Stiche lassen muß, sowie physikalische Betrachtung erfordert wird. Und es bedarf keines besonderen Nachweises, daß unser Wissen von den Wasserläufen so lange ein sehr geringes, streng genommen gar keines, ist, als es sich nicht auch auf die in ihnen fließenden Wassermengen bezieht. Gilt das ohne Einschränkung für die wissenschaftliche Betrachtung, so werden durch mancherlei Zweige der Praxis möglichst ins einzelne gehende Kenntnisse über die Wassermenge gerade in neuerer Zeit immer dringender gefordert. Die Notwendigkeit, an die Ausnutzung der durch das fließende Wasser dargebotenen Kraft zu denken, ist es namentlich, die immer dringender eine intensive Ausdehnung der Kenntnis der Wassermenge, des einen die Arbeitsleistung eines Flusses bestimmenden Faktors, erfordert.

In speziellen Fällen, die freilich für die Wissenschaft von besonderem Interesse sind, bei Quellen und Quellflüssen, wo es sich also meist nur um kleine Mengen handelt, kann deren Messung unmittelbar in einfacher Weise so erfolgen, daß man die Zeit t (Sekunden) beobachtet, innerhalb deren ein geeichtes Meßgefäß vom Fassungsraum v gefüllt wird. Dann ist die sekundliche Wassermenge $Q=v:t$.

Eine andere unmittelbare Methode ist die, welche Meßwehre (Überfälle) anwendet. Eine wasserdichte Holzwand wird senkrecht zur Stromrichtung in den Wasserlauf eingebaut und mit einem rechteckigen Ausschnitt mit horizontaler Unterkante, der sogenannten Überfallskante, versehen. Liegt diese Überfallskante höher als der Wasserspiegel unterhalb des Meßwehres, dann heißt der Überfall ein vollkommener, liegt sie aber unter diesem „Unterwasserspiegel“, so wird der Überfall ein unvollkommener. Das durch das Wehr gestaute „Oberwasser“ fällt nun über den Überfallausschnitt, so daß sein Spiegel an dieser Stelle sich etwas senkt. Man muß also eine Strecke oberhalb des Wehres hinaufgehen, um den ungesenkten, d. h. vom Überfall noch nicht beeinflußten Spiegel des Oberwassers zu finden. Seine Höhe über der Unterkante des Überfalls sei h, die Breite des Überfallausschnitts sei b, die Geschwindigkeit des ankommenden Oberwassers sei v_0. Führt man dann die dieser Geschwindigkeit entsprechende Fallhöhe $k=v_0^2:2g$ ein, wo g die Beschleunigung der Schwerkraft bedeutet, so ist die in der Sekunde über den Überfall strömende Wassermenge

$$Q=mb\sqrt{2g}\left(\sqrt{(h+k)^3}-\sqrt{k^3}\right).$$

Über den Koeffizienten m, für den Weisbach einen Mittelwert von 0,44 angegeben hatte, sind zahlreiche Untersuchungen angestellt worden, die zu einer großen Menge von Formeln geführt haben. Aus der Fülle dieser sollen hier nur zwei Formeln von Bazin angegeben werden, die auf sehr eindringlichen Studien an einem ganz außerordentlich umfassenden Beobachtungsmaterial beruhen. Wenn die Überfallsbreite gegen die Überfallshöhe groß, so daß eine Seitenkontraktion des überfallenden Wasserstrahls außer Betracht bleibt, dann ist nach Bazin

$$Q = \mu \left(1 + \frac{3}{2} \alpha k\right) b h \sqrt{2gh}$$

mit

$$\mu = 0.405 + \frac{0.003}{h}, \quad \alpha = 1,67$$

und k in der Bedeutung von vorhin. Die andere Form, welche den Vorzug hat, daß sie die Kenntnis von k nicht voraussetzt, lautet:

$$Q = \mu \left(1 + \lambda \left(\frac{h}{p+h}\right)^2\right) b h \sqrt{2gh},$$

wo die neue Größe p die Höhe der Überfallkante über dem Boden und der neue Koeffizient $\lambda = 0,55$ ist.

Es liegt auf der Hand, daß man auch dauernd bestehende Wehranlagen zur Bestimmung der Wassermenge benutzen kann. Bei ihnen ist nun zunächst ebenfalls der Unterschied zwischen vollkommenem und unvollkommenem Überfall zu machen. Dann ist aber ein wesentlicher Unterschied vom Meßwehr zu beachten. Dies war eine Holzwand, d. h. ein Körper, dessen Dicke gegen die übrigen Dimensionen vernachlässigt werden kann. Das ist bei der Stauanlage (Wehr) nicht mehr der Fall. Infolgedessen modifizieren sich die für das Meßwehr gegebenen Formeln etwas, wenn auch ihre Grundgestalt dieselbe bleibt. Es ist für den vollkommenen Überfall, wenn h die Höhe des ungesenkten Oberwasserspiegels über der Wehrkrone bedeutet, b die Breite des Überfalls und $k = v_0^2 : 2g$ wie oben ist:

$$Q = 2,48\, b\left(\sqrt{(h+k)^3} - \sqrt{k^3}\right).$$

Für den unvollkommenen Überfall sei h_1 die Höhe des Unterwasserspiegels über der Wehrkrone, h die Höhe des ungesenkten Oberwasserspiegels über dem Unterwasserspiegel, und b und k haben die gleiche Bedeutung wie vorhin, dann ist jetzt

$$Q = 2,48\, b\left(1,12 h_1 \sqrt{h+k} + \sqrt{(h+k)^3} - \sqrt{k^3}\right).$$

Diese Methoden der unmittelbaren Messung der Wassermenge mit Hilfe von Stauvorrichtungen haben einen Vorzug vor allen anderen, der namentlich bei vollkommenem Überfall sofort sehr deutlich in die Augen springt. Es ist nämlich sehr leicht, noch eine solche Vorrichtung hinzuzufügen, durch welche der Abstand h fortlaufend automatisch aufgezeichnet wird, so daß man also zu einer Registrierung der Wassermenge gelangt, die auch kleine Schwankungen und solche in beliebig kleinen Zeiten vollständig und eingehend zu studieren gestattet.

§ 7.

Es liegt nun aber auf der Hand, daß die Methoden des vorigen Paragraphen auf größere Flüsse und Ströme nicht anwendbar sind. Hier muß also eine indirekte Methode Platz greifen, die sich aber leicht darbietet. Die Wassermenge eines Profils wird bekannt sein, wenn man die von Wasser erfüllte Größe des Profils in Quadratmetern und die Geschwindigkeit in Metern kennt, mit der das Wasser das Profil durchströmt. Dann ist in bekannten Bezeichnungen $Q = F \cdot v$ cbm in der Sekunde. Die Profilfläche F wird durch eine Querschnittsaufnahme bekannt, und man sieht sofort, daß sie als eine Funktion des Wasserstandes h dargestellt werden kann. Dieser Größe kann man sich also leicht versichern. Dagegen bietet die Bestimmung des anderen Faktors von Q erhebliche Schwierigkeiten. Schon die einfache Wahrnehmung läßt erkennen, daß die Geschwindigkeit des fließenden Wassers keineswegs in allen Punkten eines Querschnitts die gleiche ist. Es ist also v keine Konstante, auch in der Formel $Q = F \cdot v$ bedeutet v einen Mittelwert, die sogenannte mittlere Geschwindigkeit. Die Bestimmung dieser Größe durch Beobachtung und Rechnung bildet eine der wichtigsten Aufgaben der Hydraulik und ist bei ihrer praktischen Ausführung eine Arbeit, die nicht nur sehr viel Zeit und Mühe, sondern vor allem auch sehr hohe Kosten erfordert. Gerade aus diesem letzteren Grunde wird die Wissenschaft mit ihrer Forderung nach möglichst zahlreichen und ausgedehnten Messungen der Wassermenge sich immer mehr oder weniger bescheiden müssen.

Die Messungen erfolgen mit dem hydrometrischen Flügel. Das Prinzip des Instumentes ist das gleiche wie das des zur Windmessung dienenden Schalenkreuzes und besteht darin, daß aus der Anzahl der Umdrehungen, welche ein drehender Körper — hier Schraubenflügel — in einer beobachteten Zeit macht, auf die Geschwindigkeit des bewegten Mediums geschlossen wird, in dem der rotierende Körper sich befindet[1]).

Der Vorgang der Messungen mag kurz skizziert werden. Da zunächst die Geschwindigkeit als von Punkt zu Punkt variabel erscheint, so ist sie in möglichst vielen Punkten eines Profils zu messen. Zu dem Zweck wird dieses in vertikale Streifen geteilt, deren Anzahl von der Ausdehnung des Profils abhängt. In der Mittellinie — kurz Vertikale genannt — jedes Streifens wird die Geschwindigkeit nun von der Oberfläche bis zur Sohle in möglichst kurzen vertikalen Intervallen gemessen. Dadurch wird zunächst die Variation der Geschwindigkeit in der Vertikalen erkannt. Das Gesetz dieser Änderung erscheint immer in der Gestalt einer Kurve, wie sie die beistehende Figur zeigt. Die Geschwindigkeit ist also etwas unterhalb der Oberfläche am größten und nimmt dann stetig gegen die Sohle hin ab. Es gibt eine sehr ausgedehnte Literatur über die Gestalt der Kurve, auf welcher die Endpunkte der Geschwindigkeiten v der einzelnen Punkte der Vertikalen liegen, ohne daß es aber bisher möglich gewesen wäre, zu wirklich zwingenden Ergebnissen in dieser Beziehung zu gelangen. In neuester Zeit sind aber verschiedentliche Arbeiten von Lippke und von Traub über den Gegenstand erschienen, die sich in den Bänden X—XII der Zeitschrift für Gewässerkunde finden. Auf sie mag verwiesen werden. Die Traubsche Arbeit geht namentlich auch auf die Geschichte des Problems ein, während Lippke es nicht ohne Erfolg unternimmt, neue Wege zu seiner Lösung zu zeigen.

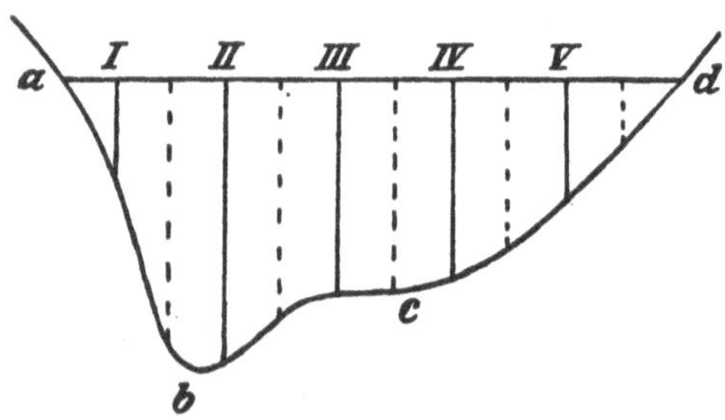

Fig. 14. Profil mit Vertikalen.

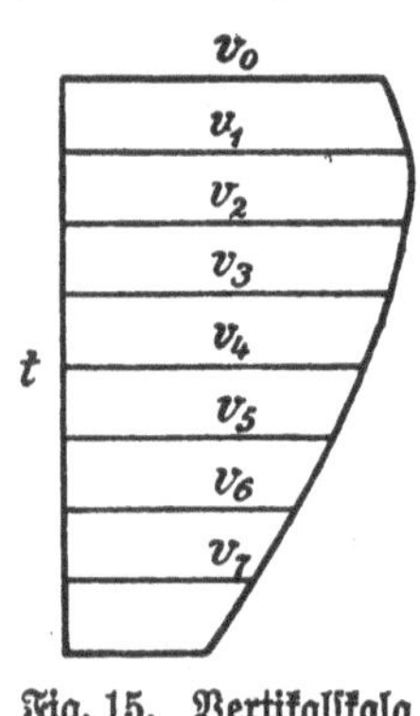

Fig. 15. Vertikalskala der Geschwindigkeit.

Es lassen sich nun aber — ohne Voraussetzung jeder Theorie — aus den Messungen empirische Relationen herleiten, die unter Um-

[1]) Eine nach jeder Richtung ausgezeichnete Einführung in die Einzelheiten des Gegenstandes findet sich in der trefflichen Schrift des Kgl. Bayer. Hydrotechnischen Bureaus „Anleitung zur Ausführung und Ausarbeitung von Wassermessungen", Verlag von Piloty und Loehle, München.

ständen von Nutzen sein können. Aus den für eine Vertikale gewonnenen Ergebnissen läßt sich einfach, am bequemsten durch Planimetrierung der Fläche c die durch die Vertikalgeschwindigkeitskurve, den Wasserspiegel, die Vertikale und die Sohle begrenzt wird, ein Mittelwert $v_m = \varphi : t$ herleiten, wo t die Gesamttiefe (Länge der Vertikalen) ist. Es ist nun von Interesse, zu fragen, in welcher Tiefe dieses mittlere v_m sich wirklich findet. J. von Wagner hatte in seinen Untersuchungen[1]), die Weser, Elbe, Rhein und mehrere kleine Flüsse umfaßten, gefunden, daß mit einer überraschenden Übereinstimmung sich 0,596 t, wo t die Bedeutung von vorhin hat, als der Ort von v_m ergab. Seitdem ist nun durch die eifrige Arbeit der Schweizerischen Landeshydrographie, des k. k. österreichischen hydrographischen Zentralbureaus und deren ausgedehnte Publikation das zur Verfügung stehende Material ganz außerordentlich vermehrt worden. Dazu kommen die umfassenden Präzisionsmessungen an der Donau (Wien), am Po (Ferara) und an der Wolga (Samara, Dubowka), die in extenso publiziert wurden. Aus der eingehenden Bearbeitung dieses ganzen Materials habe ich den Schluß ziehen können, daß das Wagnersche Ergebnis sich im wesentlichen bestätigt. Ich nehme in runder Zahl 0,6 t als Tiefe von v_m auf der Vertikalen an. Diese freilich rein empirische Relation sollte von den Geographen beachtet werden. Es sind in neuerer Zeit wertvolle Forschungsergebnisse von den Reisen jüngerer Geographen in unseren Kolonien geliefert worden. Aber über die dortigen Wasserläufe kennen wir so gut wie nichts. Das ist vom wirtschaftlichen Standpunkt ebenso zu beklagen wie vom wissenschaftlichen. Es soll nicht verlangt werden, daß gleich überall ausgedehnte Präzisionsmessungen vorgenommen werden, wie sie die Belgier im Kongogebiet angestellt haben. Aber es werden heute von Ott in Kempten so handliche, leichte, bequem mitzunehmende Flügel hergestellt, daß man wünschen möchte, es werde jeder Forschungsreisende und, nach Tunlichkeit, auch die Leiter geeigneter Stationen mit ihnen ausgestattet. Die obige Relation gestattet es, sich mit einer Messung in der Vertikalen zu begnügen, so daß es sich in vielen Fällen ohne erhebliche Mühen und ohne wesentlichen Zeitverlust möglich machen läßt, ein Profil durch einige Vertikalen auszumessen.

Ist nun v_m wieder die für eine Vertikalen erhobene mittlere Geschwindigkeit und f die dieser Vertikalen zugehörige Teilfläche, so ist $f v_m$ die diese Teilfläche in der Sekunde durchströmende Wassermenge. Es ist also $Q = \Sigma f v_m$ die das ganze Profil passierende

[1]) v. Wagner, Hydrologische Untersuchungen. Braunschweig 1881.

sekundliche Menge. Und da $\Sigma f = F$, so hat man nun sofort die **mittlere Profilgeschwindigkeit**

$$V_m = \Sigma f v_m : F.$$

Es ist also V_m aus den Einzelwerten v_m dadurch hergeleitet, daß diesen letzteren bei der Mittelbildung die jeweils zugehörigen f als Gewichte erteilt worden sind. Wir wollen nach dem gleichen Prinzip aus den in jeder Vertikalen erlangten Oberflächengeschwindigkeiten v_0 eine Größe V_0 bilden

$$V_0 = \Sigma f v_0 : F,$$

die als **mittlere Oberflächengeschwindigkeit** zu bezeichnen ist.

Es liegt auf der Hand, daß den Beziehungen zwischen Oberflächengeschwindigkeit und mittlerer Geschwindigkeit das Interesse von Wissenschaft und Praxis in hohem Maße zugewendet ist. Denn eine gesetzmäßige Relation würde, da die Oberflächengeschwindigkeit leichter und schneller als die mittlere zu bestimmen ist, von hohem Werte für die Wassermessung ein.

§ 8.

Die eben genannte Beziehung soll an einer tatsächlich ausgeführten Messungsreihe untersucht werden. In der Emme bei Rüderswil ist am 31. Dezember 1897 eine Messung vorgenommen worden, deren Ergebnisse in folgenden Zahlen zusammengefaßt sind. Die Bezeichnungen sind der Mehrzahl nach schon bekannt; es bedeutet weiter $e = v_m : v_0$ und b in Zentimetern den Abstand der in gleicher Horizontalen stehenden, mit römischer Zahl bezeichneten Vertikalen von der ihr vorhergehenden. Die in den Horizontalreihen I und IX stehenden eingeklammerten Zahlen sind die Abstände der Vertikalen I vom linken, bezw. der Vertikalen IX vom rechten Ufer. Es ist also $\Sigma b = B = 690$ cm die Breite des Wasserspiegels.

Vertikal	f (qm)	v_m (m)	v_0 (m)	e	b	fv_m	fv_0
I	0,0774	0,211	0,136	1,575	(30)	0,0163	0,0105
II	1218	314	382	0,822	35	383	466
III	1278	311	412	0,755	50	398	527
IV	1956	384	470	0,817	100	753	0,0921
V	2212	415	518	0,801	100	0,0917	0,1145
VI	2216	457	509	0,898	100	0,1015	0,1130
VII	2160	429	584	0,735	100	0,0927	0,1261
VIII	1610	323	416	0,776	100	533	0,0686
IX	0,1600	0,276	0,260	1,062	50(25)	0,0442	0,0416

Es ist

$$\Sigma f v_m = 0.5531 \qquad \Sigma f v_0 = 0.6657$$

und somit

$$V_m = \frac{\Sigma f v_m}{\Sigma f v_0} V_0 = 0.831 V_0$$

$$E = V_m : V_0 = 0.831$$

Die Einsicht, daß das Verhältnis der mittleren zur Oberflächengeschwindigkeit in der Nähe von 0.8 liegt, ist schon alt. Die Tabelle zeigt, daß auch für die einzelnen Teilflächen f ein Schwanken von e um diesen Wert stattfindet, mit Ausnahme der ufernahen Teilflächen, wo man freilich eine starke Abweichung von mittleren Verhältnissen von vornherein erwarten wird. Denn hier werden die Widerstände, welche das Wasser bei seiner Bewegung durch Sohle und Wände erleiden muß, am schärfsten zur Ausprägung kommen.

Es ist üblich geworden, das Verhältnis E mit 0.85 anzunehmen also zu setzen

$$V_m = 0.85 V_0,$$

eine in der Tat sehr nützliche empirische Näherungsformel, die wieder namentlich dem reisenden Geographen empfohlen sei. Ihre praktische Ausnutzung wird sich schematisch so gestalten. Wenn in einem Profil A die Geschwindigkeit V_m festgestellt werden soll, so wird man oberhalb und unterhalb von A noch zwei andere Profile A_1 und A_2 auswählen so, daß die Abstände A_1A und AA_2 einander möglichst gleich sind, wobei man darauf achten wird, daß die Gefällsverhältnisse in beiden Strecken möglichst übereinstimmen, d. h. der Reisende wird das Profil A nicht gerade an eine Stelle legen, wo er deutlich eine Unregelmäßigkeit im Gefälle wahrnimmt. Nun benutzt man Schwimmer, die, schematisch zu reden, aus einer Stange mit einer Kugel am unteren Ende bestehen, durch die ein Aufrechtbleiben der Stange beim Schwimmen gewährleistet wird. Die Zeitpunkte, zu denen ein solcher Schwimmer die Profile A_1, A, A_2 passiert, werden genau notiert, so daß man die Zwischenzeiten t_1 und t_2 kennen lernt. Ist dann $A_1A = AA_2 = s$, so hat man für beide Strecken die Geschwindigkeiten $v_1 = s : t_1$, $v_2 = s : t_2$ und nimmt meist das Mittel $\frac{1}{2}(v_1 + v_2)$ als die Geschwindigkeit an, mit der der Schwimmer das Meßprofil A passiert hat. Besser ist es, wenn man dafür die Größe $2s : (t_1 + t_2)$ nimmt. Man wird sich nicht mit einem einzigen Schwimmer begnügen, sondern deren eine Gruppe benutzen, wobei dann freilich auf Grund der vorhin gewonnenen Einsicht die Beobachtungsergebnisse der dem Ufer näher gebliebenen Schwimmer nicht mit benutzt werden dürfen. (Vgl. Tabelle S. 100 und den Text S. 101.) Sind dann für die n einzelnen Schwimmer die Geschwindigkeiten v_i erhoben, so wird man die mittlere Oberflächengeschwindigkeit $V_0 = \Sigma v_i : n$ erhalten. Das ist nun freilich nur eine Annäherung, denn in Wirklichkeit gehen die v_i nicht mit gleichen Gewichten in die Mittelbildung ein. Vor allzu groben Irrtümern hat man sich aber geschützt durch Ausschließung der äußeren ufernahen Schwimmer, deren Geschwindigkeitsgewichte sehr klein sind. Aus dem gewonnenen V_0 kennt man V_m und mit Hilfe des Flächeninhalts von A auch die Wassermenge Q.

Für die eben ins Auge gefaßten geographischen Zwecke einer ersten Rekognoszierung der Wasserführung wird man sich mit der Näherungsformel $V_m = 0.85\, V_0$ begnügen dürfen. Und auch sonst sind Schwimmermessungen zum Zwecke der Interpolation ganz am Platze. Dabei ist indessen zu beachten, daß das Verhältnis E nicht durchaus konstant ist. Der Wert 0.85 gilt im wesentlichen nur für den Niedrigwasserbereich und die ersten Stufen des Mittelwasserbereichs. Mit wachsendem Wasserstand wird E größer, und zwar so, daß $E = E_0 + b\,(h - h_0)$ ist, wo b eine kleine zwischen 0,0003 und 0,0004 liegende Zahl ist. Der genaue Wert dieses Koeffizienten muß ebenso, wie die Konstanten E_0, h_0 für jedes Profil individuell bestimmt werden.

Es mag kurz erwähnt sein, daß auch Versuche gemacht[1]) worden sind, eine Beziehung zwischen der maximalen Oberflächengeschwindigkeit und der mittleren Profilgeschwindigkeit aufzustellen, daß sie bisher aber zu annehmbaren Ergebnissen nicht geführt haben. Ihre Anwendung würde auch nur beschränkt sein, denn gerade in den Fällen, in denen man — z. B. wieder auf Forschungsreisen — von einer solchen Relation auch wieder gerne Gebrauch machen würde, wird man schwerlich in die Lage kommen, mit Sicherheit behaupten zu können, man habe wirklich die maximale Oberflächengeschwindigkeit beobachtet.

§ 9.

Die im vorhergehenden angegebene Methode der Feststellung der Wassermenge aus Messungen in einem Profil, welche durch $Q = \Sigma f v_m$ charakterisiert ist, führt einfach und zuverlässig zum Ziel. Es kann aber Q auch ermittelt werden aus einer graphischen Darstellung, die die Verteilung der Einzelgeschwindigkeiten im Profil illustriert. Man markiert zunächst in einem Plane des Profils auf

[1]) So z. B. durch v. Wagner a. a. O.

jeder Vertikalen die Punkte, in denen gemessen wurde, und schreibt dann an jeden Meßpunkt die in ihm erhaltene Geschwindigkeit. Verbindet man dann alle Punkte gleicher Geschwindigkeitszahlen durch stetige Kurven (Linien gleicher Geschwindigkeit oder Isotachen), so erhält man eine Darstellung nach dem Schema der folgenden Figur, welche einen Auszug aus einer Isotachen-Darstellung aus der großen Wolgamessung bei Dubowka bildet, für die im ganzen 98 solcher Konstruktionen entworfen wurden. Die Zahlen an den Kurven geben die Geschwindigkeit in Hundertstel Saschen an; die Kurven sind also annähernd im Intervall von 10 cm gezeichnet (0,01 S = 2,13 cm).

Nehmen wir nun an, die die kleinste in runder Zahl ausdrückbare Geschwindigkeit im Profil sei $v = \delta$ (also etwa 10 cm). Dann soll die dieser Geschwindigkeit entsprechende Isotache die erste heißen; dann entspricht, wenn die Isotachen im Intervall δ gezeichnet werden, die zweite Isotache der Geschwindigkeit 2δ, allgemein die i^{te} Isotache der Geschwindigkeit $i\delta$. Sie sei kurz als J_i und die Fläche zwischen J_{i-1} und J_i mit F_{i-1} bezeichnet. Die Zahl der Isotachen sei n. Dann setzt sich die Profilfläche so zusammen

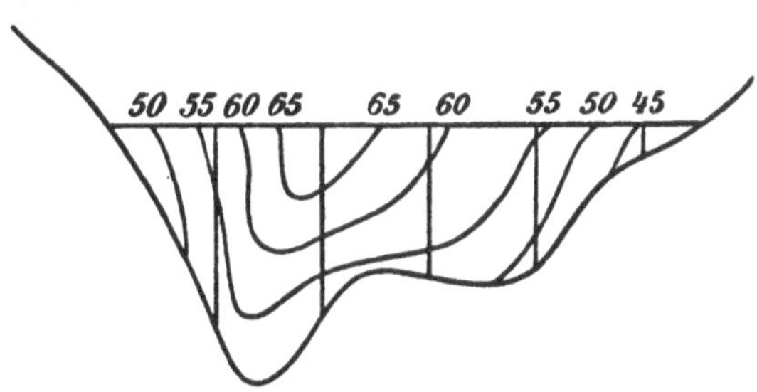

Fig. 16. Isotachen.

$$F = F_0 + F_1 + F_2 + \ldots F_{n-1} + F_n,$$

wo nun F_n die Fläche bedeutet, welche zwischen J_n und dem Wasserspiegel liegt und F_0 die Fläche ist, welche von J_1 und den Wänden und der Sohle des Bettes, also von J_1 und dem „benetzten Umfang" des Profils begrenzt wird. In der Fläche F_{i-1} nehmen wir als mittlere Geschwindigkeit das Mittel aus den den Grenz-Isotachen entsprechenden Geschwindigkeiten an, also

$$\frac{1}{2}(i\delta + \overline{i-1}\delta) = (i-1)\delta + \frac{1}{2}\delta;$$

durch diese Fläche fließt dann in der Sekunde die Menge $(i-1)\delta F_{i-1} + \frac{1}{2}\delta F_{i-1}$. Für die Fläche F_0 wird $\frac{1}{2}\delta$ als mittlere Geschwindigkeit angenommen, entsprechend einer Wassermenge von

$\frac{1}{2}\delta F_0 = \frac{1}{2}\delta(F - \sum_1^n F_i)$. Ist endlich V die mittlere Oberflächengeschwindigkeit in dem Teil der Oberfläche, der zwischen den Schnittpunkten von J_n mit dem Wasserspiegel liegt, dann ist $\frac{1}{2}(V + n\delta)$ die mittlere Geschwindigkeit in der Fläche F_n, was man auch so schreiben kann

$$\frac{1}{2}(V + n\delta) = \frac{1}{2}(V - n\delta) + n\delta = d + n\delta,$$

die entsprechende Wassermenge ist $F_n d + n\delta F_n$.

Damit wird nun die Wassermenge des Profils

$$Q = F_n d + \delta(nF_n + \overline{n-1}F_{n-1} + \ldots + 2F_2 + F_1) + \frac{1}{2}\delta\sum_1^{n-1} F_i + \frac{1}{2}\delta(F - \sum_1^n F_i)$$

oder

$$Q = F_n d + \delta\sum_1^n iF_i + \frac{1}{2}\delta(F - F_n).$$

Die sämtlichen Flächen F, die hier vorkommen, sind mit dem Planimeter zu bestimmen. Die hier gegebene Formel ist die bequemste zur Auswertung eines Isotachen-Diagramms. Sollte übrigens in einem speziellen Fall die kleinste gemessene Geschwindigkeit, für die sich eine Isotache zeichnen läßt, zu groß sein, um ihre Maßzahl als Intervallgröße δ rätlich erscheinen zu lassen, so bezeichne man die niedrigste Isotache mit $v_a + \delta$. Dann ist der Fläche F_0 die Geschwindigkeit $\frac{1}{2}(v_a + \delta)$, der Fläche F_{i-1} die Geschwindigkeit $v_a + (i-1)\delta + \frac{\delta}{2}$ und endlich der Fläche F_n die Geschwindigkeit $\frac{1}{2}v_a + d + n\delta$ zuzuordnen. Man erhält dann

$$Q = v_a\left(\frac{1}{2}F_0 + F_1 + \ldots + F_{n-1} + \frac{1}{2}F_n\right) + F_n d + \delta\sum_1^n F_i + \frac{1}{2}\delta(F - F_n),$$

das ist aber dieselbe Formel wie vorhin, zu der noch das durch die erste Reihe gegebene Glied hinzutritt. Dieses ist aber, wie man sofort sieht, nichts anderes als die Wassermenge Q_a, welche bei der in sämtlichen Punkten des Profils gleichen Geschwindigkeit v_a dieses durchströmen würde, also $Q_a = Fv_a$ wird dabei unmittelbar gewonnen, so daß die wirkliche Bearbeitung und Berechnung nicht anders und nicht größer wird als vorhin.

Eine größere Genauigkeit als die Berechnung aus den Teilflächen der Vertikalen bietet die Isotachenformel nicht. Wenn man mit der kleinsten gemessenen Geschwindigkeit nicht weit genug heruntergehen konnte, ist die mittlere Geschwindigkeit $\frac{1}{2}(v_a + \delta)$, die für die Fläche F_0 angenommen wird, sogar etwas zu hoch, so daß Q dann durch die Isotachenformel etwas größer als sein wahrer Wert erhalten werden muß.

Das Isotachendiagramm kann endlich so ausgenutzt werden, daß die Bestimmung der Wassermenge ganz ohne Rechnung erfolgt. Der Gedankengang, auf dem sich dieses graphische Verfahren aufbaut, entspricht so vollkommen dem, das bei der Darstellung der Dauerkurve befolgt wurde, daß wir uns jetzt mit kurzen Definitionen begnügen dürfen[1]).

Man konstruiere eine Kurve, indem man den Abszissen

$$F_0,\ F_0 + F_1,\ F_0 + F_1 + F_2,\ \ldots\ldots,\ F_0 + F_1 + \ldots + F_i,\ \ldots.$$

die Ordinaten $v_a + \delta$, $v_a + 2\delta$, $v_a + 3\delta$, ..., $v_a + (i-1)\delta$, ... zuordnet, und endlich der Abszisse $\sum_0^n F_i$ die vorhin bezeichnete Oberflächengeschwindigkeit als Ordinate entsprechen läßt. Die so gezeichnete Kurve, ihre Erdordinate und das Abszissenstück ΣF_i ($i = 0, \ldots, n$) umschließen eine Fläche, deren Inhalt die Wassermenge Q ist. Es entspricht der vorhin gemachten Annahme, wenn man die Kurve — die man als tacheographische bezeichnen kann — durch den Anfangspunkt der Koordinaten gehen läßt, wodurch also die erste Endordinate Null wird. Die Basis der Kurve ist, wie man bemerkt, F, die Profilfläche.

§ 10.

Obwohl hier gar nicht auf die technischen Einzelheiten der Ausführung einer Wassermengenmessung eingegangen worden ist, geht aus dem Gesagten doch schon deutlich hervor, daß eine solche Messung eine äußerst umständliche und viel Zeit erfordernde Untersuchung ist. Wenn schon bei einem so kleinen Profil wie dem der Emme bei Rüderswiel, wo der Wasserspiegel nur eine Breite von knapp 7 m hat, die Aufnahme von neun Vertikalen nötig war, so läßt sich denken, daß bei einem Strome die Zahl der Vertikalen eine sehr hohe sein muß.

[1]) Wir werden es noch öfter mit Kurven der im Texte definierten Art zu tun haben. Ich habe sie allgemein behandelt in meinem Aufsatz „Morphometrische Elemente" in Bd. X der Zeitschrift für Gewässerkunde. (Vgl. Bd. IV, Kap. 3 u. 4.)

Dann ist aber zu beachten, daß die Ströme mehr und mehr zu wichtigen Straßen des Verkehrs geworden sind, die nicht allzu häufig die Hemmungen bzw. völligen Behinderungen ertragen, welche die ungestörte Durchführung einer Wassermessung bedingen. Es kommen also zu den inneren Schwierigkeiten auch noch solche von außen hinzu, welche es erklären, daß mit Recht geklagt werden darf über vielfach unzureichende Kenntnis der Wassermengen unserer Flüsse.

So hätten denn Technik und Hydrographie ein gleich hohes Interesse daran, wenn es der hydrodynamischen Theorie gelänge, eine Formel zu finden, welche es gestattete, aus den leicht zu erlangenden geometrischen Daten über ein Profil und über die Gefälle des Stromes die Geschwindigkeit und damit die Wassermenge rein rechnerisch zu bestimmen. Auf hydrodynamische Betrachtungen, die, wenn sie nur andeutend bleiben und nicht in die Tiefe des Problems eindringen, ohne Wert sind, ist hier nicht einzugehen[1]). Nur einige wichtige Ergebnisse sollen kurz berührt werden.

Schon im 18. Jahrhundert ist von dem Ostfriesen Brahms eine Geschwindigkeitsformel aufgestellt worden, die nachmals namentlich durch Chézy und Eytelwein angewandt wurde und deshalb meist mit deren Namen verbunden wird. Sie gibt die mittlere Profilgeschwindigkeit bei gleichförmiger Bewegung und hat die zunächst sehr einfach erscheinende Form

$$v = \varkappa \sqrt{R J}.$$

Hier ist J das Gefälle, dessen genaue Bestimmung in der Natur mit sehr großen Schwierigkeiten verbunden ist; R ist der „hydraulische Radius", definiert durch

$$R = F : p,$$

wo p den benetzten Umfang des Profils bedeutet (Linie abcd der Fig. 15, S. 98). Den Faktor $\varkappa$ hatte man ursprünglich für eine Konstante angesehen, sich aber bald überzeugen müssen, daß er im Gegenteil sehr variabel ist. Er ist abhängig von den Reibungswiderständen, welche das Wasser bei seiner Bewegung im Flußbett findet. Diese Widerstände sind ihrerseits Funktionen der Dimensionen des Profils und des Gefälles, für welche verschiedene Formen aufgestellt worden sind, die einfachsten und klarsten von Boussinesq. Aber — und dies

[1]) Es sei in dieser Beziehung auf die Zeitschrift für Gewässerkunde verwiesen, in welcher die Fragen der Bewegung des Wassers in Flüssen und Kanälen dauernd bearbeitet werden. Namentlich aber sei auf ein neueres Werk aufmerksam gemacht, welches das Verdienst hat, zum ersten Male in Deutschland die von dem genialen Franzosen Boussinesq aufgestellten Theorien eingehend darzustellen: Ekdahl, Über die Bewegung des Wassers in Kanälen und natürlichen Wasserläufen, Leipzig, Engelmann 1912.

ist der Punkt, von dem aus die unerfreuliche Situation der Wissenschaft in der ganzen Frage resultiert — alle diese Formen enthalten Koeffizienten, die nicht durch die Theorie, sondern lediglich empirisch zu bestimmen sind. Sie werden als Rauhigkeitskoeffizienten bezeichnet, und sind eine unwillkommene Erscheinung in der Hydrodynamik und Hydrographie, denn tatsächlich kennen wir die Gesetze ihrer Variation nicht, und vor allem: sie sind noch nicht physikalisch greifbar definiert, woraus jenes freilich folgt.

Mehrere der für $\varkappa$ gegebenen Darstellungen lassen sich in der Form ausdrücken

$$\varkappa = \frac{C\sqrt{R}}{w + \sqrt{R}},$$

wo nun C eine reine Zahl, w aber einen Rauhigkeitskoeffizienten, eine Widerstandszahl bedeutet. So hatte der Berner Ingenieur Kutter zuerst (1869) gesetzt

$$\varkappa = \frac{100\sqrt{R}}{w + \sqrt{R}},$$

wobei w variieren kann von 0,13 (für glatt gehobelte Holzwände) bis 2,40 „und mehr" (Gewässer mit Geschieben). In die gleiche Form gehört Bazins Formel von 1898

$$\varkappa = \frac{87}{1 + \frac{\gamma}{\sqrt{R}}},$$

wo nun γ variieren soll von 0,06 für sehr glatte Wände bis 1,73 für Wasserläufe von einer „résistance exceptionelle".

Schon bald nach Kutters ursprünglicher Formel wurde die unter dem Namen der Ganguillet-Kutterschen bekannt gewordene veröffentlicht, die nun eine ganz komplizierte Gestalt aufweist. Setzt man

$$\varkappa' = 23 + \frac{0.00155}{J},$$

so ist die Formel

$$\varkappa = \frac{\varkappa' + \frac{1}{n}}{1 + \varkappa' \cdot \frac{n}{\sqrt{R}}}.$$

Sie läßt sich auch auf die alte Grundform bringen und ist dann

$$\varkappa = \frac{1}{n} \cdot \frac{(\varkappa' n + 1)\sqrt{R}}{\varkappa' n + \sqrt{R}}.$$

Diese wenig glückliche Gestaltung der Formel ist bedingt worden durch den Wunsch der Autoren, mit einer Formel sowohl den Verhältnissen eines kleinen Baches wie denen eines Riesenstromes zu genügen, wie denn auch ausdrücklich die Messungen von Humphreys und Abbot am Mississippi und seinen Nebenflüssen, die damals als klassisch galten, unter den Grundlagen für die Herleitung der Formel erwähnt werden. Der Rauhigkeitskoeffizient n soll, selbst wenn nur Flüsse und Ströme in Betracht gezogen werden, variieren von 0,02 bis 0,06, ohne daß es aber möglich wäre, n sei es nun graphisch oder numerisch — von einem arithmetischen Ausdruck ganz abgesehen — als eine stetige Funktion irgend eines anderen für die Wasserführung charakteristischen Elementes, das meßbar und selber stetig variabel ist, darzustellen. Es ist dieses n eine durchaus unstetig und vielfach in gar nicht vorherzusehender Weise sich ändernde Größe, wie jede längere, auf verschiedene Wasserstände bezogene Wassermengenmessung erkennen läßt. Dazu kommt, daß eine kleine Änderung von n schon in starker Vergrößerung in die entsprechende Änderung von $\varkappa$ eingeht, wie der Differentialquotient

$$\frac{d\varkappa}{dn} = \frac{\varkappa'\varkappa(\sqrt{R}-1)}{\varkappa' n + \sqrt{R}} - \frac{\varkappa}{n}$$

erkennen läßt. Die Ganguillet-Kuttersche Formel ist für die Hydrographie ohne Bedeutung. Für gewisse technische Zwecke, wenn es sich um kleinere künstliche Kanäle handelt, bei denen man durch sorgfältige Anlage und Überwachung in der Lage ist, einen einmal gegebenen Zustand des Bettes dauernd aufrecht zu erhalten, erweist sie sich brauchbar und wird, da ausführliche Tabellen — eben für kleine Kanäle — nach ihr berechnet sind, von den Technikern auch vielfach angewendet. In diesem Falle hat man die Rauhigkeitsverhältnisse gewissermaßen in der Hand, und kann, wenn einmal n durch eine ausgeführte Wassermessung und Berechnung aus der Formel bestimmt ist, unter den gemachten Voraussetzungen unbedenklich weiter rechnen. Aber wo diese Voraussetzungen nicht erfüllt sind, hört die Brauchbarkeit der Formel auch völlig auf und ihre Verwendung kann nur zu großen Verlegenheiten führen. Das ist aber der Fall bei den Flüssen[1]). (Vgl. hierzu Huber über das Hochwasser von 1897 in der Lausitzer Neiße, Österr. Monatsschrift f. d. Oeff., Baudienst 1898.)

[1]) Die Formel hat auch noch die sehr bedenkliche Eigentümlichkeit, daß $\varkappa$, welches im allgemeinen auch eine Funktion von J ist, für einen und nur für einen Wert von R diese Eigenschaft verliert; nämlich für R = 1. Es erübrigt sich, hier näher darauf einzugehen, da die Formel nur der historischen Vollständigkeit halber zu besprechen war. (Vgl. Zeitschrift für Gewässerkunde 1898.)

In neuerer Zeit sind nun viele Versuche gemacht worden, Formeln für die Berechnung von v aufzustellen, bei denen eine Vermeidung der Mißstände, welche diejenigen von Kutter und Bazin aufweisen, angestrebt wurde.

Das Gemeinsame an diesen Bestrebungen ist, daß sie zunächst die wählbaren Koeffizienten n usw. ausschalten, denen gegenüber man mit Recht die Empfindung hat, der der Leiter des k. k. Hydrographischen Zentralbureaus, Siedek, Ausdruck gegeben, daß man durch sie die Ergebnisse erreichen könne, die man wünscht. Für solche Gebilde ist tatsächlich in der Wissenschaft kein Raum.

Die erste der in Betracht kommenden Formeln hat ein junger, sehr früh verstorbener, schwedischer Ingenieur L. Heßle in der Zeitschr. f. Gewässerkunde aufgestellt; sie lautet, für natürliche Gewässer,

$$v = 25(1 + 0{,}5\sqrt{R})\sqrt{RJ}.$$

Hier ist noch die Größe R benutzt, die — sofern man von den Differentialgleichungen der Hydrodynamik ausgeht — auch nicht zu vermeiden ist.

Da aber eine endgültige, exakte Integration dieser Gleichungen zurzeit nicht durchführbar ist, so ist es zu billigen, wenn die später folgenden Autoren an Stelle von R die anschaulichere mittlere Tiefe T einführen, die man früher (nach Hagen) bei großen Strömen schon als Annäherungswert für R in die Formel substituiert hatte[1]). Es sollen hier nicht alle neuen Formeln aufgeführt werden, sondern nur diejenigen, die auf annehmbaren physikalischen und mathematischen Überlegungen aufgebaut sind. In erster Linie sind da die Formeln von Hermanek zu erwähnen[2]). Er geht von der Grundform

$$v = \varkappa\sqrt{tJ}$$

aus. Seine Formeln lauten für natürliche Gewässer:

Für Tiefen $t < 1{,}5$ m: $\varkappa = 30{,}7\sqrt{t}$

" " $1{,}5 \leq t \leq 6{,}0$ m: $\varkappa = 34\sqrt[4]{t}$

" " $t > 6{,}0$ m: $\varkappa = 50{,}2 + \frac{1}{2}t.$

Hatte dieser Autor schon den richtigen Schritt getan, die durch die Natur gebotenen Schwierigkeiten durch Zerlegung des Darstellungsbereiches zu überwinden, so ist nachher Lindboe noch er-

---

1) Ist nämlich die Breite B des Flusses sehr groß gegen seine Tiefe t, und das Profil annähernd rechteckig, dann ist $p = B + 2t \sim B$ und $F = Bt$, woraus nun $R \sim t$ folgt.

2) Zeitschr. des Österr. Ingen.- und Architekt.-Ver. 1905, Nr. 16.

heblich weiter gegangen[1]). Er gibt, indem er, wie dies schon Hermanek getan hatte, auch den Einfluß der Breite b auf die Geschwindigkeit erkennt und anerkennt, seiner Formel die Grundgestalt

$$v = \varkappa f\left(\frac{t}{b}\right) \cdot t^m J^n.$$

Seine sehr eingehenden Untersuchungen führen ihn dann dazu, den Darstellungsbereich zu teilen in zwei Kategorien nach dem Gefälle, zwei nach dem Verhältnis t:b und drei nach der Tiefe. So ergibt sich das folgende Tableau von 12 Einzelformeln:

	$J > 0{,}0006$	
	$\frac{t}{b} > 0{,}028$	$0{,}028 < \frac{t}{b} < 0{,}1$
$t < 1{,}12$ m	$23{,}37\left(0{,}822 - \frac{t}{b}\right) t^{0,9}\, J^{0,42}$	$8{,}19\left(2{,}293 - \frac{t}{b}\right) t^{0,9}\, J^{0,42}$
$1{,}12 < t < 3{,}65$ m	$24{,}11\left(0{,}822 - \frac{t}{b}\right) t^{0,63} J^{0,42}$	$8{,}45\left(2{,}293 - \frac{t}{b}\right) t^{0,63} J^{0,42}$
$t > 3{,}65$ m	$27{,}45\left(0{,}822 - \frac{t}{b}\right) t^{0,53} J^{0,42}$	$9{,}62\left(2{,}293 - \frac{t}{b}\right) t^{0,53} J^{0,42}$

	$0{,}0006 < J < 0{,}005$	
	$\frac{t}{b} > 0{,}028$	$0{,}028 < \frac{t}{b} < 0{,}1$
$t < 1{,}12$ m	$33{,}86\left(0{,}822 - \frac{t}{b}\right) t^{0,9}\, J^{0,47}$	$11{,}86\left(2{,}293 - \frac{t}{b}\right) t^{0,9}\, J^{0,47}$
$1{,}12 < t < 3{,}65$ m	$34{,}94\left(0{,}822 - \frac{t}{b}\right) t^{0,63} J^{0,47}$	$12{,}24\left(2{,}293 - \frac{t}{b}\right) t^{0,63} J^{0,47}$
$t > 3{,}65$ m	$39{,}77\left(0{,}822 - \frac{t}{b}\right) t^{0,53} J^{0,47}$	$13{,}94\left(2{,}293 - \frac{t}{b}\right) t^{0,53} J^{0,47}$
	Gültigkeitsgrenzen der Formel:	Kleinste Breite . . $b = 10$ m Größtes Gefälle . . $J = 0{,}005$ Größtes Verhältnis $\frac{t}{b} = 0{,}1$

Es war sehr erwünscht, daß nach diesen mit großer Umsicht hergeleiteten, den Beobachtungen sich gut anschließenden Formeln Tafeln berechnet wurden, die eine rasche Anwendung gestatteten.

[1]) Dresdener Doktor-Dissertation 1910 und Zeitschrift für Gewässerkunde, Bd. IX.

Sie finden sich in dem während des Druckes dieses Bandes erschienenem Buch des schwedischen Oberstleutnants Eckdahl über die Bewegung des Wassers (Leipzig, Engelmann).

Ebenfalls auf einer tiefer gehenden Untersuchung beruht die Formel, welche Professor Matakiewicz-Lemberg[1]) aufgestellt hat:

$$v_m = 115{,}94 J^{0{,}493 + 10J} \cdot \frac{T}{2{,}2 + T^{\frac{2}{3}} + \frac{0{,}15}{T^2}}$$

deren schwierige Form aber einer allgemeineren Benutzung im Wege stehen wird.

Schon vor den eben erwähnten Untersuchungen war aber eine grundlegende Arbeit von Siedek erschienen, deren Ergebnisse dauernden und allgemeinen Wert haben, und die für einige der vorhin erwähnten Arbeiten bereits die Richtung gegeben hatten[2]).

Siedeks Grundgedanke ist im wesentlichen folgender. Nach einer an Hand eines außerordentlich umfassenden Beobachtungsmaterials durchgeführten Voruntersuchung über die Gestaltung des Koeffizienten c in der von ihm zugrunde gelegten Darstellung $v = c B^2 t \sqrt{J}$ (B = Breite, t = Tiefe) betrachtet er ein normales oder ideales Gewässer, das er dahin definiert, daß seine Wassermenge stetig zunimmt und das sich zufolge des vorhandenen Gefälles in einem entsprechend elastischen Material sein Bett, den Naturgesetzen folgend, in vollkommen regelmäßiger Weise ausbildet. In diesem „normalen“ wird nun nach dem Beispiel der natürlichen Gewässer Breite und Tiefe stetig wachsen, das Gefälle stetig abnehmen, und es wird sich ergeben, daß bei einer bestimmten Breite eine ganz bestimmte Tiefe und ein ganz bestimmtes Gefälle auftreten. Mit anderen Worten, Siedek stellt den richtigen Gedanken auf, der auch aus den ersten Kapiteln dieses Buches sich ergibt, daß in dem idealen Falle Tiefe und Gefälle als Funktion der Breite sich darstellen lassen. Ausdrücke für diese Funktionen müssen von der Beobachtung solcher Flußstrecken und Profile gewonnen werden, für die ideale Verhältnisse möglichst annähernd bestehen. Siedek ist auf diesem Weg zu folgendem Ausdruck gelangt, wo die Indizes n auf „normale“ Werte hinweisen sollen:

$$t_n = \sqrt{0{,}0175 B - 0{,}0125}$$

$$J_n = 0{,}0010222 - 0{,}00000222 B,$$

[1]) Zeitschrift f. Gewässerkunde, Bd. X.

[2]) R. Siedek, Studien über eine neue Formel zur Ermittlung der Geschwindigkeit des Wassers in Flüssen und Strömen. Wien 1901.

die sich aber in einer für die Rechnung bequemeren Form so schreiben:

$$t_n = 0{,}05\sqrt{7B - 5}$$

$$J_n = 0{,}001 - 0{,}00000222(B - 10).$$

Als untere Grenze von B gilt 10 Meter.

Für die normale Gestaltung des Profils findet Siedek nun die mittlere Geschwindigkeit

$$v' = \frac{t_n\sqrt{J_n}}{\sqrt{0{,}001}\sqrt[20]{B}}$$

In der Wirklichkeit werden aber, bei gegebener Breite, die beobachteten Werte der mittleren Tiefe t und des Gefälles J von den normalen t_n, J_n abweichen. Es müssen also dann zu dem Grundwerte v′ noch Korrektionsglieder hinzutreten, die zunächst von den Abweichungen $t - t_n$ und $J - J_n$ abhängig sind. Siedek hat sie in die Form gebracht:

1. Korrektion wegen Tiefe und Gefälle

$$\frac{t - t_n}{\alpha} + \frac{J - J_n}{\beta(J + J_n)}$$

wo α und $\beta > 1$ sind. Diese Glieder treten additiv zu v′. Es war aber noch eine Korrektion zu berücksichtigen, wie sich im Laufe der Untersuchung zeigte. Sie stammt vom Einfluß der Masse her und läßt sich auf innere Reibung zurückführen, die der Bewegung einen Widerstand bietet und mit Zunahme der Masse wächst. Die Masse aber wächst mit t und ebenso mit der Geschwindigkeit. Es war daher diese Korrektion proportional $t - t_n$ und auch v′ zu setzen. Sie lautet dann

2. Korrektion wegen der Masse

$$-v'\frac{t - t_n}{\gamma}, \quad \gamma > 1.$$

Die Koeffizienten α, β, γ können aus Tabellen eindeutig entnommen werden. Als Siedek seine Untersuchungen fortsetzte, um sie auch auf kleine Wasserläufe (Bäche, künstliche Gerinne) auszudehnen[1]), fand er, daß, wenn $B < 15t$ war, noch eine subtraktive Korrektion nötig wurde. Der Grund liegt offenbar darin, daß in diesem Falle die Wandungen, also die Profilform, eine verzögernde Einwirkung ausüben. Für diesen Fall ist also

3. Korrektion wegen der Profilform

$$-\frac{t - t_n}{\sqrt{B}}.$$

[1]) Siedek, Studie über eine neue Formel zur Ermittlung der Geschwindigkeit des Wassers in Bächen und künstlichen Gerinnen. Wien 1903.

Die vollständige Formel von Siedek lautet somit:

$$v = \frac{t_n \sqrt{J_n}}{\sqrt[20]{0{,}001 \sqrt{B}}} \left(1 - \frac{t - t_n}{\gamma}\right) + \frac{t - t_n}{\alpha} + \frac{J - J_n}{\beta (J + J_n)} - \frac{t - t_n}{\sqrt{B}}.$$

Für Wasserläufe der letzten Art wird nun auch $B < 10$ werden. Dann ist $J_n = 0{,}0116 - (0{,}0000582 - 0{,}00000552\, B)^{\frac{1}{2}}$ zu setzen, während im übrigen die Formel für v ihre Gültigkeit behält.

Werte von α, β und γ.

Bei einer Tiefe t, wenn $t > t_n$, oder t_n, wenn $t_n > t$ ist	α	Bei einem Gefälle J von	β $J > J_n$	β $J < J_n$	Bei der Differenz $t_n - t$	γ $J > J_n$ / $J > J_n < 0{,}001$	γ $J < J_n < 0{,}001$
von 0,0 bis 0,3 m	1	0,006 bis 0,005	5,5	.			
„ 0,3 „ 0,5 „	1,5	0,005 „ 0,004	4.5	.			
„ 0,5 „ 1,0 „	2	0,004 „ 0,003	3,5	5			
„ 1,0 „ 1,5 „	3	0,003 „ 0,002	2,5	5	+1,0 bis +0,7 m	2	1
„ 1,5 „ 2,0 „	4	0,002 „ 0,001	1,5	5	+0,7 „ +0,5 „	2	0,75
„ 2,0 „ 2,5 „	6	0,001 „ 0,0009	1	5	+0,5 „ +0,0 „	1	0,5
„ 2,5 „ 3,0 „	10	0,0009 „ 0,0008	1,5	5	—0,0 „ —1,0 „	10	10
„ 3,0 „ 3,5 „	15	0,0008 „ 0,0007	2,0	5	—1,0 „ —2,0 „	15	15
„ 3,5 „ 4,0 „	20	0,0007 „ 0,0006	2,5	5	über —2,0 „	20	20
„ 4,0 „ 4,5 „	30	0,0006 „ 0,0005	3,5	10			
„ 4,5 „ 5,0 „	40	0,0005 „ 0,0004	4,5	∞			
„ 5,0 „ 5,5 „	60	0,0004 „ 0,0003	6	∞			
„ 5,5 „ 6,0 „	80	0,0003 „ 0,0002	8	∞			
„ 6,0 „ 6,5 „	100	0,0002 „ 0,0001	10	∞			
über 6,5 m	∞	unter 0,0001	∞	∞			

Die Formel von Siedek ist ein sehr wertvolles Ergebnis der neueren hydrographischen Arbeit. Ich habe mit ihr noch keinen Mißerfolg gehabt, indem ich sie an zahlreichen Beobachtungen prüfte, die nach dem Erscheinen von Siedeks Studien publiziert worden wird, d. h. ich habe die Fehler in den Grenzen ±3% gefunden. Das ist aber eine Genauigkeit, die sich bei der Bestimmung der mittleren Profilgeschwindigkeit aus Beobachtungen durchaus nicht immer innehalten läßt. So erscheint die Formel als guter Helfer in allen den Fällen, in denen Beobachtungen überhaupt nicht bekannt sind, und sie ist auch mit Nutzen zu verwenden zur Ergänzung unvollständiger Beobachtungsreihen in einem sonst gut bekannten Profil.

§ 11.

Nach dem Dargelegten wird man nun in der Lage sein, durch Messung, die eventuell durch sorgfältige Interpolation zu ergänzen ist, die Geschwindigkeit in einem Profil und damit auch die Wassermenge, welche dasselbe in der Sekunde durchströmt, für eine Reihe von Lagen des Wasserspiegels zu bestimmen. Nach früherem ist dann $Q = Fv$, und die Profilfläche F können wir, wenn nun t weiter die mittlere Tiefe ist, durch Bt ausdrücken.

Es ist dann

$$Q = f(t)$$

eine Funktion dieser mittleren Tiefe, da auch v eine solche ist. Nun kann bei größeren Flüssen bis zum bordvollen Zustand des Profils genau gesetzt werden

$$dt = dh,$$

über diese Grenze hinaus und bei kleinen Flüssen, deren Bettquerschnitt von einem Rechteck erheblich abweicht

$$dt = \lambda dh,$$

wo λ genau oder sehr angenähert eine Konstante ist. Es ist also immer

$$t = \lambda(h + \tau),$$

wo τ wieder eine Konstante ist. Man hat demnach auch als **Wassermengenkurve**

$$Q = f(h).$$

Den Grundcharakter dieser Funktion $Q = f(h)$ oder kurz $Q(h)$ bestimmt die physikalische Überlegung, daß es nicht zwei Wasserstände h und h' geben kann, so daß gleichzeitig

$$h' > h, \quad Q(h') < Q(h)$$

wäre, mit anderen Worten: es ist $Q(h)$ eine Funktion, die mit wachsendem h nur wächst. Es ist aber weiter klar, daß es nicht in allen Fällen möglich sein wird, für das gesamte Intervall der Wasserstände mit einer einzigen Darstellung $Q = f(h)$ auszukommen. Wenn z. B. von einem Werte $h = h_1$ an breite Vorländer überströmt werden, dann tritt eine unstetige Änderung der Breite B, also auch der Form des „nassen" Profils und damit der Größe F, des einen Faktors von Q ein. Auch der Koeffizient λ wird sich dann ändern. Das hat eine Änderung der Form der Funktion $f(h)$ zur Folge, ohne aber ihren Charakter, wie er oben definiert wurde, zu ändern.

Was nun die arithmetische Form von $f(h)$ angeht, so konnte man, solange man an der Darstellung der Geschwindigkeit in der Form $v = k\sqrt{RJ}$ oder indem man lediglich als Annäherung $R = t$ setzte, $v = k\sqrt{tJ}$, festhielt, so vorgehen. Es wurde dann

$$Q = bt \cdot k\sqrt{tJ} = at^{\frac{3}{2}} = a(h+\tau)^{\frac{3}{2}}$$

und man konnte sich überzeugen, daß der an sich ja variable Koeffizient

$$a = bk\sqrt{J}$$

sich mit wechselndem h doch nur sehr langsam änderte. Er durfte also, wieder nur in Annäherung, als Konstante betrachtet werden. Dann waren in

$$Q = a(h+\tau)^{\frac{3}{2}} \qquad 1)$$

die beiden Konstanten a, τ zu bestimmen, was, wenn eine Reihe zusammengehöriger Beobachtungen h, Q gegeben ist, mit der Methode der kleinsten Quadrate keine Mühe macht, nachdem die Gleichung auf logarithmische Form gebracht worden ist. Ich habe mit dieser Form der Wassermengenkurve sehr gute Erfahrungen gemacht: der mittlere Fehler der Darstellung hat sich stets innerhalb $\pm 3\%$, wie er nach früherem mindestens als erwünscht, besser notwendig zu erachten ist, gehabt[1]).

Als nun aber die neuen Geschwindigkeitsformeln auftraten, konnte diese Form der Kurve $Q = f(h)$ nicht mehr den Anspruch erheben, daß sie sich möglichst eng an Ergebnisse der Theorie anschließe, vielmehr hätte nur die Form

$$Q = a(h+\tau)^{n} \qquad 2)$$

diesen Anspruch erheben können, wo nun aber drei zu bestimmende Konstanten, a, τ, n, auftreten, und zwar in solcher Verbindung, daß die Methode der kleinsten Quadrate nicht ohne weiteres anwendbar ist. Es muß vielmehr vorgängig τ aus dem Profilplan auf Grund einer Reihe von Wasserständen zu bestimmen versucht werden. Erst dann ist durch Logarithmierung wieder eine lineare Form von Bedingungsgleichungen zu erlangen, auf welche die erwähnte Methode angewandt werden kann. Die weitere Entwicklung der Forschung über v, insbesondere die Siedeksche Formel, hatte aber gezeigt, daß man in hinreichendem Kontakt mit der Theorie bleibt, wenn

$$Q = \alpha + \beta h + \gamma h^2$$

1) Vgl. z. B. meine Untersuchung über die Wassermenge der Wolga bei Samara, Zeitschr. f. Gewässerkunde, Bd. III, S. 292 ff.

gesetzt wird[1]), wo nun die Bestimmung der Koeffizienten durch die Ausgleichungsrechnung ganz einfach ist. Man wird die Gleichung aber meist nicht in dieser rohen Form lassen, in der sie „nichts als Formel" ist, sondern sie so transformieren, daß sie gleich physikalisch etwas zum Ausdruck bringt. Es sei h_0 das Jahresmittel des Wasserstandes in dem Messungsprofil. Dann bringen wir unsere Gleichung in diese Form

$$Q = a + b(h - h_0) + c(h - h_0)^2 \qquad 3)$$

wo

$$a = \alpha + \beta h_0 + \gamma h_0^2, \quad b = 2\beta + \gamma h_0, \quad c = \gamma.$$

Das konstante Glied ist jetzt also die bei Mittelwasser abgeführte Wassermenge $Q(h_0)$, und die Summe der beiden anderen Glieder stellt die Abweichung irgendeiner Wassermenge $Q(h)$ von der des Mittelwassers dar.

Die Form 3, welche in den ausgezeichneten Veröffentlichungen des k. k. Hydrographischen Centralbureaus in Wien benutzt wird, ist nun außerordentlich bequem, wenn es sich um den Hauptzweck handelt, für den sie abgeleitet wird, die tabellarische Darstellung der Wassermengenkurve. Es ist

$$Q(h + \delta) - Q(h) = (b + 2ch)\delta + c\delta^2$$

$$Q(h + 2\delta) - Q(h + \delta) = (b + 2ch)\delta + 3c\delta^2,$$

d. h. legen wir die Tabelle so an, daß ihr Argument der nach konstantem Intervall δ fortschreitende Wasserstand h ist, so bilden die zugehörigen $Q(h)$ eine Zahlenreihe mit der konstanten zweiten Differenz $2c\delta^2$. Die Tabelle sieht also so aus:

$h - \delta$	$Q(h - \delta)$		
		d_{-1}	
h	$Q(h)$		$2c\delta^2$
		d_1	
$h + \delta$	$Q(h + \delta)$		$2c\delta^2$
		d_2	
$h + 2\delta$	$Q(h + 2\delta)$		

Hat man sich dieses allgemeine Bild ein für alle Male gemacht, so hat man in jedem praktischen Einzelfall bei der „Berechnung" der Tabelle so gut wie nichts zu rechnen. Man wird als ersten Wert des Wasserstandes $h = 0$ nehmen. Die Wassermenge $Q(0)$ hat man bei der Vorbereitungs-

[1]) Auch die aus Gleichung 1 (S. 115) folgende Reihe kann wegen ihrer guten Konvergenz mit dem Gliede in h^2 abgebrochen werden.

rechnung als Koeffizienten α bereits erhalten. Dann hat man nur zu rechnen d_1, welches hier (für $h=0$) wird

$$d_1 = b\delta + c\delta^2$$

und nun wird

$$d_2 = d_1 + 2c\delta^2$$
$$d_3 = d_2 + 2c\delta^2 \text{ usw.}$$
$$d_{-1} = d_1 - 2c\delta^2$$
$$d_{-2} = d_{-1} - 2c\delta^2 \text{ usw.}$$

Das ist aber eine sehr rasch und völlig mühelos zu erledigende Arbeit, die man sich in praxi noch weiter erleichtern wird, indem man die Wasserstände in Zentimetern ausdrückt und das Intervall $\delta = 10$ cm nimmt. Zur Kontrolle wird man in größeren Intervallen, etwa für die ganzen Meter des Wasserstandes oder auch nur für die geraden Meter, die Wassermenge auch direkt nach Formel 3 rechnen. Hat man $\delta = 10$ gesetzt, so kann die Interpolation für ein beliebiges h, da c immer sehr klein ist, mit hinreichender Genauigkeit sich auf die Verwendung lediglich der ersten Differenz beschränken.

Als Beispiel diene die auf Grund der neuesten Messungen entworfene Wassermengenkurve des Neckar zu Heilbronn, die für das Jahrzehnt 1901—1910 gilt, für welche Periode das Mittelwasser $h_0 = 90$ cm ist.

$$q = 68{,}0 + 0{,}742\,(h-90) + 0{,}0013\,(h-90)^2.$$

Die konstante zweite Differenz einer Tabelle mit dem Intervall ah = 10 ist also 0,26; die Kurve schließt sich den Beobachtungen mit einem Fehler von ±0,3% an.

Neckar zu Heilbronn 1901—1910.

h	q(h)	Differenz	h	q(h)	Differenz
0	11,75	5,21	100	75,55	7,81
10	16,96	5,47	110	83,36	8,07
20	22,43	5,73	120	91,43	8,33
30	28,16	5,99	130	99,76	8,59
40	34,15	6,25	140	108,35	8,85
50	40,40	6,51	150	117,20	9,11
60	46,91	6,77	160	126,31	9,37
70	53,68	7,03	170	135,68	9,63
80	60,71	7,29	180	145,31	9,89
90	68,00	7,55	190	155,20	10,15
100	75,55		200	165,35	

§ 12.

Die Wassermengen Q, von denen bisher die Rede war, sind sekundliche. Wenn nun angenommen wird, daß die Wasserstandsablesung eines Tages dem Mittel aller einzelnen Wasserstände dieses

Tages entspricht, dann erhalten wir die tägliche Abflußmenge zu 86400 Q Kubikmeter. So fließen im Neckar bei Heilbronn, wenn $h = 0$ ist, 1015200 cbm und für $h = 90$ cm (Mittelwasser) 5875200 cbm pro Tag ab. Man kürzt diese großen Zahlen wohl so ab, daß man 1,52 Millionen cbm/Tag und 5,88 Mill. cbm/Tag angibt. Das ist auch, wenn man eben nur an den *Tagesmengen* interessiert ist, ausreichend genau; die Rückrechnung auf Sekundenmengen gibt diese, wie man sofort sieht, nur mit einem Fehler von $\pm \frac{1}{9}$ cbm.

Man wird aber auch die gesamten Abflußmengen größerer Zeiträume anzugeben haben. Handelt es sich um das Jahr, so kann man so verfahren, wenn das Summierungszeichen Σ auf die 365 Tage des Jahres bezogen wird. Es ist dann die gesamte Jahresmenge

$$Q_a = 86400\,\Sigma(a + b\,\overline{h-h_0} + c\,\overline{h-h_0}^2)$$

$$Q_a = 86400 \cdot 365 \cdot q(h_0) + 86400\,c\,\Sigma(h-h_0)^2,$$

da $\Sigma(h-h_0) = 0$ wird, weil h_0 das Jahresmittel des Wasserstandes ist, welches durch diese Bedingung definiert wird. Es ist dann ferner

$$\frac{Q_a}{86400 \cdot 365} = q_a$$

die mittlere sekundliche Wassermenge oder kurz die mittlere Wassermenge. Und es gilt nun

$$q_a = q(h_0) + \frac{c}{365}\,\Sigma(h-h_0)^2.$$

Da nun nach Früherem stets

$$c > o$$

ist, so haben wir:

Die mittlere Wassermenge des Jahres ist stets größer als die dem Jahresmittel der Wasserstände, dem Mittelwasser, entsprechende Wassermenge. Es ist also wohl zu unterscheiden zwischen mittlerer Wassermenge und Mittelwassermenge.

Die Gleichung 4) würde nun gestatten, die Jahresmenge zu berechnen, ohne daß man die einzelnen Tagesmengen kennt. Es ist nur die Frage, ob das in Wirklichkeit praktisch, d. h. Zeit und Mühe sparend ist. Man hat zu dem Zwecke zunächst eine Zusammenstellung der $h-h_0$ zu machen, eine an sich geringe Arbeit, die aber immerhin Zeit erfordert; dann ist die Tabelle der $(h-h_0)^2$ mit Hilfe einer Quadrattafel herzustellen und endlich die Addition auszuführen.

Da ist es unter allen Umständen einfacher und erspart erheblich Zeit, wenn man in der doch auf alle Fälle schon vorhandenen Beobachtungstabelle der Wasserstände neben jedes h sofort das zugehörige q einträgt, wie sie aus einer zweckmäßig angelegten tabellarischen Darstellung der Wassermengenkurve (vgl. oben S. 117) sofort und mühelos zu entnehmen sind. Man hat dann nur noch die Addition, die man zweckmäßig zunächst nach Dekaden vornimmt.

Wenn ich dieses Verfahren nicht nur empfehle, sondern als das allein richtige bezeichne, so sind dafür nicht nur die praktischen Überlegungen, die den Ausgangspunkt bildeten, maßgebend. Ein weit höheres Gewicht als jenen zuletzt doch nur formalen Dingen lege ich dem Umstande bei, daß man auf dem angegebenen Wege sich gleich die Unterlagen schafft für einen richtigen Einblick in den wahren Abflußvorgang. Aus dem Beispiel über den Neckar kann man sich numerisch überzeugen, wie die Wassermenge weit schneller wächst als der Wasserstand, was ja freilich die Formel schon sagt. Aber mit dieser Wahrnehmung erkennt man, daß auch das sorgfältigste auf die Tagesbeobachtungen zurückgehende Einzelstudium der Wasserstände nur ein unzulängliches Bild von den wahren Variationen der Wasserführung, d. h. vom Abflußvorgang, zu geben vermag. Und es kommt noch hinzu, daß man ja vielfach das Profil, in dem die Wasserstandsbeobachtungen angestellt werden, nicht oder nur unzureichend kennt, wodurch der rein zahlenmäßige Charakter der Wasserstandsdaten noch schärfer ausgedrückt wird, während die Anschauung der Wirklichkeit ganz zurücktritt. Wenn man von einem Profil, dessen Gestaltung und Ausmaß man nicht kennt, feststellt, daß der Wasserstand sich um ein gewisses Maß Δh innerhalb gegebener Zeit, sagen wir 24 Stunden, geändert hat, so hat man damit noch kein wirklich physikalisches und mit Änderungen in anderen Profilen vergleichbares Bild. Wenn man aber daneben angeben kann, daß in dieser Zeit die Wassermenge sich um das n-fache ihres Anfangswertes geändert hat, so ist damit allerdings eine physikalische Einsicht gewonnen, ein Ergebnis, das mit entsprechenden von anderen Profilen — mögen sie den gleichen oder verschiedenen Flüssen angehören — unmittelbar vergleichbar ist.

Es ist nur zu wiederholen, was schon früher gesagt wurde: wenn wir unsere Flüsse wirklich kennen lernen wollen, muß dafür gesorgt werden, daß die Kenntnis der Wassermengen noch ganz bedeutend gegen den jetzigen Stand erweitert wird; es muß aber auch dafür gesorgt werden, daß diese Kenntnis *ausgiebig* verwertet wird, und man sich nicht nur auf Feststellung einiger ausgezeichneter Zahlen — Mittelwerte, Extreme — beschränkt.

So ist es eine unbedingte Notwendigkeit, daß den Zusammenstellungen täglicher Beobachtungen des Wasserstandes solche über die tägliche Abflußmenge zur Seite treten. Das geschieht zurzeit erst in den Vereinigten Staaten (schon seit langem in den Publikationen der Geological Survey, Annual Report, Part IV Hydrography) und (seit 1905) in Frankreich[1]). Wir werden im nächsten Kapitel sehen, daß wichtige Fragen ohne ein eingehendes Studium der täglichen Abflußmenge und ihrer Variationen gar nicht einmal exakt formuliert, geschweige denn erörtert werden können.

§ 13.

Es ist im vorigen Paragraphen ein rechnendes Verfahren zur Bestimmung der jährlichen Wassermenge dargelegt worden, um in

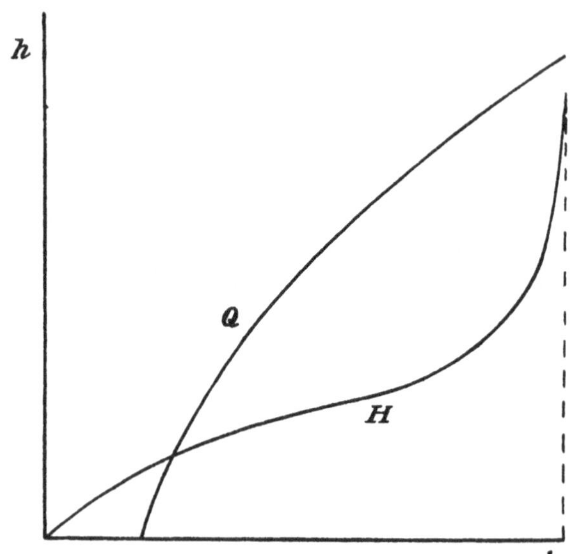

Fig. 17. Zur geometrischen Ermittelung der Abflußmengen.

der Entwicklung gleich die Unterlage für eingehendere hydrographische Unterlagen gewinnen zu können.

Handelt es sich aber um rein praktische Zwecke, so kann ein graphisches Verfahren Platz greifen, bei dem freilich nur um den Preis eines Opfers an Genauigkeit ein wenig Zeit erspart werden kann. Man zeichnet für das gegebene Jahr die Dauerkurve H in

[1]) Service d'Etudes des Grandes Forces Hydrauliques (Région des Alpes und seit 1912 auch Région du Sud-Ouest). Diese glänzenden Publikationen umfassen bis jetzt die Flüsse der französischen Alpen, der Provence, die Garonne und Adour.

bekannter Weise (Abszisse=Zeit, Ordinate=Wasserstand), wobei der Nullpunkt der h durch das Niedrigwasser des Jahres h_{min} gegeben ist. Über der h-achse als Abszissenachse konstruiert man dann die Wassermengenkurve Q. Man erkennt, wie durch die Vermittelung beider Kurven nun auch jeder Abszisse t eine Ordinate Q zugeordnet, d. h. die Dauerkurve der Wassermengen konstruiert werden kann. Durch die Planimetrierung der Fläche zwischen dieser Kurve, der Basis t und der Endordinate Q_{max} erhält man die gesamte Jahresmenge Q_a und damit auch q_a.

In der theoretischen Überlegung ist dieses Verfahren völlig einwandfrei. Bei der praktischen Anwendung ist man aber zunächst von den für t und Q gewählten Maßstäben abhängig. Der zweckmäßigste Maßstab wäre:

Wasserstand	1 cm = 20 cm Natur,
Wassermenge....	1 cm = 20 cbm/sec Natur,
Dauer	1 cm = 20 Tage.

Dann können die Einheiten noch genau abgelesen werden. Aber das läßt sich nur bei kleineren wasserarmen Flüssen durchführen. Der Inn ist, was sein 26000 qkm umfassendes Einzugsgebiet angeht, auch noch kein großer Fluß, aber er ist sehr wasserreich. Seine Wasserstandsschwankung bei Passau ist etwas größer als 9 m, der Unterschied zwischen größter und kleinster Wassermenge rund 6000 cbm/sec. Wollten wir hier mit den vorhin bezeichneten Maßstäben arbeiten, so würde die Endordinate der Dauerkurve der h schon 45 cm, die der Dauerkurve der q aber 300 cm groß werden. Um das Bild übersichtlich zu halten, muß man hier schon nehmen

für h: 1 cm = 50 cm Natur,
für q: 1 cm = 250 cbm/sec Natur.

Hier können also nur noch $\Delta h = 2{,}5$ cm und $\Delta q = 12{,}5$ cbm/sec genau abgelesen werden. Der Ablesungsgenauigkeit der h entspricht auf Grund der Wassermengenkurve eine solche Δq_h der q von rund 10 cbm/sec, sofern man über den Mittelwasserbereich nicht hinausgeht. Die resultierende Genauigkeit E einer Ordinate der Dauerkurve der Wassermenge wird also noch geringer, und zwar nur rund 16 cbm/sec[1]). Das bedeutet aber, daß die Abflußmenge eines Tages so nur auf 1,4 Millionen Kubikmeter genau bestimmt wird. Das ist für manche Frage der augenblicklichen Orientierung in der Praxis irrelevant, für wissenschaftliche Arbeit aber jedenfalls nicht. Es kommt übrigens noch eine dritte Fehlerquelle für das graphische Verfahren in Betracht, die sich indessen nur schwer numerisch ab-

1) Nämlich $E = \sqrt{\Delta q^2 + \Delta q_h^2} = \sqrt{100 + 155}$.

schätzen läßt. Es hängt nämlich ganz von der Willkür ab, wie viele Punkte zur Konstruktion der Dauermenge der q der einzelne für genügend hält. Von der Anzahl dieser Punkte wird aber ersichtlich die Exaktheit dieser Kurve, der letzten Grundlage für die Ermittelung von Q_a bei dem graphischen Verfahren in sehr wesentlichem Maße bestimmt.

Ist diese Methode also nur bei kleinen Wasserläufen mit geringer Schwankung hinreichend genau, so muß noch beachtet werden, daß bei ihrer Verwendung zu wissenschaftlichen Zwecken, wo es auch auf die Abflußmenge der einzelnen Monate ankommt, die reine Zeichenarbeit sich verzwölffachen würde.

Bei dieser Sachlage ist es mit besonderem Danke zu begrüßen, daß eine der bedeutsamsten hydrographischen Publikationen, welche die neueste Zeit gebracht hat, neben sorgfältig ausgeführten graphischen Darstellungen auch wohl erwogen und zweckmäßig angelegte tabellarische Darstellungen der Wassermengenkurve gibt[1]).

§ 14.

In alle Bemühungen, die Wassermenge und ihre Variationen im Laufe der Zeit exakt zu erfassen, wird nun durch die Natur der Flüsse selber eine große Schwierigkeit hineingetragen. Wir wissen aus dem ersten Kapitel, daß der Fluß nichts Fertiges, sondern immer ein Werdendes, in der Entwicklung begriffenes ist. Und eine Folge dieser Entwicklung ist es, daß für kein Profil a priori dessen Unveränderlichkeit vorausgesetzt werden kann, es liege denn der ideale Fall eines geschiebelosen in ein reines Felsenbett eingeschnittenen Flusses vor. Wir haben auch in theoretischer Darstellung der Entwicklung eines Flusses und seines Systems gesehen, daß die Theorie ein Stadium fordert, in dem tatsächlich die Profile sich nicht mehr ändern, bei der vollen Reife, wo das Einschneiden des Flusses mit dem jeweils von ihm zur Ablagerung kommende Material sich ausgleicht. Aber die Flüsse, mit denen wir es zu tun haben, haben diese Reife noch nicht erlangt; sie weisen alle noch Strecken auf, in denen entweder die Erosion oder die Ablagerung von Geschieben vorwiegt; und sie sind noch so jung, daß auch in kurzen Zeitspannen erhebliche Schwankungen der Intensität dieser beiden Tätigkeiten des fließenden Wassers vorkommen können.

---

[1]) Kgl. Bayer. Hydrotechnisches Bureau. Wasserführung und Wasserstands-Verhältnisse der bayerischen Gewässer, dargestellt durch Wassermengenkurven und Wasserstandsdauerlinien. Bearbeitet vom Kgl. Bauamtsassessor Jos. Fischer. München 1913.

Sehen wir von katastrophalen Vorgängen ab, für deren Erörterung allgemeine Regeln sich nicht aufstellen lassen, so wird sich die Variabilität der Profile in Änderungen der Tiefe kennzeichnen, die in einer bestimmten Zeitspanne in einer Richtung fortschreiten, in ihren Einzelbeträgen meist klein sind und erst durch Summierung merkbar werden. Die mit ihnen verbundenen Änderungen der Breite sind aber so gering, daß sie auch nach Ablauf größerer Intervalle (Jahrzehnt) als kleine Größen behandelt werden dürfen. Daraus folgt, daß die Fundamentalgrößen t_n, J_n in Siedeks Formel durch Tiefenänderungen Δt der in Betracht gezogenen Art keine merkbaren Variationen erleiden, daß also v' ungeändert bleibt, eine Änderung von v allerdings in Abhängigkeit von den Gliedern eintritt, die das Element $t-t_n$ enthalten. Wegen der großen Koeffizienten α, β, γ wird diese Änderung aber gering bleiben, solange Δt es ist. Anders ist es aber mit dem Faktor F der Wassermenge. Durch die Tiefenänderung wird die allgemeine Form und Ausmaß der Profilfläche geändert. Nehmen wir an, es finde ein Einschneiden des Flusses statt, so ist das eine Vermehrung der Tiefe, und es möge die mittlere Tiefe um Δt in dem Intervall z_2-z_1 zwischen zwei Zeitpunkten z_1 und z_2 gewachsen sein. Dann haben wir folgende beide Reihen zusammengehöriger Größen:

$$z_1,\ h,\ t,\qquad F,\qquad Q$$
$$z_2,\ h,\ t+\Delta t,\ F+\Delta F,\ Q+\Delta Q,$$

wenn in beiden Fällen mit h dieselbe Pegelablesung bezeichnet wird. Die Wassermenge Q fließt im Zeitpunkte z_2 bei einer niedrigeren Pegelablesung ab als zur Zeit z_1. Die Wasserstände haben sich infolge der Vertiefung des Profils gesenkt. Der Betrag der Senkung ist im allgemeinen $\Delta h=\lambda\Delta t$, und es besteht auch folgende Korrespondenz:

$$z_1,\ Q,\ h$$
$$z_2,\ Q,\ h-\Delta h.$$

Die für den Zeitpunkt z_1 abgeleitete Gleichung

$$Q=a+b(h-h_0)+c(h-h_0)^2$$

verliert also für z_2 ihre Gültigkeit. Liegen nun aber ausreichende und öfter wiederholte Aufnahmen des Profils aus der Zeit z_2-z_1 vor, so wird man aus ihnen die Kenntnis von Δh erlangen und gleichzeitig auch beurteilen können, ob mit der Formänderung auch erhebliche Änderungen ΔF der Größe von F verbunden sind. Ist das nicht der Fall, so kann man eine erste Annäherung an die im neuen Zustand bestehende Beziehung zwischen

Wassermenge und Wasserstand dadurch erlangen, daß man die Abszissenachse (h=achse) um den Betrag Δh nach unten verschiebt.

Durch eine solche Transformation würden sich nur a und b ändern, aber man braucht sie nicht neu zu berechnen, sondern wird beachten, daß ein und derselben Menge Q im neuen Zustande der Wasserstand h', im alten — für den die Gleichung ermittelt wurde — aber $h = h' + \Delta h$ entspricht. Man entgeht allen Irrtümern, wenn man in der Tabelle, die Q als Funktion von h gibt, links vor der Spalte h noch eine Spalte mit den korrespondierenden Werten h' anbringt[1]).

Es wird aber nützlich sein, die Zulässigkeit dieser *Näherung* durch die Siedeksche Formel in einer Reihe von Fällen zu prüfen, was ja leicht möglich ist, wenn die Voraussetzung des Vorliegens von neueren Profilaufnahmen erfüllt ist. Auch die Kontrolle durch Schwimmermessungen empfiehlt sich. Sollten diese beiden Wege der Prüfung freilich zeigen, daß die Näherung eine ungenügende ist, dann ist durch die Senkung der bisherige Zusammenhang zwischen Q und h völlig verloren, und es bedarf neuer Wassermengenmessungen.

---

[1]) Man wird, sofern im einzelnen Fall diese Näherung zulässig ist, zu beachten haben, daß h_0 in der Gleichung für Q für den neuen Zustand des Profils natürlich *nicht mehr Mittelwasser* ist.

V. Kapitel

Die Wasserführung der Flüsse.

II. Die Erscheinungen.

§ 1.

Die Wasserführung der Flüsse ist in erster Linie eine Funktion der klimatischen Verhältnisse des Einzugsgebietes, sie ist abhängig von Menge und Art der Niederschläge, die ihrerseits wieder, insbesondere sofern sie zuerst als Schneedecke und dann als aus dieser resultierendes Schmelzwasser auftreten können, von den Temperaturverhältnissen mitbedingt werden. Aber diese letzteren werden noch weiterhin, indem sie, allerdings in Verbindung mit dem Feuchtigkeitszustand der Luft und dem Maße der Luftbewegung, die Verdunstung beherrschen, bedeutungsvoll für die Wasserführung. Schon durch Vermittlung der klimatischen werden die orographischen Verhältnisse des Einzugsgebietes mitbestimmend auf die Wasserführung; denn Menge und Art der Niederschläge werden durch sie beeinflußt, und die Temperatur ist von der Meereshöhe abhängig nicht nur in bezug auf ihre absolute Höhe, sondern auch in bezug auf die Gestaltung ihrer täglichen und jährlichen Änderung. Neben diese mittelbare Einwirkung der Orographie tritt noch eine unmittelbare, insofern die Wassermenge von dem Gefälle abhängig ist. Die Bedeutung der Morphologie, bei niederer und mittlerer Wasserführung vielfach gänzlich verdeckt durch die anderen Faktoren, wird in besonderen Stadien, Hochwasserbildung, sehr deutlich hervortreten können. Die geologischen Verhältnisse bestimmen die Wasserführung direkt, indem von ihnen die Gestaltung des Flußbettes, sowie der Grad der Durchlässigkeit des Flußgebietes bedingt wird. Sie sind ja aber auch als Grundlage von Morphologie und Orographie schon in diesen als mitbestimmende Momente enthalten. Von der Gesamtheit aller aufgezählten Faktoren wird endlich die Vegetationsdecke des Flußgebietes bestimmt, die in einigen ihrer Formen von wesentlichem Einfluß auf die Wasserführung werden kann.

Über eine so komplexe Erscheinung wird man nun offenbar mit einem einzigen Instrument nicht Herr werden. Wir sind aber, wie im vorigen Kapitel gesagt wurde, leider doch in der großen Mehrzahl aller Fälle tatsächlich nur auf ein solches beschränkt, den Wasserstand. Und auch dieser ist nur mit fortwährender aufmerksamer Kritik zu verwenden, denn er bringt ja nun noch ein störendes Element, den Profileinfluß, in unsere Darstellung herein, ohne daß wir imstande wären, aus den Zahlen selber, d. h. ohne Zuhilfenahme von Untersuchungen mit anderen Mitteln, diesen Einfluß einwandfrei festzustellen (vgl. voriges Kapitel). Aber, sofern man annehmen kann, daß solche „Profilstörungen" in einem gegebenen Zeitraum nicht stattgefunden haben, lassen sich mit Hilfe der Wasserstände doch statistische Übersichten geben, welche für eine ganze Reihe wirtschaftlicher Fragen einen unmittelbaren Wert haben und die für die eigentliche wissenschaftliche Forschung in sehr nützlicher Weise wegweisend werden können. Allerdings erscheint es zur Erreichung beider Zwecke erforderlich, nicht nur die Höhe, sondern gleichzeitig

Rhein. 1900 bis 1910.

	H_{min}	h_{min}	η_1	h_0	η_2	h_{max}	H_{max}	T_1	T_2	T_3
	cm	cm	cm	cm	cm	cm	cm	Tage	Tage	Tage
Mannheim ..	154	188,6	275,4	362,2	507,4	652,5	758	92,3	240,5	32,4
Mainz	—34	—4,7	58,8	122,3	226,3	330,3	393	90,1	243,4	31,7
Biebrich.....	39	69,1	132,2	195,2	293,4	391,5	455	87,8	246,7	30,7
Bingen	63	83,6	140,4	197,2	292,2	387,2	441	81,9	251,7	30,6
Bacharach ...	127	149,8	209,6	269,5	381,8	474,1	568	87,4	249,9	27,9
Coblenz	94	120,0	185,7	251,4	390,0	528,7	620	83,1	255,3	26,8
Linz	68	102,3	193,8	285,4	458,4	631,4	728	81,2	254,7	29,3
Cöln	48	76,0	165,3	254,6	426,4	598,2	674	80,7	254,8	29,7
Düsseldorf ..	22	56,7	143,4	230,5	394,2	558,0	632	79,3	255,2	30,7
Ruhrort	—48	2,8	98,7	194,6	383,8	571,3	647	80,5	255,6	29,1
Wesel	—87	—38,2	63,5	165,2	352,8	560,4	616	79,3	252,3	33,6
Emmerich ...	— 8	23,5	123,1	222,7	394,7	566,7	625	76,5	254,5	34,2

Weser. 1901 bis 1910.

	H_{min}	h_{min}	η_1	h_0	η_2	h_{max}	H_{max}	T_1	T_2	T_3
	cm	cm	cm	cm	cm	cm	cm	Tage	Tage	Tage
Münden	—131	—115,7	— 63,4	—11,0	164,1	339,4	549	132,6	216,4	16,2
Karlshafen ..	— 66	— 39,3	12,2	63,8	229,8	395,9	608	118,9	228,0	18,3
Höxter	— 10	5,3	51,2	97,1	265,0	432,9	586	128,5	220,4	16,1
Rinteln	— 80	— 47,9	1,7	53,4	221,8	390,1	502	127,8	217,6	19,8
Minden	— 60	— 36,7	15,9	68,4	219,1	369,7	523	129,3	211,0	24,9
Nienburg....	— 62	— 41,3	22,8	87,0	271,2	455,4	542	133,1	202,8	29,3
Hoya	— 91	— 46,8	20,2	87,1	273,9	460,7	566	126,9	210,3	28,0
Baden	— 96	— 68,5	1,9	72,2	222,9	373,5	441	124,7	195,0	45,5
Dreye	—207	—168,9	—101,8	—34,6	115,3	265,2	371	121,0	199,9	44,3

Elbe. 1901 bis 1910.

	H_{min}	h_{min}	η_1	h_0	η_2	h_{max}	H_{max}	T_1	T_2	T_3
	cm	cm	cm	cm	cm	cm	cm	Tage	Tage	Tage
Schandau ...	—232	—189,8	—134,3	—78,8	68,3	205,4	307	116,6	220,8	27,8
Dresden	—232	—191,8	—143,4	—95,0	36,0	167,1	257	119,8	218,5	26,9
Strehla	—202	—157,4	—106,0	—54,6	78,0	210,5	296	117,0	218,9	29,3
Torgau	— 60	— 17,1	47,2	111,5	257,3	403,2	486	114,5	226,3	34,4
Wittenberg ..	3	67,0	128,9	190,7	295,2	399,7	426	105,9	217,4	51,9
Roßlau	— 46	12,1	74,4	136,8	264,8	392,9	434	116,2	206,8	42,2
Barby	— 36	28,2	97,9	167,5	296,0	424,4	475	111,0	207,7	46,5
Magdeburg .	— 13	45,9	98,2	1511,5	260,2	369,8	428	105,8	219,7	39,7
Hämerten ...	— 56	0,1	66,2	132,2	250,8	369,5	440	103,4	212,7	49,1
Lenzen	— 14	62,6	130,7	198,8	311,8	424,4	500	103,0	211,7	51,2
Artlenburg ..	— 62	9,0	71,2	133,3	230,8	328,2	397	103,9	207,3	54,0

Oder 1901—1910.

	H_{min}	h_{min}	η_1	h_0	η_2	h_{max}	H_{max}	T_1	T_2	T_3
	cm	cm	cm	cm	cm	cm	cm	Tage	Tage	Tage
Ratibor	46	79,1	129,0	179,0	400,2	620,3	737	122,9	230,4	11,9
Koppen	48	105,7	167,4	229,2	367,4	115,5	610	107,3	229,7	28,2
Aufhalt	67	129,5	190,9	252,3	402,6	553,0	715	97,7	245,7	21,8
Glogau	13	61,3	116,8	172,2	303,4	634,5	157	100,3	239,2	25,7
Krossen	— 2	53,4	104,4	155,3	262,8	370,3	469	98,9	235,1	31,2
Pollenzig ...	— 9	43,3	94,0	144,8	246,2	367,1	454	99,6	235,9	29,7
Frankfurt ...	4	64,0	113,5	163,0	265,2	367,5	475	105,2	230,3	28,7
Hohensaathen	138	206,8	267,2	327,7	426,4	525,0	660	95,2	220,4	49,6

auch die Dauer der Wasserstände zu betrachten, indem man sich dabei der früher gekennzeichneten Einteilung des gesamten Jahresspielraumes in die drei Bereiche des NW, MW und HW bedient. Als ein Beispiel für Ermittlungen dieser Art sind die vorstehenden Tabellen gegeben, welche die Verhältnisse am Rhein, Weser, Elbe und Oder darstellen. Die Bezeichnungen sind die im Kapitel IV (S. 82 und S. 86) eingeführten. Solche Feststellungen haben für die Städte bei baulichen und bei Entwässerungsfragen, für die Schiffahrt und für die Landwirtschaft (nämlich sofern es sich um Fragen der Beeinflussung des Grundwasserstandes in den an den Fluß angrenzenden Ländereien handelt) gleichmäßig Interesse[1]). Da der Pegelnullpunkt an das allgemeine Landesnivellement angeschlossen ist, so kann ja jede Ebene, deren Abstand vom Wasserspiegel aus irgend

[1]) Für spezielle Ausführungen siehe Band III u. IV und meine „Vergleichenden Untersuchungen über die Wasserführung der deutschen Ströme und Flüsse" in der Zeitschr. für Gewässerkunde, Bd. XI ff.

einem Grunde wichtig ist, auch auf Pegelnull bezogen werden, so daß man auf Grund jener Tabellen diesen Abstand in seinen Variationen sofort übersieht. Es wird nun aber auch meist erwünscht sein, diese Variationen in der jährlichen Periode zu kennen. Für die Anwendungen, von denen jetzt die Rede ist, wird man dieser Forderung am besten genügen, wenn man die jährliche Periode der Dauerzahlen darstellt. Man braucht dazu nicht etwa die Dauerkurven der einzelnen Monate zu ermitteln, sondern kommt schneller zum Ziel, wenn man für jeden Monat nur die Tage auszählt, an denen $h \leqq \eta_1$ und $h \geqq \eta_2$ ist. Man hat dann unmittelbar die Dauer T_1 und T_3 und also auch $T_2 = 365 - T_1 - T_3$. Für eine Reihe von Jahren sind die T-werte entsprechend zu ermitteln. Bei der Summation für das Jahr werden sich dann kleine Abweichungen gegen die durch Interpolation aus der Jahresdauerkurve erhaltenen Jahreswerte von T_1 usw. ergeben, die aber ohne Belang sind und stets kleiner als 1 Tag bleiben. Man ist eben auch vom Maßstab der Dauerkurve abhängig; konnte man ihn hinreichend groß wählen, so werden diese Abweichungen verschwinden (vgl. Kapitel IV, § 13). Ein Beispiel entnehme ich der erwähnten Abhandlung, indem ich mich dabei auf die Elbe beschränke.

Elbe 1901—1910.
Jährliche Periode. Dauer in Tagen.

	Dresden			Barby			Lenzen			Artlenburg		
	NW	MW	HW	NW	MW	HW	NW	MW	HW	NW	MW	HW
I.	11,1	13,8	2,1	7,6	16,3	7,1	3,2	19,3	8,5	2,2	18,6	10,2
II.	3,4	22,9	1,9	0,9	23,3	4,0	1,1	22,3	4,8	1,1	23,6	3,5
III.	3,0	19,4	8,6	1,6	17,7	11,7	0,4	18,0	12,6	1,3	15,3	14,4
IV.	0,1	22,8	7,1	—	17,2	12,8	—	14,3	15,7	—	14,2	15,8
V.	0,9	28,4	1,7	0,7	27,9	2,4	0,1	28,4	2,5	0,1	27,1	3,8
VI.	10 2	19,8	—	8,8	21,2	—	7,5	22,5	—	8,4	21,6	—
VII.	13,7	15,6	1,7	11,5	18,6	0,9	12,3	17,7	1,0	16,6	13,5	0,9
VIII.	18,8	12,2	—	19,7	11,3	—	18,5	12,5	—	18,6	12,4	—
IX.	21,5	6,5	2,5	21,5	6,7	1,8	20,5	8,8	0,7	20,6	8,8	0,6
X.	14,9	15,9	0,2	15,5	13,4	2,1	14,3	14,3	2,4	14,7	14,4	1,9
XI.	15,4	14,1	0,5	15,9	12,9	1,2	18,0	11,0	1,0	15,3	13,7	1,0
XII.	7,5	22,6	0,9	6,9	22,2	1,9	6,3	23,7	1,0	5,7	24,1	1,2
Jahr	120,5	218,5	26,7	110,6	208,7	45,9	102,2	212,8	51,2	104,6	207,3	53,3

Man erkennt, wie schon in dem kurzen zehnjährigen Zeitraum die Monate März und April sich deutlich als die der größten Wasserführung ausprägen, und wie ihre Bedeutung als „Hochwassermonate" flußabwärts wächst, wenn wir in das Tiefland eingetreten sind, wo sich, abgesehen von lokalen Störungen, die Gefällskurve mehr und mehr verflacht. Diese Tatsache in Verbindung mit jener, daß die einzelnen Fluten Zeit brauchen, um aus den oberen Strecken des Stroms in die unteren zu gelangen, ist der Grund, aus dem sich an den Pegeln Lenzen und Artlenburg so wesentlich längere HW-dauern als in Dresden ergeben. Anderseits zeigt die Tabelle, wie übereinstimmend am ganzen Strom die Niedrigwasserzeit im Juli bereits einzusetzen beginnt, im September am ausgeprägtesten ist und im November, unvermittelt gegen den Folgemonat, ihren Abschluß findet.

In der folgenden Tabelle sind, wieder unter Beschränkung auf die Elbe, die Mittelwasser der einzelnen Jahre zusammengestellt mit den Dauern der drei Abschnitte der Wasserführung. Die Tabelle

Elbe. 1901 bis 1910.

Jahr	Dresden				Barby				Lenzen				Artlenburg			
		Dauer des				Dauer des				Dauer des				Dauer des		
	h_0	NW	MW	HW	h_0	NW	MW	HW	h_0	NW	MW	HW	h_0	NW	MW	HW
1901	— 86	113	208	44	182	102	199	64	191	139	172	54	129	129	180	56
1902	— 90	88	271	6	179	100	221	44	206	103	217	45	143	94	220	51
1903	—114	143	211	11	133	161	186	18	165	158	188	19	111	144	190	31
1904	—113	160	193	13	128	154	194	18	152	146	204	16	92	142	198	26
1905	— 94	134	204	27	174	60	249	56	195	61	248	56	128	102	211	52
1906	— 78	53	275	37	208	44	265	56	242	42	257	68	170	45	256	64
1907	— 84	107	209	49	192	81	208	76	243	18	246	101	173	26	233	106
1908	—115	188	166	12	149	171	163	32	192	157	170	39	125	161	158	50
1909	—110	183	150	32	130	198	129	38	177	167	147	51	106	170	153	42
1910	— 66	36	293	36	200	35	273	57	225	31	281	53	156	33	277	55

wird die schon wiederholt gemachte Bemerkung illustrieren, daß Wasserstände allein, und insbesondere h_0, kein ausreichendes Charakteristikum für die Wasserführung bieten. Die Zusammenstellung zeigt eine ganze Reihe von Beispielen, in denen zwei Jahre mit gleichen, oder sehr nahe gleichen h_0 sehr große Abweichungen in der Ausdehnung der einzelnen Bereiche, d. h. sehr große Unterschiede in der Wasserführung aufweisen. Der Widerspruch zwischen Tatsachen und den sie darstellenden Zahlen (h_0) wird nun freilich sofort als ein scheinbarer erkannt, wenn die Dauerzahlen gegeben werden. Aber es wird so die Berechtigung und Notwendigkeit der Forderung klar, Darstellungen der hydrographischen Verhältnisse der Wasserstände stets durch Dauerzahlen zu ergänzen; eine Notwendigkeit, die um so größer ist, als ja doch in der Mehrzahl aller Fälle die Verwendung von Wassermengen nicht möglich ist.

§ 2.

Wenn man nun auch weit davon entfernt sein muß, Darstellungen der im § 1 besprochenen Art zu überschätzen, so darf doch auch nicht vergessen werden, daß sie tatsächlich eine wertvolle Grundlage bilden für die weitere Arbeit. Denn es sind ja die beiden η, auf denen die Einteilung in die drei Bereiche beruht, feste Werte für den Darstellungszeitraum. Und die Zeiten (Dauern), die in den vorstehenden Tabellen auftreten, sind so erlangt, daß für jedes einzelne Jahr (i) festgestellt wurde, welche Zeit $t^{(i)}$ diesem für alle Jahre gleichen η entspricht und daß der Tabellenwert hervorging aus

$$t = \frac{1}{10} \Sigma t^{(i)} \quad i = 1, \ldots, 10.$$

Darum ist man in der Lage, sofort, nachdem etwa ausreichende Wassermengenmessungen für den Darstellungszeitraum bekannt werden, jene Tabellen dadurch zu wirklichen Bildern der Wasserführung zu erweitern, daß man die η durch die entsprechenden q (η) ersetzt.

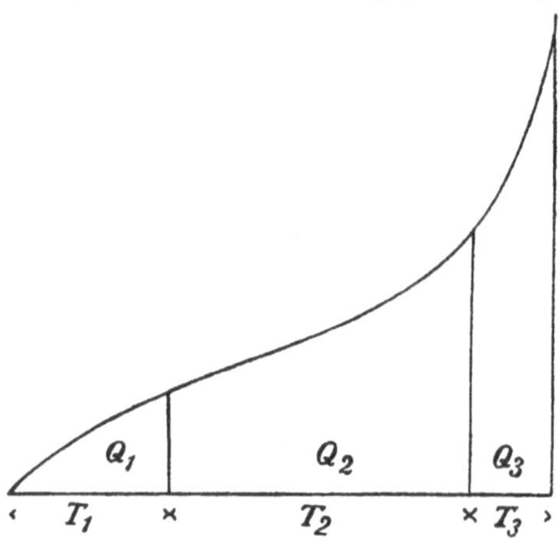

Fig. 18. Die Bereiche der Wasserführung.

Man hat dann zunächst eine deutliche Feststellung darüber, innerhalb welcher Grenzen sich die Wasserführung in den einzelnen Bereichen vollzieht, und kann durch Planimetrierung der einzelnen Abteilungen der Fläche der Dauerkurve der Mengen angeben, welche Teilbeträge der gesamten Jahresabflußmenge auf die einzelnen Bereiche entfallen. In der nebenstehenden, rein schematisch aufzufassenden Figur sind die drei Bereiche der Wasserführung abgegrenzt und die jährliche Gesamtmenge in Millionen Kubikmetern der Reihe nach mit Q_1 (NW), Q_2 (MW) und Q_2 (HW) bezeichnet. Es ist also die Jahresmenge

$$Q_a = Q_1 + Q_2 + Q_3$$

oder auch

$$365 q_a = T_1 q_1 + T_2 q_2 + T_3 q_3$$

wenn mit q die mittleren täglichen Mengen in 10^6 cbm bezeichnet werden. Es ist also

$$w_i = \vartheta_i q_i : q_a = Q_i : Q_a \quad (i = 1, 2, 3),$$

wenn $\vartheta_i = T_i : 365$ ist, und mit w_i der Anteil eines Bereiches an der jährlichen Wasserführung bezeichnet wird.

1896—1905	10^6 cbm/Tage				qkm	sl/qkm
	q_1	q_2	q_3	q_a	F	γ_a
Rhein, Mastrils	4,2	21,1	71,1	13,2	4262	35,9
„ Basel	44,5	100,7	180,6	91,4	34420	30,8
Donau, Vilshofen	29,8	58,8	120,0	54,4	47670	13,2
Inn, Schärding	32,7	76,6	149,0	63,2	25600	28,6
Etsch, Trient	7,0	24,3	78,6	22,4	9740	26,7
Elbe, Tetschen	12,3	33,4	105,0	27,8	51120	6,3

	Tage			Prozent		
	T_1	T_2	T_3	w_1	w_2	w_3
Mastrils	189	170	6	16	75	9
Basel	104	230	31	14	69	17
Vilshofen	102	242	21	15	72	13
Schärding	126	231	8	18	77	5
Trient	122	218	25	11	65	24
Tetschen	158	189	18	19	62	19

Die vorstehende Tabelle gibt eine kleine vergleichende Zusammenstellung nach diesen Gesichtspunkten, bezogen auf den Zeitraum 1896—1905. Sie läßt in den Kolonnen q_2, T_2, w_2 erkennen, wie die Elbe entschieden im Nachteil ist im Vergleich mit dem Rhein beim Eintritt in die sogenannte Oberrheinische Ebene und der Donau. Sie steht diesen und auch dem Inn überhaupt in der gesamten Wasserführung nach. Diese Abweichungen treten noch schroffer hervor, wenn wir statt der absoluten Wassermengen q den spezifischen Abfluß betrachten. Mit diesem Ausdruck oder auch als Wasserspende wird die von der Flächeneinheit, dem Quadratkilometer, für einen gegebenen Zustand der Wasserführung abfließende Menge bezeichnet. Sie ist hier in Spalte γ_a für die mittlere jährliche Wasserführung angegeben, und zwar um kleine Brüche zu vermeiden, in Litern pro Sekunde (sl). Es ist also

$$\gamma_a = q_a : F.$$

Dieses γ_a würde also dem entsprechen, was man den mittleren spezifischen Abfluß nennen könnte. Man würde ihm zur Seite zu stellen haben die drei Größen $\gamma_i = q_i : F (i = 1, 2, 3)$, die als spezifischer Abfluß der einzelnen Bereiche zu bezeichnen wären. Überall ist das freilich noch nicht möglich, da die erforderlichen Unterlagen noch nicht allgemein vorhanden sind. Man muß sich deshalb mit etwas weniger bestimmten Angaben begnügen, wie etwa, „spezifischer Abfluß bei NW“ wo unklar bleibt, ob mit NW nun h_{min} oder q_{min} oder auch, was häufig der Fall, irgend ein Wasserstand aus dem NW-Bereich gemeint ist. Aber solche Zahlen sind speziell für die mit praktischer Wasserwirtschaft Befaßten von großer Wichtigkeit, so daß es zu begrüßen ist, daß man mehr und mehr sich dahin neigt, als kleinsten spezifischen Abfluß den anzugeben, der an 10 Tagen im Jahre nicht oder nur eben erreicht wird. In Frankreich bezeichnet man diesen Grenzwert, ebenso wie das entsprechende q, als étiage. Ihm zur Seite tritt die „caractéristique moyenne" oder auch kurz „moyenne", d. h. Wassermenge bzw. spezifischer Abfluß, die ebenso oft unter-, wie überschritten werden, bestimmt also durch die Mittelordinate der Dauerkurve. Im Deutschen wird man diese Zahlen als Halbjahreswerte bezeichnen, wie es das Württembergische Amt für Gewässerkunde tut. Der früher üblich gewesene Ausdruck „Gewöhnlich Wasser" läßt sich nicht halten. Es gibt ja kein Stadium der Wasserführung, das so ungewöhnlich wäre, wie das Gewöhnliche Wasser. Für die Praxis ist es aber neben dem Zehntage-Wasser ein sehr beachtlicher Grenzwert, der besagt, auf welche Abflußmenge, sei sie nun als γ oder als q gegeben, für 180 Tage oder ein halbes Jahr mit Sicherheit wenigstens zu rechnen ist.

§ 3.

Der spezifische Abfluß, auf dessen Betrachtung die kurze Vergleichung des vorigen Paragraphen führte, ist in der Tat eine für die Praxis sehr wichtige Zahl, die indessen auch für die rein wissenschaftliche Untersuchung sich nutzbar machen läßt. Der Wert dieser Zahl liegt darin, daß sie einen einigermaßen begründeten Analogieschluß gestattet. Wenn für ein Gebiet F′ die Kenntnis der Wassermenge q′ gebraucht wird, ohne daß Messungen vorhanden oder ausführbar sind, dann wird man, sofern in einem benachbarten gleichartigen Gebiet F die Menge q bekannt ist, als Näherung annehmen

$$q' = \frac{q}{F} \cdot F' = \gamma \cdot F'$$

d. h. man wird den spezifischen Abfluß von F auf F′ übertragen. Man sieht, daß hier die Voraussetzung der Gleichartigkeit beider Gebiete das bestimmende Moment ist. Und die Ausführungen des § 1 dieses Kapitels weisen nun von neuem auf die Pflicht nicht nur der Wissenschaft, sondern vor allem der Staatsverwaltungen hin, für eine möglichst weitgehende Ausdehnung der Wassermengemessungen zu sorgen, damit in einer Zeit, wo das Wasser und die Wasserwirtschaft zu hoher Bedeutung für das gesamte wirtschaftliche Leben eines Volkes gelangt ist, der Praktiker nicht nur zu Analogien und Analogieschlüssen greifen muß, von denen er sehr gut weiß, daß sie schlecht begründet sind. Nicht umsonst ist oben gesagt, daß die Gebiete benachbart sein sollen, denn nur so ist man der klimatischen Gleichartigkeit einigermaßen sicher und kann sich, wenigstens häufig, auch auf die geologische verlassen, über die zudem die Landesaufnahmen in den meisten Ländern schon hinreichende Anhalte geben, sofern der Begriff „benachbart“ nur eng genug gefaßt wird. Bei gegensätzlichen Bedingungen der Morphologie und Bodenbedeckung wird man auf die Übertragung des spezifischen Abflusses von einem Gebiet auf das andere absehen müssen.

Der spezifische Abfluß ist übrigens nicht nur eine nach der Seite der Anwendung wichtige Zahl, er ist auch sehr geeignet, als Grundlage einer ersten orientierenden Untersuchung über die hydrographischen Verhältnisse eines Gebietes zu dienen, und zwar weil er die von einem der Faktoren, von denen sie abhängt, der Flächengröße, bereits befreite Wassermenge darstellt. Man wird bei zweckmäßigem Vorgehen auch andere Faktoren annähernd eliminieren. So wird in einem ausgesprochenen Dürrejahr der spezifische Abfluß bei Niedrigwasser den Einfluß des ganzen Komplexes, den wir unter der Bezeichnung Bodenverhältnisse (vgl. § 1) zusammenfassen wollen, nahezu rein erkennen lassen. Ein Beispiel mag durch eine Betrachtung des Maingebiets für das Jahr 1911 gegeben sein.

Kleinster spezifischer Abfluß im Maingebiet 1911.

	F (qkm)	γ_{min} (sl/qkm)
Roter Main, Hölzleinsmühle	262	4,9
Main, oberhalb der Itz	2 758	1,6
„ oberhalb der Regnitz	4 250	1,5
Pegnitz, Rückersdorf	984	6,5
Wiesent, Pretzfeld	814	6,1
Main, unterhalb der Regnitz	12 000	2,0
„ unterhalb der Tauber	20 606	1,8

Das Maingebiet ist oberhalb und unterhalb der Regnitz von mittlerer Durchlässigkeit, aber durch das rechtsseitige Zuflußgebiet der Regnitz erhält es die Flüsse des in sehr hohem Maße durchlässigen Fränkischen Jura, als deren Repräsentanten oben Pegnitz und Wiesent auftreten, die sehr hohe γ aufweisen. Und während oberhalb der Regnitz die γ des Mains von oben nach unten abgenommen haben, sind sie unterhalb jenes Zuflusses wieder größer geworden und bleiben es, wenn auch der frühere Gang der Zahlen — Abnahme von γ mit Zunahme des Flußgebietes — sich wieder einstellt.

Durchlässige Gebiete, bei denen das Niederschlagswasser in die Tiefe verfällt, die infolgedessen eine geringe Flußdichte haben (Kap. I S. 15), erhöhen den spezifischen Abfluß bei Niedrigwasser. Wenn die durchlässigen Anteile eines Flusses groß genug sind, so wird sich ihre Einwirkung in gleicher Richtung auch noch in der MW-Zone geltend machen. Im Hochwasserbereich dagegen zeigt die Erfahrung, daß jener Einfluß kaum mehr hervortritt.

Man kann die Änderung des spezifischen Abflusses entlang eines Stromes in einfacher Weise allgemein zur Anschauung bringen. Es sei F_1 das Niederschlagsgebiet eines Stromes oberhalb eines Zuflusses und seine Wassermenge daselbst Q_1, für den Nebenfluß sollen F_2, Q_2 und für den Hauptfluß unterhalb der Einmündung dieses Nebenflusses F und Q analoge Bedeutung haben. Dann ist

$$F_1 + F_2 = F, \quad Q_1 + Q_2 = Q$$

und wenn der spezifische Abfluß in den drei Gebieten mit γ_1, γ_2 und γ bezeichnet wird

$$\gamma_1 F_1 + \gamma_2 F_2 = \gamma (F_1 + F_2)$$

Es wird also der spezifische Abfluß im Hauptstrome unterhalb der Mündung des Nebenflusses sich geändert haben um

$$\gamma - \gamma_1 = \frac{\gamma_1 F_1 + \gamma_2 F_2}{F_1 + F_2} - \gamma_1 = \frac{F_2}{F}(\gamma_2 - \gamma_1).$$

Das ist also nur dann eine Zunahme, wenn $\gamma_2 > \gamma_1$.

Wir hatten diesen Fall beim Maingebiet und konnten ihn dort aus den geologischen Verhältnissen erklären. Er tritt aber auch als Konsequenz klimatischer Bedingungen auf. Das ist z. B. so beim Inn, wo man es aus der Trockenheit des Engadin gegenüber dem mittleren und unteren Inngebiet voraussehen kann. Nicht so a priori war eine Zunahme von γ am oberen Neckar zu erwarten, wo bei Aistaig (724 qkm) $\gamma_{min} = 4{,}9$ sl/qkm, bei Horb (1095 qkm) aber 5,5 ist. Hier schiebt sich aber von links das Gebiet des Schwarzwaldflusses Glatt ein, welches ganz erheblich niederschlagsreicher ist, als der Neckar bis Aistaig. Die Glatt selber hat denn auch $\gamma_{min} = 8{,}0$ sl/qkm. Die Beziehung bleibt durch den ganzen Spielraum in gleichem Sinne bestehen, es ist bei Horb stets γ größer als bei Aistaig.

Bei einem völlig gleichartigen Flußgebiet wird der Hauptstrom flußabwärts abnehmende Werte von γ aufweisen und umgekehrt. Ist das System aber aus ungleichartigen Gliedern aufgebaut, so wird der Verlauf von γ den Hauptstrom entlang ein wellenartiger sein, wie das bei der Donau gut ausgeprägt ist.

Der spezifische Abfluß hat somit einen beachtlichen methodischen Wert. Es empfiehlt sich, ihn bei Beginn einer hydrographischen Untersuchung an erster Stelle zu diskutieren, wobei es genügt, wenn man sich zunächst auf die Betrachtung der drei großen Bereiche, wie es hier bis jetzt geschehen ist, beschränkt. Der Verlauf der Zahlen gibt den Hinweis auf die Art der Zusammensetzung des Systems und damit auch auf die Richtung der ferneren Untersuchung.

§ 4.

Die weitere Untersuchung, welche sich an die im Schlußsatz des vorigen Paragraphen angegebene Vorbereitung anschließt, ist nun im wesentlichen mit der Darstellung der *jährlichen Periode* zu befassen. Es wäre am besten, d. h. die Einsicht am besten fördernd, wenn man dabei nicht nur die Größe, sondern auch die Dauer der Wasserführung betrachtete. Das ist zurzeit aber soweit Deutschland in Betracht kommt, nur für die norddeutschen Stromgebiete möglich, für welche in den „Jahrbüchern für die Gewässerkunde Norddeutschlands" die Häufigkeiten der Wasserstände nach Monaten mitgeteilt werden. Im allgemeinen werden die Häufigkeiten nur für das Jahr publiziert[1]).

Es muß daher zunächst noch die Beschränkung auf die Größe der Wasserführung eintreten. Im folgenden wird dabei stets die Wassermenge zugrunde gelegt, und hiervon nur in einigen Ausnahmefällen abgegangen, wenn für ein wichtiges Flußsystem nur Wasserstandsmessungen vorhanden sind.

Nach früherem würden nun entweder sehr große Zahlen zu betrachten sein oder man müßte zu Abkürzungen greifen. Beides wird durch folgende Darstellung vermieden, die auch die spätere Diskussion der Beziehung zwischen Niederschlag und Abfluß erleichtert.

Wenn in einem Zeitraum von t Tagen die mittlere Abflußmenge eines Profils, dessen Niederschlagsgebiet F qkm groß ist, sich auf qcbm/sec beläuft, dann wird die gesamte Abflußmenge dieser Zeit $Q = 86400\,tq$, und denkt man sich die Menge gleichmäßig über das Niederschlagsgebiet ausgebreitet, so entsteht eine Schicht, deren Höhe

$$A = \frac{Q}{F} = \frac{86\,400\ tq\ m^3}{1000 \cdot 1000 \cdot F \cdot m^2} = 86{,}4 \frac{q}{F} t^{mm}$$

$$A = at \text{ mit } a = 86{,}4 \frac{q}{F} mm$$

ist. Die Größe a ist die *tägliche Abflußhöhe*, A die Abflußhöhe

[1]) Für die Elbe bei Tetschen habe ich die Häufigkeit der Wasserführung durch monatliche Dauerkurven der Wassermenge für das Jahrzehnt 1896 bis 1905 bestimmt und ein graphisches Verfahren zu einer synoptischen Darstellung des ganzen Jahres angegeben. Vgl. Zeitschrift für Gewässerkunde, Bd. IX: Die Abflußfläche der Elbe bei Tetschen.

von t Tagen. Sind q und F in den gleichen Einheiten wie eben ausgedrückt, so ist der spezifische Abfluß γ in Sekundenliter pro Quadratkilometer

$$\gamma = 1000 \frac{q}{F}.$$

Es ist also

$$86{,}4\gamma = 1000\,a, \quad a = 0{,}0864\gamma, \quad \gamma = 11{,}6\,a,$$

wenn a in Millimetern, γ in sl/qkm ausgedrückt wird. Beide Größen ermittelt man also gleichzeitig.

Ist $t = 365$, so wird in früherer Bezeichnung $q = q_a$ und A die jährliche Abflußhöhe. Entsprechend werden aus den mittleren monatlichen Wassermengen[1]) in cbm/sec die monatlichen Abflußhöhen bestimmt. Sind Gesamtabflußmengen, in 10^6 cbm ausgedrückt, gegeben, so ist, wenn diese mit Q_i bezeichnet werden,

$$A_i = \frac{Q_i}{F} \cdot \frac{10^6\,m^3}{10^6\,m^2} = 1000 \frac{Q_i}{F}\,mm.$$

Es ist praktisch, bei Beginn einer Untersuchung über ein Gebiet F die Reduktionsfaktoren 86,4:F oder 1000:F ein für alle Male zu berechnen, je nachdem das Grundmaterial in cbm/sec oder 10^6 cbm gegeben ist. Man wird sich übrigens vor Augen halten, daß 1 mm Abflußhöhe einer Abflußmenge von 1000 cbm vom qkm entspricht.

§ 5.

Es ist der Hauptzweck bei der Darstellung der jährlichen Periode, die Lage der ausgezeichneten Punkte des Ganges der Wasserführung im Kreislauf des Jahres also insbesondere der Maxima und Minima zu erkennen. Da ist also zunächst festzustellen, wie lang die Beobachtungsreihe sein muß, um dies einwandfrei zu ermöglichen. Daß die Lage der Extreme einer festen zustreben muß, ist darum klar,

Mannheim	I	II	III	IV	V	VI	VII	VIII	IX	X	XI	XII	Jahr
1891—1900	3,40	3,62	3,67	4,05	4,34	4,76	**4,76**	4,28	3,86	3,51	3,10	3,02*	3,85
1901—1910	2,92*	3,01	3,44	4,00	4,34	4,69	**4,69**	4,08	3,68	3,13	2,79*	3,00	3,65
1861—1890	3,90	3,80	4,10	4,24	4,68	5,22	**5,22**	4,78	4,41	4,12	3,99*	4,06	4,37
1871—1900	3,55*	3,18	3,93	4,08	4,51	5,11	**5,11**	4,63	4,25	3,94	3,67	3,67	4,17
1861—1910	3,60	3,60	3,88	4,15	4,54	2,02	**5,02**	4,54	4,15	3,81	3,57*	3,64	4,12

[1]) Man wird nun die früher ausgesprochene Forderung verstehen, neben den täglichen Wasserstandsangaben gleich die der Wassermenge einzutragen. Man braucht sie eben, um für die Monate oder überhaupt beliebige Zeiträume stets sofort den Gesamtabfluß Q oder den mittleren q angeben zu können.

weil sie ganz offenbar von den klimatischen Bedingungen abhängen, deren Intensität, wie wir wissen, eine periodische ist. Dagegen ist das Ansteigen und Fallen der Jahreskurve nicht lediglich durch die klimatischen Verhältnisse bestimmt, sondern hierbei wirken, wie aus früherem hervorgeht, auch die Bodenverhältnisse mit.

Die aufgeworfene Frage wird hier geprüft durch die vorstehenden Ergebnisse der Wasserstandsbeobachtungen zu Mannheim. Wenn wir die Gestaltung der jährlichen Periode durch 50jährige Mittelwerte als die normale ansehen — für die meisten Flußgebiete verfügen wir nicht über so lange Reihen! —, dann muß zugegeben werden, daß die Lage des Minimums nicht einmal durch 30jährige Beobachtungen völlig genau fixiert werden kann, während die des Maximums schon in 10jährigen Reihen sicher erhalten wird. Diese aus der Betrachtung von Wasserständen gewonnenen Ergebnisse können wir weiter benutzen, denn für diese rein qualitative Beziehung können wir mit den Wasserständen auskommen, wenn auch klar ist, daß alle Kurven, die sich auf das Element $q = f(h)$ beziehen, schärfer ausgeprägt sein werden, als die, welche die Variation von h darstellen; aber die Extremwerte liegen in beiden Kurvenarten an der gleichen Stelle. Man wird sich also bei Darstellung der jährlichen Periode der Wasserführung gerade noch mit 10jährigen Reihen begnügen dürfen. Das ist ein Ergebnis, welches deshalb gewissermaßen willkommen ist, weil wir kaum in der Lage sind, eine gegebene Form der Wassermengenkurve $q = f(h)$ für länger als 10 Jahre gültig anzusehen. Auch langsam fortschreitende Profiländerungen werden dann schon merkbar werden.

Insofern nun das vergleichende Prinzip bei unseren Untersuchungen, wie schon in der Einleitung gesagt, durchaus zur Geltung zu kommen hat, wollen wir hier die jährliche Periode so darstellen, daß wir angeben, welcher prozentische Anteil der gesamten jährlichen Wasserführung auf die einzelnen Monate kommt.

Vor allem aber möge noch einmal an den Grundsatz erinnert sein, daß vergleichbar nur gleich lange und auf den gleichen Zeitraum bezogene Reihen sind. Das muß ganz unbedingt eingehalten werden, sofern es sich um Vergleichungen innerhalb eines und desselben Flußsystems handelt. Die Notwendigkeit geht hinreichend aus den Zusammenstellungen über Mannheim hervor. Handelt es sich um verschiedene Flußsysteme, so wird dieser Grundsatz des Synchronismus bei der Jugend unserer Wissenschaft sich nicht immer durchführen lassen. Daraus folgt, daß — was freilich selbstverständlich scheinen möchte — immer anzugeben ist, auf welche Zeitspanne sich die mitgeteilten Zahlen beziehen. Leider wird das aber doch immer noch zu oft unterlassen, und es kommen so Angaben in die Literatur, wie die: „Der Rhein bei Cöln führt im Jahresmittel 2160 cbm/sec“, was schlechterdings eine irreführende Angabe ist.

§ 6.

Die folgende Tabelle gibt die jährliche Periode des Rheins von seinem Ausfluß aus dem Bodensee bis nach Cöln. Im oberen Abschnitt des Stromes, bei Basel, zeigt sich ein deutlicher Parallelismus der Jahreskurve der Wasserführung mit derjenigen der Temperatur: das Maximum im Sommer (Juni, bei Stein in den Juli verzögert), das Minimum im Winter. Weiter abwärts bleibt ein Hauptzug dieser Gestaltung, die Lage des Maximums, zwar erhalten,

1891—1900	Stein %	Basel %	Mannheim %	Mainz %	Cöln %
I	3,3	4,8	7,1	7,5	7,9
II	3,3	5,3	7,6	8,7	10,0
III	4,0	6,3	7,7	8,6	9,9
IV	6,5	8,4	8,9	9,0	9,3
V	10,3	10,8	9,7	9,5	9,0
VI	14,8	13,2	11,1	10,6	9,7
VII	14,9	12,6	10,6	10,0	8,9
VIII	13,3	11,3	9,5	9,0	7,9
IX	11,2	9,3	8,3	7,8	6,9
X	8,6	7,4	7,3	7,0	6,7
XI	5,9	5,7	6,2	6,2	6,6
XII	3,9	4,9	6,0	6,1	7,2
q_a cbm/sec	321	900	1335	1558	1844
f qkm	11561	36420	54140	98470	144610
γsl/qkm .	27,77	24,70	24,65	15,82	12,75
Amm	891,3	778,9	777,4	497,3	402,1
σ%	11,6	8,4	5,1	4,5	3,4

während das Minimum sich zurückschiebt. Aber die Kurve flacht sich immer deutlicher ab, was seinen kurzen zahlenmäßigen Ausdruck findet in den periodischen Schwankungen σ der letzten Horizontalreihe. Dabei tritt schon bei Mannheim im Februar eine Steigerung der Wasserführung fast bis zum Betrage derjenigen des März hervor, die bei Mainz sich bis zur Bildung eines sekundären Maximums erhebt. In Cöln liegt dann im Februar sogar das, freilich flache, Hauptmaximum, während das Junimaximum hier zum sekundären wird. Mit der Schwankung σ haben der spezifische Abfluß γ und die jährliche Abflußhöhe A abgenommen, die aus der mittleren jährlichen Menge q_a und der Größe des Einzugsgebiets f sich herleiten.

Diese synoptische Darstellung zeigt bei Stein das Bild einer einheitlich klar ausgebildeten Welle, die aber, je weiter man stromabwärts kommt, durch Interferenz mit anderen Wellen mehr und mehr umgebildet wird, bis die Kurve am Niederrhein jene große Gleichmäßigkeit angenommen hat, die in wirtschaftlicher Hinsicht so wertvoll ist und den Rhein an die erste Stelle der deutschen Ströme bringt.

Über die aus ihren Wirkungen erkannten interferierenden Wellen werden wir nun sofort klar, wenn die jährliche Periode der großen Nebenflüsse betrachtet wird. Die Zahlenreihen sind der vorigen Tabelle nicht beigefügt, weil sie sich nicht alle auf die gleiche Periode beziehen ließen, aus welchem Grunde auch die absoluten Angaben q, γ, Q für die Nebenflüsse an dieser Stelle wegfallen.

Man erkennt nun, daß die Kurve von Stein die des Hochgebirgsrheins ist; wenn sie schon abgeschwächt erscheint, so ist an die Wirkung des Bodensees mit seiner Oberfläche von 540 qkm zu denken, über die gleich nachher noch zu sprechen ist. Dann aber finden wir bei den großen Nebenflüssen eine ganz andere Gestaltung der jährlichen Periode, die sich gerade dahin kennzeichnet, daß bei ihnen die Hauptmasse der Wasserführung sich auf die kalte Jahreszeit verlegt, während Sommer und Herbst wasserarm werden. Das ist aber der Gegensatz der ungestörten Rheinperiode, und es begreift sich, wie sich durch wiederholte Interferenz zuletzt das gleichmäßige Bild entwickeln muß, das der Rhein bei Cöln bietet.

	I	II	III	IV	V	VI	VII	VIII	IX	X	XI	XII
Rhein, Mastrils .	2,0	1,9	2,3	5,0	12,7	22,9	7,7	13,7	10,0	5,8	3,6	2,4
Neckar, Heilbronn	10,9	12,5	16,1	11,0	8,1	6,1	5,4	4,8	4,3	5,1	6,9	8,8
Main, Miltenberg	12,0	10,8	16,8	9,6	7,2	6,2	5,5	4,9	4,9	6,3	9,0	9,0
Mosel, Trier	16,5	13,8	11,9	7,2	5,9	4,5	3,2	3,3	3,8	7,9	8,5	13,5

Mastrils 1896 bis 1900; Heilbronn 1901 bis 1910; Miltenberg 1886 bis 1895; Trier 1891 bis 1900.

§ 7.

Über die Einwirkung eines in einen Stromlauf eingeschalteten Sees wollen wir hier einige kurze Hinweise geben, da wir oben auf diesen Gegenstand aufmerksam werden mußten. Es sei Z der Zufluß zu einem See, V das Volumen des Seebeckens und A der Abfluß aus dem See. Dann besteht offenbar die Differenzengleichung

$$\Delta Z = \Delta V + \Delta A,$$

wo man noch $\Delta V = S \Delta h$ setzen kann, wenn S die Oberfläche des Sees und h seinen Wasserstand bedeutet. Es ist zwar S auf alle Fälle eine Funktion von h, aber für die allgemeine Betrachtung können wir die Variationen der Seefläche vernachlässigen. Wir schreiben also

$$\Delta Z = S \Delta h + \Delta A.$$

Es wird also ein Teil der Zuflußänderung verbraucht, um die Variation von h oder des Volumens hervorzubringen. Das sind bei einigermaßen erheblichen Seeflächen schon immer recht große Beträge, da für S = 1 qkm und $\Delta = 1$ cm die Variation $\Delta V = 10000$ cbm beträgt. Die Oberfläche des Bodensees ist bei mittlerem Wasserstand rund 540 qkm. Eine Wasserstandsänderung von 1 cm in 24 Stunden bedeutet also, daß vom Zufluß rund 63 cbm/sec zur Volumenänderung verbraucht oder daß dieser Anteil des Zuflusses im See aufgespeichert worden ist.

Der Bodensee hat die folgende jährliche Periode (Wasserstände in cm am Pegel zu Constanz):

	I	II	III	IV	V	VI	VII	VIII	IX	X	XI	XII
h_0	287	279*	291	313	358	420	**437**	412	386	356	326	302

welche Zahlen sich auf 1871—1900 beziehen. Dabei ist zu bemerken, daß die Lage der Extreme hier durchaus gesichert ist. Sie ist in jedem einzelnen der sechs Jahrzehnte von 1851—1911 die gleiche wie hier. Die absoluten Grenzwerte sind $H_{max} = 470$, $H_{min} = 260$. Man ersieht also, daß die jährliche Periode des Bodensees durch die des Schweizer Rheins bestimmt ist (Minimum im Februar), aber das Maximum in den Juli verzögert, was eine Folge der aufspeichernden Wirkung des Sees ist. Diese Eigentümlichkeit der Seeperiode ist es, die wir oben auch noch auf den Rhein am Ausfluß aus dem See übertragen fanden. Die aufspeichernde Wirkung beginnt Ende Februar und dauert bis Ende Juli. In den übrigen Monaten findet Wasserabgabe statt. Die Δh werden negativ, es besteht die Gleichung

$$\Delta Z = -S \Delta h + \Delta A,$$

d. h. der Abfluß überwiegt den Zufluß. Die Bilanz des Sees ist gegeben durch

$$S(h_{max} - h_{min}) = 1134 \cdot 10^6 \text{ cbm},$$

welcher Betrag nun freilich nicht voll zum Umsatz gelangen wird, denn wir haben in dieser nur zur allgemeinen Illustrierung der Seewirkung angestellten Überschlagsrechnung die Verdunstung von der Seefläche außer Betracht gelassen. Die genaue Darstellung des Seeregimes würde ausgehen müssen von der Gleichung

$$\Delta Z = S \Delta h + \Delta A - \Delta R + \Delta E,$$

wo R die auf die Seefläche fallende Regenmenge und E die von ihr stattfindende Verdunstung bedeutet. Eine eingehende Behandlung dieser Beziehung findet in Band II (Seenkunde) statt.

§ 8.

Die kurze Übersicht über die Wasserführung des Rheins hat erkennen lassen, daß es verschiedene Formen der jährlichen Periode der Wasserführung gibt, die, in einem größeren Stromsystem, auch nebeneinander auftreten und durch ihr Zusammenwirken neue Formen erzeugen. Die Erörterung der Ursachen dieser verschiedenen Gestaltungen soll nun nicht an den speziellen Fall angeschlossen werden, sondern wir wollen uns zunächst einen weiteren Überblick zu verschaffen suchen, den uns die folgende Tabelle über Typen der Wasserführung vermitteln wird, welche Tabelle durch die oben gegebene ergänzt wird.

Typen der jährlichen Periode der Wasserführung (%).

	I	II	III	IV	V	VI	VII	VIII	IX	X	XI	XII
Isère, Moutiers	3,9	3,8	4,0	6,6	15,5	20,3	14,9	10,4	7,6	6,0	4,9	4,1
Durance, Embrun	3,3	3,2	3,5	7,6	16,4	21,1	13,3	8,5	6,9	6,5	5,5	4,2
" Sisteron	3,7	4,0	5,8	9,7	14,7	17,6	9,4	5,7	5,8	7,7	9,5	6,3
" Mirabeau	5,1	5,6	7,2	9,9	12,7	13,9	7,9	5,7	5,2	7,9	11,7	7,2
Inn, Insbruck	2,1	1,7	2,0	4,5	12,0	20,3	19,5	15,8	10,0	5,8	3,7	2,6
Etsch, Trient	2,7	2,6	4,1	7,3	13,1	17,8	14,1	11,3	9,3	6,8	6,9	4,0
Drau, Villach	2,8	2,5	3,4	6,1	13,7	18,7	15,1	12,0	9,1	7,2	5,5	3,9
Donau, Wien	6,0	5,3	7,6	10,3	13,2	12,3	10,9	9,2	8,7	6,1	5,1	5,3
Numedalslaagen, Labro	2,1	1,7	2,0	3,8	20,3	31,2	11,5	7,6	5,8	6,6	4,9	2,5
Dalelf, Avesta	4,4	3,1	3,1	6,0	18,9	15,6	10,4	9,1	8,2	8,0	7,6	5,6
Indalself, Bomsund	2,5	2,0	1,9	2,3	13,8	27,9	17,0	8,9	7,7	7,4	5,1	3,3
Elbe, Tetschen	6,6	9,6	17,4	13,5	11,1	7,0	5,1	5,8	6,1	5,9	5,3	6,6
Saale, Trebnitz	8,6	10,1	15,7	12,7	9,4	6,4	5,8	5,4	4,9	6,4	6,2	8,6
Wolga, Samara	5,5	4,1	4,8	16,0	29,0	11,9	5,4	3,9	4,3	4,8	4,1	6,1
Garonne, Muret	5,7	7,0	7,8	11,5	16,8	16,8	8,4	4,6	3,9	4,7	5,9	6,9
Po, Pontelagoscuro	6,3	5,3	7,8	8,1	12,1	13,2	7,9	5,6	6,8	10,3	9,4	7,3
Tigris, Bagdad	3,2	9,9	12,4	21,1	19,4	12,4	7,1	3,5	2,8	2,1	2,8	3,3
Euphrat, Hitt	3,8	7,6	9,5	21,0	19,0	13,2	7,6	4,2	3,4	3,1	3,8	3,8

Im allgemeinen bezogen auf 1901—1910; Saale und Wolga 1881—1900.

Es tritt da die Abhängigkeit der Wasserführung von den klimatischen Bedingungen deutlich hervor. Zunächst in einem gemeinsamen Zug der Mehrzahl dieser Kurven. Bei ihnen erfolgt das Ansteigen zu der Zeit, in welcher auch der jährliche Gang der Temperatur ein Steigen zeigt. Aber verschieden schnell folgt dem Beginn des Wachsens der Wasserführung deren Maximum; im Mittelgebirge rasch, so daß die größte Wasserführung im Frühjahr eintritt, im Hochgebirge langsam, so daß das Maximum sich erst im Sommer einzustellen vermag. Und diesem Charakter schließen sich auch die Flüsse Nordeuropas an. Eine Modifikation lernen wir an den Nebenflüssen des Rheins kennen (S. 139), wo das Ansteigen noch im Winter beginnt, Neckar und Main das Maximum zwar erst im März ausbilden, die Mosel aber es schon im Januar aufweist. Den gleichen Charakter finden wir bei Loire, Seine und Themse, deren jährliche Periode aber bisher nur durch Wasserstände darzustellen ist.

Aber dieser spezielle westeuropäische Typus (Mosel) läßt sich doch mit den anderen Erscheinungsformen dahin zusammenfassen, daß wir sagen können: In der gemäßigten Zone entsteht das Ansteigen der Jahreskurve der Wasserführung und die Ausbildung ihres Maximums durch den Abfluß derjenigen Mengen, welche in der kalten Jahreszeit als Schnee aufgespeichert werden und beim Ansteigen der Temperatur zum Schmelzen gelangen.

Der westeuropäische Typus bildet sein Maximum bereits im Winter aus, weil in jene Gebiete im Winter Gebilde niedrigen Luftdrucks eindringen, die zunächst von Erwärmungen begleitet sind, also die Abschmelzung der im November und Dezember gebildeten Schneedecken der höheren Lagen einleiten bzw. durchführen, die aber auch von reichlichen Niederschlägen begleitet sind, deren Abfluß um diese Jahreszeit bei teilweise gefrorenem Boden und sehr geringer Verdunstung sich rasch vollziehen kann. Die Fluten des Januar 1910, welche durch die Hochwasserverheerungen an der Seine besondere Aufmerksamkeit gefunden haben, die aber mit großer Intensität z. B. auch im Neckargebiet auftraten, geben ein typisches Beispiel für den eben formulierten generellen Zusammenhang.

In Nordamerika haben wir ein Analogon in den Flüssen der Oststaaten der Union, wo namentlich das Ohiosystem in der erörterten Weise Mississippifluten erzeugt, während im übrigen dieser große Strom in ähnlicher Weise eine Zusammensetzung und Modifikation seiner jährlichen Periode aufweist, wie sie beim Rhein entgegengetreten ist.

Wenn man die Temperaturabnahme mit der Höhe beachtet, dann wird es klar, daß im Hochgebirge der Schmelzpunkt des Schnees später erreicht wird, als im Mittelgebirge; dazu kommt, daß im Hochgebirge weit größere Schneemassen aufgehäuft werden und daß dort endlich die steigende Temperatur ihre Wirkung auch auf die Firn- und Gletscherflächen ausüben wird. Diese Bedingungen verbinden sich, um den Vorgang des Abschmelzens und das von ihm abhängige Steigen der Wasserführung nicht nur zeitlich hinauszuziehen, sondern auch in seiner Intensität zu steigern, so daß im eigentlichen Hochgebirge der Anteil des Maximalmonats so hohe Werte erreicht, wie die Tabelle sie aufweist.

Bei den nordischen Flüssen liegen die Dinge ganz ähnlich wie im Hochgebirge, ganz abgesehen davon, daß mehrere der großen Ströme Skandinaviens ohnehin mit ihren Quellen in die Hochgebirgsregion hineinreichen. Durch die umfangreichen Untersuchungen Hambergs sind wir speziell über Schweden[1]) sehr genau unterrichtet, während für Norwegen eine Untersuchung Mohns über die Temperatur und die ausgezeichnete jährliche Publikation des Meteorol. Instituts zu Kristiania über die Niederschläge erschöpfende Auskunft geben. Wir können die Lage kurz dahin charakterisieren, daß noch im April die mittleren Gebiete der Halbinsel von der Isotherme 0° umschlossen sind, und diese erst im Mai weiter nördlich vordringt. In diesem Monat setzt dann die Schneeschmelze stürmisch ein, was sich in dem steilen Ansteigen der Kurve der Wasserführung dann zum Ausdruck bringt. Ganz entsprechend ist der Vorgang im Wolgagebiet, das mit der Kama weit nach Osten in den Ural hineingreift. Die Abhängigkeit des Maximums der jährlichen Periode der Wasserführung von Euphrat und Tigris, deren Kenntnis wir Sir William Willcocks verdanken, von der Schneeschmelze im Armenischen Hochlande und im Taurus tritt in unseren Zahlenreihen deutlich heraus.

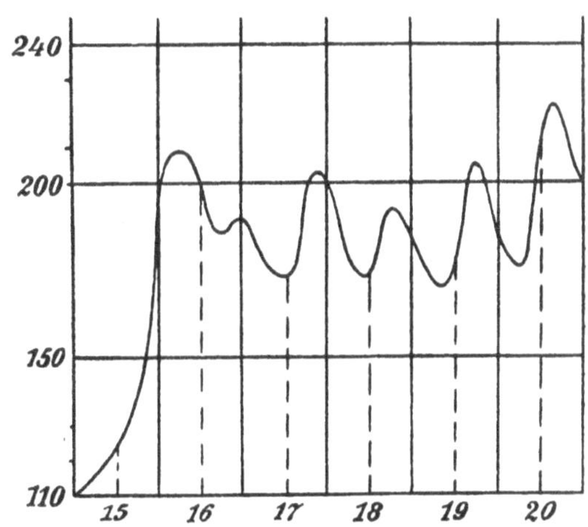

Fig. 19. Schmelzwasserabfluß der Oder bei Oderberg im März 1909. Tägliche Periode.

Das Abschmelzen der Schneedecke kommt auch in kleinen Einzelheiten der Wasserführung zum Ausdruck. Im Jahre 1894 hat E. Brückner zuerst auf die Existenz einer täglichen Periode der Wasser-

[1]) H. E. Hamberg, Arbeiten über Temperatur und Niederschlag in Schweden in Bihang til meteorolog. iaktagelser i Sverige 1907 und 1910. In Band IV gehen wir näher auf diese bedeutsamen Untersuchungen ein.

führung der Walliser Rhone hingewiesen (Petermanns Mitteilungen), die auf die tägliche Variation der Wärmewirkung auf die Gletscher zurückzuführen ist. Seitdem Registrierpegel allgemein in Anwendung kommen, hat man die Erscheinung nicht nur in gleicher Allgemeinheit auch an den österreichischen Alpenflüssen, sondern auch von Mittelgebirgsflüssen zur Zeit der Schneeschmelze, wieder gefunden. Die Figur 19 gibt das Bild eines solchen Schmelzwasserabflusses der Oder bei Oderberg vom März 1909. Die gestrichelten Ordinaten geben die Mittagsstunden, die ausgezogenen die Mitternacht an. Man erkennt, wie im Verlauf des Abschmelzens, wenn das nächtliche Sinken der Temperatur geringer wird, die Maxima und Minima allmählich immer früher eintreten. Die Zeitdifferenz zwischen Temperaturmaximum und Maximum der Wassermenge nimmt in dem durch die Figur illustrierten Beispiel von etwa 15^h auf rund 5^h ab.

§ 9.

Wo nun eine reiche, in großen Höhen[1]) sich ausdehnende Schneedecke die Wasserführung beherrscht, da sehen wir diese auch im Sommer gut ausgestattet. In den anderen Fällen aber erscheint der Sommer wasserarm. Die Anteile der Monate der zweiten Jahreshälfte bleiben erheblich unter dem Werte der gleichmäßigen Verteilung (8,3%) zurück, und erreichen bei den Mittelgebirgsflüssen ihr Minimum im Spätsommer oder Frühherbst (September, Oktober).

Die Tatsache wird gerade für die deutschen Mittelgebirgsflüsse auf den ersten Blick überraschen. Denn in deren Gebieten ist der Sommer durchaus die Zeit des Maximums des Niederschlags. In runder Zahl können wir in den deutschen Flußgebieten den Gesamtanteil der drei Sommermonate Juni—August mit 30—36% des Jahresniederschlags bemessen. Im Gebiete des westeuropäischen Typus treten Herbstregen hinzu mit einem meist im Oktober liegenden sekundären Maximum.

Wir kommen so zur Erkenntnis eines zweiten Einflusses des Temperaturganges auf die Wasserführung. Die hohe Temperatur des Sommers fördert die Verdunstung, die dann ebenfalls ihre

---

[1]) Im Schweizer Rheingebiet sind, in Höhen über 2000 m, rund 60% des gesamten Jahresniederschlages Schnee. Von November bis mit April liegt die Temperatur dort so viel unter 0°, daß man die in dieser Zeit fallenden Niederschläge als lediglich von fester Form betrachten darf. Dazu kommt, daß der Schnee 40% seines Volumens oder 75% seines Gewichtes an Regen aufnehmen kann, ohne Wasser abzugeben, so daß also auch etwa vorkommender Regen bis zu ansehnlichem Betrag von der Schneedecke zurückgehalten wird.

Maximalwerte erreicht. Dabei ist zu beachten, daß der Sommer den Höhepunkt der Vegetationszeit darstellt, die spätestens von Mai bis zum Abschluß des September zu rechnen ist. Die Pflanzendecke eines Gebietes nimmt einen weiteren erheblichen Anteil des in dieser Zeit fallenden Niederschlags, nachdem dieser bis zu den von den Wurzeln beherrschten Bodenschichten versickert war, für sich in Anspruch. So wird also im Sommer überall eine Tendenz zur Abnahme der Wasserführung bestehen, die nur in den aus dem Hochgebirge gespeisten Flüssen verdeckt wird.

Am schärfsten wird die sommerliche Wasserarmut der Flüsse sich natürlich da ausprägen, wo nun, im Gegensatz zu dem Klima der deutschen Mittelgebirge, der Sommer auch noch geradezu regenarm wird, in den subtropischen Klimaten der Länder um das Mittelmeer. Euphrat und Tigris sind als Beispiele zu nehmen. Aber die Flüsse Halbinselitaliens verhalten sich nicht anders; ebenso die der iberischen und der südosteuropäischen Halbinsel.

Die lombardische Ebene und die Provence nehmen an diesem Typus der jährlichen Regenverteilung noch nicht völlig Teil, zeigen aber einen Übergang zu ihm darin, daß im Herbst (Oktober) die Regenmenge so stark anschwillt, daß sie meist im Oktober das Hauptmaximum des Jahres mit 12—16% ausbildet. Um diese Zeit ist aber auch dort die Verdunstung wesentlich gegen den Sommer verringert, und es muß nun ein erheblicher Teil der Regenmenge der Wasserführung zugute kommen. So wird das sekundäre Maximum der letzteren, das wir beim Po und bei der unteren Durance finden, erklärlich. Dieser Typus der Wasserführung breitet sich im Hinterland des Nordrandes des Mittelmeers weit nach Osten aus. Er ist z. B. scharf ausgeprägt bei den bosnischen Flüssen, findet sich aber auch in der Krim und in Südrußland (Dnjestr).

Haben wir uns durch die bisherigen Ausführungen überzeugen können, daß für die Gestaltung der jährlichen Periode der Wasserführung neben den Niederschlägen auch stets die Temperatur als ein sehr wesentlicher Faktor in Betracht kommt, so gilt das auch in dem noch nicht besprochenen Falle der Minima der mit ihren Quellen in das Gebiet der Gletscher und Schneefelder reichenden Flüsse. Diese Minima sehen wir im Winter im Anschluß an das Minimum des jährlichen Temperaturganges eintreten, also zu einer Zeit, in der die Wasserabgabe aus Gletschern und Schneefeldern abgesehen von einer etwaigen Wirkung der Erdwärme auf die geringen Beträge sich reduzieren muß, die aus der Wirkung der Strahlung folgen, wobei zu bedenken ist, daß der Insolation um diese Jahreszeit überhaupt nur kurze Zeit zur Verfügung steht, und daß sie durch die spezielle Exposition der Schnee- und Eisfelder noch erheblich vermindert werden kann, in welcher Richtung auch die Variation der Bewölkung zu wirken vermag.

§ 10.

Unsere Tabelle und die bisherigen Ausführungen beziehen sich auf die gemäßigte Zone. Den Flüssen dieses ganzen Gebietes ist das gemeinsam, daß der Hauptanteil ihrer Wasserführung durch die Schneeschmelze geliefert wird. Die weitere Gestaltung der Periode war dann abhängig von der Menge der in fester Form aufgespeicherten Niederschläge; die im Mittelgebirge geringer ist und durch diesen Umstand und durch das frühere Erreichen und Überschreiten der Temperatur von 0° rascher zur Abfuhr gebracht wird. Es mag nicht unterbleiben, auf ein sehr wichtiges wirtschaftliches Moment dieser Gestaltung hinzuweisen. In allen diesen Gebieten stellen die Flüsse entweder zur Zeit der höchsten Vegetationsentwicklung oder vor deren Beginn große Wassermengen zur Verfügung, welche dann durch eine Reihe wirtschaftlicher Maßnahmen der Landeskultur dienstbar gemacht werden können. Die Bewässerungswirtschaft der gemäßigten Zone, welche in geeigneten Fällen zur Aufspeicherung der hohen Wassermengen der Maximalzeit der jährlichen Periode durch Talsperren greifen wird, und die noch einer viel größeren Ausdehnung fähig ist, als sie sie heute besitzt, ist nur möglich auf Grund dieser Eigenschaft der Wasserführung der Flüsse. Und die großen, sicheren Erfolg verbürgenden Pläne, Mesopotamien durch Irrigation einer neuen Kultur zu gewinnen, sind auch nur möglich, weil die jährliche Periode von Euphrat und Tigris die Gestalt hat, die aus der Tabelle zu ersehen ist.

Die eminente Bevorzugung der gemäßigten Zone tritt auch in der Art der Wasserführung ihrer Flüsse deutlich hervor.

Haben wir aber schon innerhalb dieser Zone uns überzeugen können, welche erheblichen Modifikationen der jährlichen Periode der Wasserführung ein Fluß durch Interferenz erfahren kann, so wird das noch deutlicher hervortreten müssen, wenn sein Lauf durch verschiedene Klimagebiete führt. Das ist aber der Fall z. B. bei den großen Strömen Indiens, Ganges und Brahmaputra, die nicht nur von den im Himalaja und in Tibet aufgespeicherten Schneemengen, sondern auch von den Monsunregen abhängen. Auch beim Amazonas findet noch ein, freilich geringes, Hereinspielen der Periode der Hochgebirgsflüsse statt. Aber die Schneefelder, in die er mit seinen Quellästen hinaufgreift, sind nur von geringer Ausdehnung. Der Strom ist vorwiegend abhängig vom tropischen Regenregime.

Dieses nimmt nun selbst noch verschiedene Formen an. An die beiden Zenitstände der Sonne, welche im Lauf des Jahres für eine gegebene Breite in den Tropen stattfinden, schließen sich im Innern der Kontinente, wo die Wirkung der Monsune keine unmittelbare mehr ist oder überhaupt nicht mehr in Erscheinung tritt, Regenzeiten an, deren Intervall mit der (nördl. oder südl.) Breite zunimmt. Erstreckt sich also Gebiet und Lauf eines Stromes nur weit genug in die Richtung der Meridiane, dann wird eine sehr mannigfache Interferenz von Perioden zustandekommen. So haben im System des Kongo die linksseitigen Zuflüsse, welche unterhalb der Stanleyfälle den Hauptstrom treffen, eine deutlich ausgeprägte Doppelperiode: Maxima im April und Dezember im Anschluß an die Maxima des Regenfalls im März und November[1]). Im Ubangi dagegen bildet sich nur ein Maximum aus, das im Dezember liegt[2]). Je näher dem Äquator ein Flußgebiet in seiner ganzen Erstreckung bleibt, desto gleichmäßiger wird die Wasserführung in ihm bleiben. Sind in das Gebiet große Waldregionen eingeschaltet, wie das beim Kongo der Fall ist, dann wird eine solche dichte Vegetationsdecke den unterhalb gelegenen Strecken gegenüber geradezu wie eine Art Reservoir wirken, so daß sich in ihnen keine extremen Niederwasserperioden entwickeln, die sonst zwischen den beiden Regenzeiten nicht ausblieben.

Von besonderem Interesse sind die Verhältnisse am Nil. In erster Linie wegen seiner großen meridionalen Erstreckung, die ihn aus der Mitte des Tropengürtels bis in die subtropische Region des Mittelmeers bringt unter starken Variationen der geographischen Bedingungen der Anteile seines Zuflußgebietes; und dann wegen der großen historischen und neuzeitlichen Bedeutung des Stroms für die menschliche Wirtschaft. Die englischen Ingenieure haben in den letzten anderthalb Jahrzehnten vieles zur Aufhellung der Verhältnisse beigetragen und in einer deutschen Arbeit sind ihre Ergebnisse lichtvoll zusammengestellt worden[3]). Auf die absoluten Werte soll bei dem zu gebenden kurzen Hinweis kein großer Wert gelegt werden, da die Reihe, auf welche die synoptische Darstellung sich

[1]) Thys, Etude des forces hydrauliques du Bas-Congo 1910—1911. Bruxelles 1912. Wertvolle Reihen von Wassermengen im Inkisi, Kwilu, M'Pozo und N'Gewa.

[2]) Vgl. für weitere, freilich noch sehr spärliche Angaben über die Wasserführung im Kongosystem Lancaster et Meuleman, Le climat du Congo, Bruxelles 1898.

[3]) W. Pietsch, Das Abflußgebiet des Nil. Berliner Doktordissertation. 1910. Englische Hauptwerke: W. Garstin, Report upon the Basin of the Upper Nile. (Anhang von Dupuis über den Tsana-See.) Cairo 1904. — H. G. Lyons, The Physiography of the River Nile and its Basin (Survey Department). Cairo 1904.

gründet, nur fünf Jahre umfaßt. Aber über die Verhältnisse der beiden Hauptkomponenten des Nils läßt sich so doch ein erster Überblick gewinnen. Damit werden bisher bestandene Meinungen nun ganz erheblich korrigiert. Noch vor wenig Jahren glaubte man, daß

Nil. 1904—1908.

%	I	II	III	IV	V	VI	VII	VIII	IX	X	XI	XII	qa cbm/sec
Weißer Nil Tausikia.....	8,7	5,9	5,0	4,5	4,8	6,4	8,3	9,8	11,1	11,9	12,2	11,4	720
Blauer Nil Khartum....	1,4	1,0	0,8	0,7	0,8	2,5	8,5	29,3	32,2	14,1	5,7	3,0	1960
Nil Wadi Halfa .	4,3	3,3	2,5	2,1	2,0	2,3	5,0	19,5	27,4	17,5	8,3	5,8	2900

bei den Hochfluten des Nils in Ägypten der Weiße Nil die Hauptrolle spiele. Das ist, wie die Zahlen zeigen, nicht der Fall. Die Nilflut ist ein Erzeugnis des Blauen Nil. Die flache Periode des Weißen Nil enthält — ganz abgesehen von den niedrigen Werten der Wasserführung — kein fluterzeugendes Moment. Es sind also nicht die Regen des äquatorialen Afrika, sondern die im Berglande Abessinien niedergehenden, welche die Nilflut in Ägypten spenden. Es ist möglich, daß diese Feststellung ein noch größeres Interesse gewinnt. Denn es sind Anzeichen vorhanden, daß gewisse Beziehungen bestehen zwischen Eintritt und Menge der abbessinischen Regen und Eintritt und Menge der Monsunregen in Nordindien. Sollten diese Vermutungen, die theoretisch nicht ohne weiteres abzuweisen sind, sich hinreichend zahlenmäßig begründen lassen, dann würde die indische Monsunprognose gleichzeitig für Ägypten nutzbar werden. Das würde, trotz der großartigen Regulierungsarbeiten der Engländer am ägyptischen Nil, bei der hohen wirtschaftlichen Bedeutung der Flut für das Land ein nicht geringer Vorteil sein.

§ 11.

Es sollen hier kurz die Ergebnisse, zu denen hinsichtlich der Periode der Wasserführung gelangt wurde, zusammengestellt werden.

Wir haben danach zunächst zwei große Klassen von Flüssen zu unterscheiden: solche, die ausschließlich durch Regen ihr Wasser erhalten, und die daher die Maxima ihrer Wasserführung im Anschluß an diejenigen des Niederschlags ausbilden. Das sind die Tropenflüsse und diejenigen des Monsunregimes. Die andere Klasse ist die, welche ihr Hauptwasser aus der Schneeschmelze empfängt. Zu ihr gehören die Hochgebirgsflüsse und die nordischen Flüsse als Vertreter des reinen Typus. Ihnen schließen sich die Flüsse an, deren Quellen in den Mittelgebirgen von mehr kontinentaler Lage sich finden. Der Typus wird modifiziert bei den Mittelgebirgsflüssen, deren Gebiete mehr maritime Lage besitzen, wo Herbstregen und häufige frühwinterliche Tauperioden das Maximum der Wasserführung bestimmen; und dann in den Gebieten, die wir am Nordrand des Mittelmeers kennen lernten und in denen das im Herbst liegende Maximum des Regenfalls ein sekundäres Maximum der Wasserführung neben dem durch die Schneeschmelze bedingten hervorruft.

Der Sommer ist — abgesehen von den Flüssen der Hochgebirge und des Nordens — die Zeit geringer Wasserführung, infolge der dann mit der steigenden Temperatur hohe Werte annehmenden Verdunstung. Er wird wasserarm da, wo dieser starken Verdunstungstendenz auch noch Regenarmut des Sommers zur Seite tritt, in den subtropischen Gebieten. Schon im südlichen Halbinselitalien und auf Sizilien zeigen sich Annäherungen an die extremste Ausbildung dieses Typus, den Wadi-Charakter: die Wasserläufe fließen nur im Anschluß an Regen und liegen sonst trocken. Die Benutzung des arabischen Wortes für Tal (Wadi) stammt aus Nordafrika, wo der bezeichnete Flußtypus allgemein ist. Aber nicht nur dort, sondern überall da, wo die Jahresperiode des Niederschlags scharf ausgeprägt ist, wie in den Monsunländern, wird eine Tendenz zur Annäherung an diesen Charakter bestehen. Ein sprechenderes Beispiel als Vorderindien ist Java, wo trotz hoher Jahressummen des Niederschlags Landeskultur nur möglich wird auf Grund einer ausgedehnten und intensiven Bewässerungswirtschaft, die sich auf sorgfältiges Haushalten mit den im Monsun gelieferten Regenmengen gründet.

Äußerste Extreme finden wir einmal in den eigentlichen Wüstenländern, wo es nur temporär zum Ablauf des durch vereinzelte heftige Niederschläge gelieferten Wassers in oberflächlichen Kanälen kommt, wo aber auch flächenhaftes Ablaufen stattfindet. Das andere Extrem bildet die Polarwelt, wo nur während weniger Wochen fließendes Wasser aufzutreten vermag.

§ 12.

In dem Leben der Flüsse ist also ein in hohem Maße bestimmendes Moment das klimatische. Das ist schon vor aller Wissenschaft den Menschen zum Bewußtsein gekommen, und die Art, wie daraus Konsequenzen gezogen wurden, bildet einen anregenden Abschnitt der Geographie des Menschen.

Wissenschaftlich haben diese Beziehungen zwischen Hydrographie und Klimatologie in den letzten 25 Jahren oft Ausdruck gefunden, am beachtenswertesten einmal in Wojeikows großem Werk[1]), wo in einem besonderen Abschnitt die Flüsse als Produkte des Klimas betrachtet werden, und dann neuerdings durch Penck (Sitzungsberichte der Berliner Akademie 1910), der umgekehrt seine Klassifikation der Klimate ganz vorwiegend aus Gesichtspunkten begründet hat, die aus dem Niederschlagsregime und dessen Beziehungen zur Wasserführung entnommen sind.

Auf diese allgemeinen Betrachtungen einzugehen, gehört erst zu den Aufgaben des IV. Bandes dieses Werkes. Hier aber haben wir uns mit dem speziellen hydrographischen Problem näher zu befassen, das immer wieder durch die Darlegungen über die jährliche Periode der Wasserführung entsteht. Wir haben die Wasserführung a als Funktion der Niederschlagsmenge r und der Temperatur t erkannt, die beide Funktionen der Zeit z sind. Es ist also

$$a = f(r, t, z),$$

wo die Zeit z als Variable auch außerhalb r und t aufgeführt werden muß, wenn wir nicht nur an die Möglichkeiten von Profiländerungen denken, die sich als Funktion von z darstellen ließen, sondern wo auch zu beachten ist, daß neben r und t auch die Vegetationsdecke, eine Funktion der Zeit, auf den Abfluß einwirken muß, während die Variationen der Bodenverhältnisse für ein und dasselbe Profil sich als Funktionen von r und t auffassen lassen, wie z. B. die Beeinflussung der Durchlässigkeit durch Frost oder auch durch Hitze- und Dürreperioden bzw. durch starke und langandauernde Regen.

In der Allgemeinheit, wie sie aufgestellt werden muß, läßt sich die Frage zurzeit aber noch nicht annähernd erörtern. Man kann nur schrittweise vorgehen, indem man sich eng an die Tatsachen der Beobachtung hält. Dabei wird man ausgehen von den Beobachtungen, die am nächsten liegen und in reicher Häufigkeit möglich sind, d. h. von denen, die in der gemäßigten Zone zu machen sind.

Da erscheint es nun besonders wichtig, daß unsere Flüsse auch in Zeiten ausgesprochener Regenlosigkeit keineswegs vollkommen versiegen, wenn ihre Wasserführung auch in zunehmendem Maße gering wird; sie hält sich aber zuletzt doch auf einem für die Zeiteinheit, etwa den Tag, konstant bleibenden Minimum. Diese äußerste Minimalwasserführung ist also gewissermaßen das Fundament der gesamten Wasserführung und kann als der Zeit pro-

[1]) Die Klimate der Erde. 2 Bde. Jena 1887.

portional angesehen werden. Sie wird geliefert durch diejenigen Mengen des Niederschlags, welche bis zur untersten mit Gefälle nach dem Flußbett ausgestatteten undurchlässigen Schicht des Flußgebietes durchsickern. Das ist die reine Grundwasserspeisung der Flußläufe, die also nicht abhängig ist von den einzelnen Regenfällen. Ein Maß für sie werden wir in γ_{min} finden. Und da nun früher erkannt worden, daß γ die Tendenz hat, im allgemeinen flußabwärts, d. h. mit zunehmendem Gebiet und abnehmender Regenmenge abzunehmen, da sich außerdem ergibt, daß, unter sonst gleichen Verhältnissen, insbesondere γ_{min} kleiner wird, wenn die Jahresmenge des Niederschlags kleiner wird, so wird der reine Grundwasseranteil an der Wasserführung in einem Zeitraum von t Tagen sich darstellen lassen

$$q = \beta \cdot \frac{Rt}{365} \cdot F, \text{ oder } a = \beta \frac{Rt}{365},$$

wo R die Jahresmenge des Niederschlags und β ein Koeffizient ist, der nun die Durchlässigkeit des Niederschlagsgebietes F charakterisiert. Er muß durch direkte Beobachtung bestimmt werden. (Vgl. unten.)

Man beobachtet aber auch weiter, daß nach einem kräftigen Regen der Fluß eine stärkere Wasserführung auch dann noch aufweist, wenn die Niederschläge ausgesetzt haben, und von der Oberfläche des Gebietes auch kein Tropfen mehr abrinnt. Das Andauern der höheren Wasserführung kann daher nur so stattfinden, daß ein Teil der Niederschläge in den Boden eingedrungen (versickert) ist und nun allmählich sich unter mehr oder minder großer Verzögerung, die eben durch die Natur des Bodens bedingt wird, in Tausenden kleiner Kanäle durch den Boden nach dem Flusse hin bewegt. Dabei ist es möglich, daß dieses Sickerwasser sich an den Talhängen in temporären Quellen zusammenfaßt, ganz ebenso wie das Grundwasser im Flußbette in dauernden Quellen austreten kann. (Vgl. Band III.)

Endlich, und das ist die am leichtesten zu erbringende und allgemein bekannte Beobachtung, wird ein Teil des Regens oberflächlich abrinnen.

Betrachten wir nun eine Periode von n Tagen, in der ein Regenfall von r_n und eine Abflußhöhe von a_n beobachtet sei. Dann ist also

$$a_n = \alpha_1 r_n + \alpha_2 r_n + \beta \frac{R_n}{365}, \qquad 1)$$

wenn $\alpha_1 r_n$ der Regenanteil ist, der oberflächlich, $\alpha_2 r_n$ derjenige Anteil, der erst durch Versickerung abrinnt. Die Koeffizienten α_1, α_2 sind ihrer Natur nach echte Brüche. Ob $\beta \leqq 1$ ist, muß die Beobachtung zeigen. Das wird dann möglich sein, wenn eine — nicht zu kurze — regenlose Periode einfällt. Dann ist nämlich $r_n = 0$ und es folgt sofort

$$\beta = \frac{a_n}{n\varrho},$$

wenn mit ϱ die Konstante R:365 bezeichnet wird. Man wird sich nun freilich für diese Bestimmung von β nicht mit einer einzigen Beobachtung begnügen, da dieser Koeffizient eine fundamentale physikalische Bedeutung besitzt und zudem sich von n abhängig erweist. Man wird also eine Reihe von Trockenperioden aus möglichst vielen Jahren zugrunde legen und das Mittel der einzelnen Bestimmungen nehmen. Rascher kommt man zum Ziele, wenn man, unter q_{min} die mittlere Minimalwassermenge (NW-menge) eines Zeitraums verstehend, aus dieser die entsprechende Abflußhöhe a_{min} herleitet und als Näherung setzt

$$\beta = \frac{a_{min}}{R_0}, \qquad 2)$$

wenn R_0 die mittlere Jahresmenge des Niederschlags für denselben Zeitraum bedeutet. Dieser Koeffizient β ist also annähernd eine Konstante, eine nur langsam veränderliche Zahl, die nur etwa von Jahrzehnt zu Jahrzehnt revidiert werden muß.

Für den Jahresabfluß besteht dann folgende Beziehung

$$a = \alpha_1 R + \alpha_2 R + \beta R \qquad 3)$$

Den offenen Abfluß $\alpha_1 R$ und den Sickerwasser-Antheil $\alpha_2 R$ faßt man auch zusammen und setzt

$$a = \alpha R + \beta R, \qquad 3')$$
$$\alpha_1 + \alpha_2 = \alpha < 1,$$

wo dann α kurz als Abflußkoeffizient bezeichnet wird, genauer wäre jährliches Abflußverhältnis. Meist geschieht es auch noch, daß man — unter Unterschätzung des Grundwasseranteils — diesen vernachlässigt und einfach schreibt $a = \alpha R$. Aber nun ist eines zu beachten. Zur Gleichung 3′) ist man gelangt durch allmähliche Begriffserweiterung aus Gleichung 1); mit dieser Erweiterung hat sich indes eine Begriffsverschiebung eingeschlichen. In Gleichung 1) sind zusammengehörige Größen r und a betrachtet. Die Verhältniszahlen α sind daher dort genau definiert. In 3 und 3′ handelt es sich aber um Größen R und a, von denen wir wissen, daß sie nicht zusammengehören. Denn einmal ist anzunehmen, daß im Januar noch Sickerwassermengen wenigstens aus dem vorangehenden Dezember in die Summe a eintreten; dann aber haben wir in dem vorhergehenden

Paragraphen ausdrücklich erkannt, daß die maximale Wasserführung im wesentlichen durch aufgespeicherte Niederschlagsmengen, die zum Teil bereits im Spätherbst des vorhergegangenen Jahres gefallen sind, geschaffen wird.

Man kann nun freilich gerade in Hinsicht auf diesen letzten Punkt Abhilfe dadurch treffen, daß man für die Erörterungen der Beziehung zwischen Niederschlag und Abfluß *hydrologische Jahre* an Stelle der bürgerlichen einführt, indem man jene zu einem Zeitpunkte beginnen läßt, von dem man annehmen kann, daß von ihm ab die Niederschläge völlig oder doch ganz vorwiegend in fester Form fallen und aufgespeichert werden. So beginnt man in Preußen das „Abflußjahr" mit dem 1. November, in Süddeutschland mit dem 1. Oktober, in Österreich mit dem 1. Dezember; in Finnland hat man sich dem preußischen Termin angeschlossen, in Norwegen dagegen liegt der Beginn des hydrologischen Jahres am 1. August, ist also an den Abschluß der Maximalperiode gelegt.

Mit der Einführung dieser hydrologischen Jahre hat man sich, wenigstens für Mittelzahlen aus einer Reihe von Jahren, der Bedingung genähert, daß R und a nicht nur gleichzeitig beobachtete, sondern auch physikalisch zusammengehörende Größen sind. Aber für das einzelne Jahr (d. h. den als solchen gewählten Zeitraum von 12 aufeinanderfolgenden Monaten) ist dieser Zusammenhang keineswegs gewährleistet. Die Natur korrigiert dann oft unsere Methoden, indem sie in $a = \alpha R$ ein $\alpha > 1$ liefert. So ist[1]) am Numedalslaagen bei Labro in den Abflußjahren 1898—1899 und 1902—1903 gefunden $\alpha = 1{,}02$, und ich fand ganz entsprechend bei einer Bearbeitung des Glommen für dessen Gebiet bis Elverum unter Zugrundelegung von mit dem 1. Dezember beginnenden hydrologischen Jahren $\alpha = 1{,}03$ und $\alpha = 1{,}01$; in diesen Jahren ist dort also mehr Wasser abgeflossen, als in den Flußgebieten als Niederschlag gefallen ist. Mit anderen Worten: es ist in einem solchen Jahr noch Wasser zum Abfluß gelangt, das aus Niederschlägen des Vorjahres stammte.

Solche Ergebnisse haben, als Zahlen, keine nutzbare Bedeutung; aber sie sind insofern doch wichtig, als sie darauf hinweisen, daß, infolge der Schwankungen der meteorologischen Verhältnisse von Jahr zu Jahr, die Länge der Abflußperiode zwar um den konstanten Wert von 12 Monaten herum schwankt, ihn aber keineswegs in jedem einzelnen Fall auch hat.

Es ist vielfach noch Brauch, auch für die einzelnen Monate eine Relation $a = \alpha R$ aufzustellen, also „monatliche Abflußkoeffizienten"

[1]) Beskrivielse af Numedalslaagen, utgit af Vasdragsdirektoeren. Kristiania 1911.

zu berechnen. Hier sind wir aber so sicher, mit nicht zusammengehörenden a, R zu arbeiten, daß es unnötig erscheint, ein spezielles Beispiel zu diskutieren. Es genügt, wenn der Leser vorbereitet ist, derartige Koeffizienten in der Literatur anzutreffen.

§ 13.

Wir beschränken uns also darauf, die Beziehung zwischen Abfluß und Niederschlag für das volle Jahr zu suchen, wobei wir die Unzulänglichkeiten, mit denen wir es auch dann noch zu tun haben, im vorigen Paragraphen ja deutlich herausgestellt haben.

Die beifolgende Tabelle zeigt, was zu erwarten war, daß a keine Konstante ist. Um einen Überblick über die Veränderlichkeit

	Inn Innsbruck			Donau Stein			Donau Wien			Elbe Tetschen		
	R	A	a	R	A	a	R	A	a	R	A	a
1900	1145	955	0,83	1055	600	0,57	1039	529	0,56	729	279	0,383
1901	1352	1020	0,75	1018	467	0,46	997	448	0,45	722	189	0,262
1902	1227	996	0,81	1058	569	0,54	1038	518	0,50	625	158	0,203
1903	1266	999	0,79	1063	598	0,56	1056	554	0,52	688	159	0,231
1904	1161	1028	0,88	985	542	0,55	973	515	0,53	548	138	0,252
1905	1902	1089	0,91	1102	670	0,56	1080	603	0,56	706	181	0,256
1906	1131	908	0,80	1153	640	0,56	1141	646	0,57	701	182	0,258
1907	1152	1037	0,90	1033	636	0,61	1014	658	0,65	674	202	0,297
1908	1172	991	0,85	903	489	0,54	883	478	0,54	543	139	0,253
1909	1176	868	0,74	1080	537	0,50	1066	521	0,49	733	193	0,261
1900—1909	1286	989	0,78	1045	570	0,55	1029	552	0,54	667	182	0,273

von a zu erhalten, sind die Abweichungen der beobachteten a von dem aus dem Vergleich der zehnjährigen Mittel R, A sich ergebenden mittleren Abflußkoeffizienten a_0 gebildet und das Mittel aus deren absoluten Werten berechnet worden. Das ist die sogenannte mittlere Abweichung oder auch kurz die Veränderlichkeit des Abflußkoeffizienten. Drückt man sie in Teilen von a_0 aus, so kommt

Inn bei Innsbruck $a = 0{,}78\ (1 \pm 0{,}08)$
Donau bei Stein . $a = 0{,}55\ (1 \pm 0{,}05)$
Donau bei Wien.. $a = 0{,}54\ (1 \pm 0{,}08)$
Elbe bei Tetschen . $a = 0{,}27\ (1 \pm 0{,}11)$

Mit der Anwendung von $a_0 = 0{,}27$ würde man also die Abflußmenge der Elbe bei Tetschen für ein einzelnes Jahr nur mit einer mittleren Abweichung von $\pm 11\%$ erhalten. Für den Neckar bei Horb ist für das Jahrzehnt 1901—1910

$$R = 911 \quad A = 416 \quad a = 0{,}46 (1 \pm 0{,}09).$$

Für die Saale bei Trebnitz

1881—1890	R = 617	A = 178	α = 0,288 (1 ± 0,146)
1891—1900	R = 609	A = 159	α = 0,261 (1 ± 0,134)
1881—1900	R = 613	A = 169	α = 0,275 (1 ± 0,119)

Also selbst bei einer zwanzigjährigen Beobachtungsreihe muß man noch auf eine mittlere Abweichung von 12% gefaßt sein, während sie bei einer zehnjährigen sogar auf 15% steigen kann. Das ist ein wenig günstiges Ergebnis.

Aber aus allen gegebenen Beispielen folgt, wenn man die Mittelwerte von R, A und α betrachtet, daß α mit R wächst, also noch von R abhängig ist. Eine eingehendere Untersuchung zeigt, daß man dies sehr annähernd ausdrücken kann in der Form

$$\alpha = m - \frac{n}{R}$$

oder

$$\alpha = \lambda\left(1 - \frac{C}{R}\right), \qquad 1)$$

wo λ, C zwei Konstanten sind, die bei einer gegebenen Beobachtungsreihe durch die Methode der kleinsten Quadrate bestimmt werden. Aber man muß sich bewußt bleiben, daß man hier nur eine Annäherungsannahme gemacht und die einfachste Form gewählt hat. Wenn erst allgemein, und nicht nur wie heute nur vereinzelt, lange Beobachtungsreihen über A und R vorliegen, dann wird es sich lohnen, zu untersuchen, ob dem Ausdruck von α nicht noch weitere Glieder anzufügen sind. Setzt man nun in die Gleichung $A = \alpha R$ ein, so kommt

$$A = \lambda(R - C). \qquad 2)$$

Man muß nun bei der Interpretation dieser Gleichung reichlich vorsichtig sein. Zunächst ist sie nach früherem unvollständig. Sie hat nach § 12 vollständig zu lauten[1]):

$$A = A_g + \lambda(R - C), \qquad 2')$$

wo

$$A_g = \beta R_0$$

die perennierende Grundwasserspeisung und R_0 ein langjähriger Mittelwert ist, während A und R sich auf Einzeljahre beziehen müssen. Wir können also nicht sagen, ein Gebiet werde abflußlos, wenn in ihm in einem speziellen Jahre $R = C$ wird.

[1]) Vgl. meine Arbeit über die Kleinwasserführung der Flüsse in Ztschr. f. Gewässerkunde, Band VIII.

Dem steht nicht entgegen, daß es abflußlose Gebiete auf der Erde gibt, d. h. Gebiete, in denen Wasserläufe entweder nach kürzerer oder längerer Erstreckung versiegen oder überhaupt nur temporär auf kurze Strecken entstehen. Die Kleinheit der Jahreswerte R in diesen Gebieten würde freilich nichts beweisen, da man solchen Gebieten ja ein hinreichend kleines C zuordnen könnte. Aber die Abflußlosigkeit wird bedingt durch die Bodenverhältnisse. Deren Gestaltung kann sehr wohl als ein Produkt geologischer Klimaentwicklung angesehen werden; aber es kommt für die Hydrographie der Gegenwart auch nur der gegenwärtige Zustand in Betracht. Zudem gibt es Gebiete, die, sofern offene Flüsse in Betracht kommen, jetzt tatsächlich abflußlos sind, obgleich in ihnen weder R noch C klein werden. Am Osthang des Felsengebirges gibt es eine Reihe von Flüssen, die in den von ihnen selbst gebildeten mächtigen Schuttkegeln versiegen[1]).

Die geometrische Interpretation der Gleichungen 2 oder 2′ geht dahin, daß das „Abflußgesetz“ eine gerade Linie sei, die die Abszissenachse der R im Abstand C vom Nullpunkte schneidet, erscheint auch nicht zulässig. Wir sind bis jetzt noch nicht in der Lage gewesen, Verhältnisse, in denen R sehr klein wird, auf Grund ausreichender exakter Messungen zu diskutieren. Wir wissen im Grunde nichts von der Gestaltung des Abflußkoeffizienten in Gebieten, in denen R dauernd unter 400 mm herabgeht. Das heißt, wir wissen auf Grund von Beobachtungen nichts von der Gestaltung der Kurve $A=f(R)$ in ihren unteren Teilen. Was wir sagen können, ist weiter nichts, als daß die Abflußkurve in dem der Beobachtung zugänglichen Teil so verläuft, daß sie innerhalb desselben für den — wie früher gezeigt ist — nur bescheidenen Grad der Genauigkeit unserer Beobachtungen sich ihrer Tangente recht nahe anzuschließen scheint.

Es ist also notwendig, daß man sich des Charakters der Gleichung 2) als der einer empirischen Näherungsformel bewußt bleibe. So wird man sich wahren, allzu weitgehende physikalische Schlüsse auf diese Formel aufzubauen, und auch nicht Ansprüche an sie stellen, die sie ihrer Natur nach nicht erfüllen kann.

§ 14.

Die Form $A=\lambda(R-C)$ tritt zum ersten Male in einer Arbeit von Penck über das böhmische Elbegebiet auf[2]). Wenige Jahre

[1]) W. D. Johnson, The high plains and their utilization. XXI. Annual Report U. S. Geological Survey. Part. IV, Hydrography. Washington 1901.

[2]) Geographische Abhandlungen, herausg. v. A. Penck. Bd. V, Heft 5. 1894.

später hat er sich zusammenfassend dahin ausgesprochen[1]), daß in einem zwischen 47° und 51° NBr und 13°—19° EL (Greenwich) gelegenen Gebiete die Beziehung zwischen Niederschlag und Abfluß durch

$$A = 0{,}73\,(R - 420)$$

ausgedrückt werden möge. Nachdem W. Ule darauf einen, allerdings nicht weit genug führenden Versuch gemacht hatte, Niederschlag und Abfluß in Mitteleuropa darzustellen[2]), wobei er in $A = f(R)$ für $f(R)$ zu Kurven 3. Grades kam, hat dann H. Keller eine umfangreiche Arbeit[3]) publiziert, in der er die Frage für ein weites Gebiet, welches das norddeutsche Flachland, die Mittelgebirge und einen Teil der Alpen umfaßt, behandelt. Es kam ihm bei seiner Untersuchung nicht auf das zeitliche Moment an, d. h. er hatte nicht die Absicht, Formeln zu schaffen, die geeignet sein sollten, für beliebige Gebiete die Verhältnisse in Einzeljahren mit einiger Annäherung darzustellen, sondern für ihn war das räumliche Moment maßgebend, es galt eine Formel zu schaffen, die geeignet ist, die Verhältnisse eines möglichst großen Gebietes annähernd zusammenzufassen. Demgemäß sind die Elemente A, R, mit denen Keller arbeitet, nicht die unmittelbaren Beobachtungen einzelner Jahre, sondern Mittelwerte aus mehrjährigen Reihen. Diese Reihen konnten zur Zeit, da Keller seine Untersuchung anstellte, freilich noch nicht alle gleich lang sein und vor allem nicht dem gleichen Zeitraum angehören. Die einzelnen Flußgebiete sind daher mit ungleichen Gewichten in die Untersuchung eingegangen, doch sind die Unterschiede nicht so erheblich gewesen, daß eine Beeinträchtigung der Werte der Formel zu befürchten wäre. Diese Kellersche Formel

$$Q = 0{,}942\,(R - 430)$$

stellt also mittlere Verhältnisse dar, und zwar etwa mit dem Gewicht fünf- bis siebenjähriger Mittelwerte von A und R.

Die Formel ist bei wirtschaftlichen Untersuchungen (Planung von Talsperren u. dgl.) von großem Werte, denn bei diesen sind zunächst gerade mittlere Verhältnisse zugrunde zu legen.

Für die Hydrographie bleibt es aber notwendig, die Beziehungen zwischen A und R für jedes einzelne Gebiet nach Maßgabe des sich

---

[1]) Verbandschrift Nr. XIX des Deutsch-Österreichisch-Ungarischen Verbandes für Binnenschiffahrt. Berlin 1897.

[2]) Forschungen zur deutschen Landes- und Volkskunde, Bd. XIV, Heft 5.

[3]) Jahrb. f. d. Gewässerkunde Norddeutschlands. Besondere Mitteilungen, Band I.

nun immer mehr anhäufenden Beobachtungsmaterials immer eingehender zu untersuchen und solche Darstellungen anzustreben, die auch den zeitlichen Variationen sich nach Möglichkeit anschmiegen, d. h. auch die Einzeljahre möglichst gut darstellen.

§ 15.

Im folgenden sind einige Ergebnisse aus einer allgemeinen Untersuchung mitgeteilt[1]). Den einzelnen Darstellungen sind Faktoren $(1 \pm \varepsilon)$ beigefügt, in denen ε der mittlere prozentische Fehler ist, mit dem die Relation $A = \lambda(R - C)$ das einzelne Jahr, die einzelne Abflußhöhe A, wiedergibt. Die Reihen beziehen sich, wo nichts anderes bemerkt, auf die 10 Jahre 1900—1909.

Elbe bei Tetschen.......	A = 0,717	(R — 420)	(1 ± 0,074)	(1876—1909)
Main bei Miltenberg ...	A = 0,789	(R — 420)	(1 ± 0,062)	(1886—1897)
Neckar bei Horb	A = 0,855	(R — 420)	(1 ± 0,079)	(1900—1909)
Oder bei Schönbrunn ..	A = 0,77	(R — 420)	(1 ± 0,070)	"
Oder bei Oderberg	A = 0,709	(R — 420)	(1 ± 0,075)	"
Donau bei Vilshofen ...	A = 0,601	(R — 200)	(1 ± 0,055)	"
Donau bei Stein	A = 0,685	(R — 200)	(1 ± 0,042)	"
Donau bei Wien	A = 0,685	(R — 200)	(1 ± 0,035)	"
Inn bei Schärding	A = 0,880	(R — 200)	(1 ± 0,035)	"
Inn bei Innsbruck	A = 0,930	(R — 150)	(1 ± 0,047)	"
Drau bei Villach	A = 0,880	(R — 200)	(1 ± 0,068)	"
Etsch bei Trient	A = 0,923	(R — 200)	(1 ± 0,072)	"
Vorderrhein bei Ilanz ..	A = R		(1 ± 0,11)	(1896—1905)

Das Ergebnis ist im Grunde genommen nur für das Donaugebiet befriedigend, wo die Darstellung merklich besser ist als die durch $A = \alpha R$ (vgl. S. 154). Bei den Mittelgebirgsflüssen bleiben die ε jedenfalls aber noch zu groß, als daß von einer erfolgreichen Darstellung gesprochen werden könnte. Bei einem runden Mittelwerte $\varepsilon = \pm 7\,\%$ ist der Koeffizient λ eine von Jahr zu Jahr recht variable Größe. Aber das Ergebnis ist nicht überraschend. In λ sind ja sämtliche Faktoren vereinigt, die neben der Regenmenge R auf den Abfluß einwirken. Wenn nun die große Veränderlichkeit der meteorologischen Verhältnisse, d. h. die starken Abweichungen welche sie im Mittelgebirgslande von Jahr zu Jahr von den in den Klimatabellen niedergelegten mittleren Verhältnissen, aufweisen, beachtet werden, so wird man auch von vornherein erwarten, daß der Abflußvorgang in seinen Einzelheiten sich von Jahr zu Jahr sehr differenzieren wird, was sich in der Veränderlichkeit der zusammenfassenden Größe λ ausdrücken muß. Diese Einsicht leitet zu einer Schlußfolgerung, auf die nachher zurückgekommen wird.

---

[1]) Vgl. meine Arbeit in Petermanns Mitteilungen, Bd. 60.

Zunächst aber sollen zwei positive Ergebnisse hervorgehoben werden. Die obigen Gleichungen zeigen, daß mit zunehmender mittlerer Höhe des Niederschlagsgebiets die Größe C kleiner wird. Die physikalische Bedeutung hiervon erkennen wir leicht.

Für einen gegebenen Moment wollen wir die Zusammensetzung einer Abflußänderung $\varDelta A$ betrachten. Dabei bezeichne R wieder den Niederschlag, E die Verdunstung, S_1 den aus R herrührenden Versickerungsanteil, S_0 die etwa aus früheren Niederschlägen noch herrührende Versickerung, endlich P die durch die Vegetation absorbierte Menge. Es besteht dann unter den Änderungen dieser Größen die Gleichung

$$\varDelta A = \varDelta R - \varDelta E - \varDelta P - \varDelta S_1 + \varDelta S_0.$$

Gelingt es, das Jahr so abzugrenzen, daß es tatsächlich die volle Abflußperiode darstellt, dann ist

$$\Sigma(\varDelta S_0 - \varDelta S_1) = 0$$

und das Ergebnis der ganzen Summierung ist

$$A = R - E - P = R - V,$$

wenn, wie üblich, E und P zusammengefaßt werden, was nicht unberechtigt ist, da ein großer Teil von P tatsächlich der Verdunstung wieder anheimfällt, und wir keine Mittel haben, E und P exakt zu trennen. Es ist üblich geworden, den ganzen Betrag $V = E + P$ kurz als Verdunstung von dem Niederschlagsgebiet zu bezeichnen. Ist nun $A = \lambda(R - C)$, so erhalten wir als jährliche Verdunstungsmenge

$$V = (1 - \lambda)(R - C) + C.$$

Die obigen Gleichungen lassen also erkennen, daß mit zunehmender mittlerer Höhe des Niederschlagsgebiets die resultierende jährliche Verdunstungsmenge abnimmt. Den extremen Fall gibt der Vorderrhein bei Ilanz, wo $V = 0$ wird. Man muß aber bemerken, daß diese Ergebnisse sich nur auf die im Jahreszyklus *resultierende* Größe V beziehen. Im einzelnen findet auch in den Gebieten, die $V = 0$ ergeben, Verdunstung statt, nur ist zu beachten, daß über weiten Schnee- und Gletscherfeldern auch *negative* $\varDelta E$ auftreten, d. h. daß über ihnen Kondensation von Wasserdampf stattfindet. Und dieser Vorgang kann so ausgedehnt werden, daß $\Sigma \varDelta E = 0$ wird — der Betrag $\varDelta P$ wird in Gebieten der in Rede stehenden Art ausfallen —, d. h. daß volle Kompensation zwischen Verdunstung und Kondensation im Jahreslauf eintritt. Auf diese Verhältnisse hat Ed. *Brückner* schon vor 20 Jahren hingewiesen in einer ausgezeichneten Studie, die von späteren Autoren leider gelegentlich vergessen worden ist[1]).

Die Gleichung für V ist übrigens das einzige Mittel, das wir bis jetzt besitzen, um zu annähernden zahlenmäßigen Bestimmungen des klimatisch wichtigen Elementes der Verdunstung zu gelangen. Die Angaben der Evaporimeter können nur dazu dienen, die jährliche Periode (% der Gesamtverdunstung des Jahres) zu bestimmen; die absoluten Einzelwerte können kein richtiges Bild geben, da die Evaporimeter nach Größe und Aufstellung den Bedingungen, unter denen in der Natur die Verdunstung von Land- und Wasserflächen sich vollzieht, nicht hinreichend entsprechen können. Für nähere Unterrichtung über die Verdunstung ist auf Band IV Kap. 2 zu verweisen, wo der Gegenstand eingehend behandelt ist.

Da man, wie wir gesehen haben, nun für das volle Jahr als Zeitabschnitt die Elemente R, A und V ermitteln kann, so wird — wenn derartige Feststellungen erst einmal einwandfrei für große Gebiete der Erde vorliegen werden — sich auf ihrer Kenntnis auch eine Betrachtung über den Kreislauf des Wassers auf der Erde aufbauen lassen. Es gibt schon jetzt einige fleißige Arbeiten hierüber, aber es ist nach allem bisher Gesagten klar, daß in diesen Untersuchungen sehr hypothetische Werte für den Abfluß eingehen; für den Niederschlag stehen die Dinge etwas besser, doch gibt es noch weite Gebiete auf der Erde, wo wir auch nur Annahmen über dieses Element zur Verfügung haben. Sind doch selbst die R, die wir für das Hochgebirge benutzen, keineswegs als ganz sichere Zahlen anzusehen, da wir über die Niederschlagsmengen in Höhen über 2000 m noch recht wenig genau unterrichtet sind. Bei diesem Stande der Sache wird in diesem Bande von allgemeinen Erörterungen über den Kreislauf des Wassers abgesehen[2]). Auch sie sind in den IV. Bande verwiesen worden, da erst dort das Maß der Gültigkeit ihrer Ergebnisse hinreichend diskutiert werden kann.

Aber ein Hinweis auf spezielle Arbeiten, die in größerem Umfang notwendig sind, mag hier in Anknüpfung auf die S. 158 schon gemachte Bemerkung gegeben sein.

Für ein Gebiet möge auf Grund längerer Beobachtung die Abflußrelation hergeleitet sein, so daß für die Mittelwerte der Reihen A und R gilt

$$A_0 = \lambda_0 (R_0 - C).$$

[1]) Brückner, Einfluß der Schneedecke auf das Klima der Alpen. Zeitschrift des Deutschen und Österreichischen Alpenvereins, Band XXIV. Berlin 1893.

[2]) Vgl. einen Aufsatz von Fritzsche in der Zeitschrift für Gewässerkunde, Bd. VIII, wo sich auch Literaturangaben finden.

Für ein beliebiges Jahr der Beobachtungsreihe ist dann also, wie wir sahen,

$$A = \lambda(R - C) \text{ mit } \lambda = \lambda_0 + \Delta\lambda.$$

Es ist also

$$A - A_0 = \lambda_0(R - R_0) + \Delta\lambda(R - C).$$

Dabei wird $\Delta\lambda$ nach S. 158 rund $\pm 0{,}07\ \lambda_0$, das 2. Glied also von wesentlicher geringerer Größenordnung als das erste sein. Man wird also durch die letzte Gleichung die Sicherheit haben, daß die Änderungen der Wasserführung ganz vornehmlich beruhen auf den Variationen des Niederschlags, und man wird deshalb die Ergebnisse der neueren klimatologischen Forschung sofort in die Hydrographie übertragen dürfen. Das gilt insbesondere von der durch Brückner betonten Periodizität der klimatischen Erscheinungen[1]). Es ist nicht ohne eine allgemeine Bedeutung, daß man durch die letzte Gleichung die Zulässigkeit und Notwendigkeit einer solchen Argumentation gewinnt. Denn es ist in Laienkreisen stets die — unberechtigte, wie wir sehen — Tendenz vorhanden, Variationen der Wasserführung, namentlich dann, wenn sie irgendwie unangenehm empfunden werden, auf die durch die moderne Wasserwirtschaft gezeitigten Maßnahmen (Regulierungen der Flüsse usw.) zurückzuführen, eine den Fortschritt hemmende Neigung, der entgegenzutreten allerdings eine Nebenpflicht der Wissenschaft ist.

Für die Hydrographie handelt es sich nun aber um die Diskussion der einzelnen $\Delta\lambda$, deren jedes die Besonderheiten des Abflusses eines Jahres zusammenfaßt. Nur von solchen genau spezialisierten Untersuchungen können wir wirklich Fortschritte erwarten. Und im Hinblick auf sie ist schon an früherer Stelle dieses Buches die Notwendigkeit betont worden, neben den täglichen Wasserständen auch tägliche Wassermengen aufzuzeichnen. Ihnen müssen freilich ausgedehnte Veröffentlichungen über tägliche Niederschläge zur Seite treten, wie sie jetzt schon die hydrographischen Ämter Bayerns, Badens und Österreichs liefern.

Nur wenn man so auf die primären Beobachtungen zurückgreifen kann, erlangt man z. B. festen Boden unter die Füße zur Erörterung der Verhältnisse zwischen offenem Abfluß und dem durch Versickerung verzögerten Anteil (vgl. S. 163), über das man sich bisher immer nur sehr allgemein, ohne greifbare Ergebnisse, ausgesprochen hat.

[1]) Brückner, Klimaschwankungen seit 1700. Geogr. Abhdlg., herausg. von A. Penck, Bd. IV, Heft 2, 1890.

Bei leichtem Regen kommt es zwar nicht zu offenem Abrinnen auf dem Boden, wohl aber wird die Wassermenge im Flußlaufe zunehmen, dem auf dem Umwege über die Versickerung und durch vermehrte Ergiebigkeit der temporären Quellen ein Anteil des Niederschlags zukommt. Gleichzeitig wird aber der Boden mehr und mehr erfüllt, so daß, wenn nun ein ergiebigerer Regen einsetzt, sehr rasch ein Sättigungszustand erreicht wird, mit dem das oberflächliche Abrinnen einsetzt. Es tritt eine Welle im Flußlauf auf, hinter deren Vorübergang die Wassermenge des Flusses dauernd abnimmt, sofern nicht neue Niederschläge einsetzen. Während des „Hochwassers" (d. i. der Welle) ist nun eine Wassermenge abgeflossen, die durch Planimetrieren der von der Kurve 2, deren Ordinaten a, b und der Abszissenachse in der beistehenden Figur umschlossenen Fläche gefunden wird. Diese Menge setzt sich zusammen aus der, welche lediglich vom oberflächlichen Abrinnen stammt, Q_o, und einer anderen, Q_s, welche zustande gekommen wäre, wenn die das Stadium 2 hervorrufenden heftigen Niederschläge nicht eingetreten wären. Man wird beide Mengen trennen, wenn man eine Kurve 2′ so legt, daß sie sich den Kurvenstücken 1 und 3 stetig anschmiegt. Konstruktionen dieser Art sind schon seit 50 Jahren in Einzelfällen von französischen Ingenieuren angewandt worden. Sie wurden auch später von anderen gebraucht bei der Bestimmung von Hochwassermengen, so vom Österreich. Hydrographischen Zentralbureau bei dem Studium der großen Hochfluten am Ende des vorigen Jahrhunderts. Aber es wird von Interesse sein, solche Untersuchungen systematisch auf die gesamte Wasserführung einer längeren Reihe von Jahren auszudehnen. Das bedeutet freilich eine sehr zeitraubende Arbeit. Denn das „Abschneiden der Spitzen" der Abflußkurven erfordert in jedem Einzelfall eine sehr sorgfältige Kritik, selbst wenn man sich die Arbeit dadurch erleichtert, daß man dies Abschneiden durch gerade Strecken vornimmt, wobei, wie die Figur erkennen läßt, kein großer Fehler entsteht, der zudem um so geringer wird, je höher die Spitze (Welle) ist. Es kann nur an der Hand von Kurven geschehen, welche den gleichzeitigen Gang der Niederschläge und der Temperatur angeben. Es wird also die ebenfalls zeitraubende Vorarbeit notwendig, wenigstens für den Gebietsniederschlag auch Kurven (oder Tabellen)

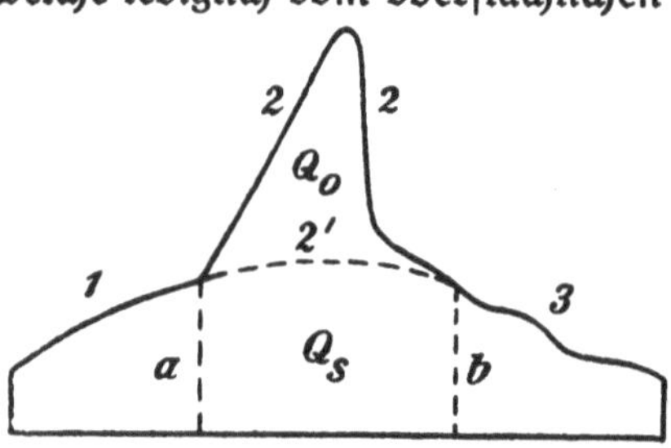

Fig. 20.
Freier Abfluß und Sickerwasserfluß.

zu entwerfen, welche den Gang desselben von Tag zu Tag angeben, während man den Temperaturgang aus einigen wenigen Stationen hinreichend genau zu entnehmen vermag. Die Durchführung solcher Arbeiten wird sich daher zunächst auf kleinere Gebiete beschränken müssen. Ich habe in meinen Untersuchungen über den Neckar für das bis Horb reichende Gebiet (f=1095 qkm) gefunden als Mittel aus dem Jahrzehnt 1901—1910.

Gesamtabfluß	417 mm	
Sickerwasser- und Quellenanteil .	266 mm	= 63,9%.

In einer Abhandlung über das Gebiet der Pegnitz findet A. Specht

Gesamtabfluß	361 cm	
Sickerwasser- und Quellenanteil .	271 cm	= 75,0%.

Die Ergebnisse harmonieren ganz gut, wenn man sich dessen erinnert, was früher über das Gebiet (Fränkischer Jura) gesagt wurde, dem die Pegnitz angehört, und beachtet, daß das Gebiet des oberen Neckar zum großen Teil wenig durchlässig ist. Einzelheiten findet man in den angezogenen Arbeiten, von denen die Spechtsche in den „Abhandlungen des Kgl. Bayrischen Hydrotechnischen Bureaus" (1912) enthalten ist.

Bevor Ergebnisse, wie die angeführten, wirklich nutzbar werden können, müssen sie freilich noch wesentlich zahlreicher werden.

Gleiches gilt hinsichtlich der für die Hochgebirgsflüsse so wichtigen Frage nach dem Anteil, den die Schnee- und Gletscherregion zum Abflusse liefert, über die bisher nur ein einziger systematisch durchgeführter Versuch vorliegt[1]). Im Rheingebiet beträgt der Einfluß der aus jener Region stammenden Menge im Februar 0,7% der gesamten monatlichen Wassermenge (Minimum), im Juni aber 37,2% (Maximum).

Ein Desiderat, das in diesen Zusammenhang gehört, sind endlich systematische und auf längere Zeit (d. h. eine Reihe von wenigstens 10 Jahren) gleichmäßig angestellte Beobachtungen über den Einfluß der Vegetationsdecke, insbesondere des Waldes, auf den Abflußvorgang. Die „Wald- und Wasserfrage" ist viel und oft mit sehr viel Temperament behandelt worden, ohne daß immer ausreichend exakte Daten zugrunde gelegt werden könnten. Aus der Erkenntnis dieser Lage der Sache heraus, hat man in den Vereinigten Staaten zunächst eine Versuchsstation in Wagon Wheel Gap, Colorado, an-

[1]) M. von Tein, Der Abflußvorgang im Rhein. Heft VIII der „Untersuchung der Hochwasserverhältnisse im Deutschen Rheingebiet", herausgegeben vom Zentralbureau für Meteorologie und Hydrographie im Großherzogtum Baden. Berlin 1908.

gelegt, deren Ergebnisse zusammen mit denen korrespondierender Stationen im Coconino National Forest (Arizona) und im Fremont National Forest (Colorado) nach Ablauf einer zehnjährigen Reihe zusammengefaßt und diskutiert werden sollen[1]). Entsprechende Einrichtungen sind auch für die Oststaaten (Alleghany-Gebirge) in die Wege geleitet.

Der ganze Komplex von Fragen, die sich darbieten, ist neuerdings kurz aber ausgezeichnet behandelt worden durch den preußischen Forstmeister H. Kautz[2]). Aber schon seit Ausgang der neunziger Jahre des vorigen Jahrhunderts kann eine dieser Fragen durch Hambergs Untersuchungen[3]) als erledigt gelten: der Wald ist nicht Erreger und Vermehrer der jährlichen Regenmenge.

Untersuchungen von Ototzky[4]), denen sich mit gleichem Ergebnisse diejenigen anderer russischer, auch französischer und amerikanischer Forscher anschlossen, haben gezeigt, daß der Wald den Grundwasserspiegel in der Ebene und im Hügelland senkt, gegenüber dem freien Lande. Diese Wirkung kann verständlich erscheinen, wenn man an die auffaugende Arbeit des weitverzweigten Wurzelsystems eines Waldes denkt. Für die Hydrographie sind aber noch weitere Untersuchungen nötig, um zu entscheiden, ob jene Senkung des Grundwassers ausreichend ist, um die Niedrigwasserführung der Flüsse, das $\gamma_{\min}$, zu beeinflussen. (Vgl. Bd. III, Kap. 4.)

Bei kleinen und mittleren Niederschlägen schützt der Wald durch das Kronendach sowohl wie durch die Streudecke den Boden vor mechanischen Angriffen des aufschlagenden Regens und wirkt durch beide Momente verzögernd auf den Abfluß. In welchem Maße bleibt aber auch noch zahlenmäßig festzustellen.

In der Schweiz sind durch die Eidgen. Centralanstalt für forstliches Versuchswesen in Gemeinschaft mit dem Hydrometrischen Bureau (jetzt Schweizer. Landeshydrographie) 1900 vom August bis Dezember vergleichende Wassermessungen in den nebeneinanderliegenden Gebieten des Rappengräbli und des Sperbelgrabens bei Wasen im Kanton Bern angestellt werden. Das unbewaldete Gebiet des Rappengräbli führt Gußregen in steilen Wellen ab, während das bewaldete Sperbelgrabengebiet nur ganz flache Anschwellungen als

[1]) Report of the Chief of the Weather Bureau 1909—1910 und 1910—1911. Washington 1911 und 1912.

[2]) Kautz, Schutzwald. Forst- und wasserwirtschaftliche Gedanken. Berlin 1912.

[3]) H E Hamberg, Om skogarnes inflyttander pa Sveriges Klimat. 5 Hefte von 1885 bis 1896 (I u. II Allgemeines, III Luftfeuchtigkeit, IV Niederschlag, V Schneedecke).

[4]) Zeitschrift für Gewässerkunde, Bd. I ff.

Folgeerscheinung aufweist[1]). Aber diese im kleinen wohl vorhandene ermäßigende Wirkung des Waldes hört auf gegenüber weit ausgedehnten katastrophalen Niederschlägen, wie die Erfahrungen aus den schlesischen und böhmischen Gebirgen, den Karpathen und den Pyrenäen aufs deutlichste gezeigt haben.

§ 16.

Wir haben den Begriff des Hochwassers bereits eingeschränkt durch Einführung desjenigen des Hochwasserbereichs, das als ein der Natur aufgezwungenes Schema im einzelnen Falle wohl einmal wird versagen können, aber doch den Vorzug hat, eine exakte Grundlage für Vergleichungen zu bieten. Früher ist auch gelegentlich der ganze Teil der jährlichen Periode als Hochwasserzeit bezeichnet worden, in dem sich die Wasserführung über das Jahresmittel erhebt. In der beistehenden Figur, die ein Schema der jährlichen Periode der Elbe bei Tetschen auf Grund von zehnjährigen Dekadenmitteln der Wassermenge gibt, sind Horizontalen gezogen, welche den unteren Grenzen des Hochwasserbereichs und der mittleren Wasserführung entsprechen.

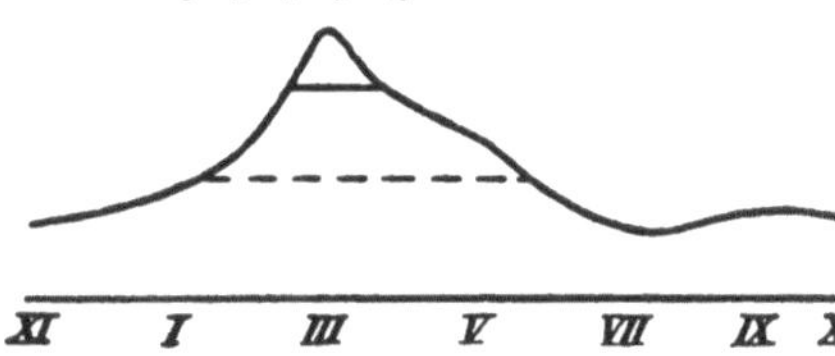

Fig. 21.
Jährliche Periode der Wassermenge der Elbe.

Wir wollen den Begriff später noch etwas weiter einschränken, indem wir darunter nur die Erscheinungen verstehen, welche störend in die menschliche Wirtschaft eingreifen.

Physikalisch genommen sind die Hochwasser oder Hochfluten Wellen, welche durch einen Fluß oder eine Strecke desselben hindurchgehen. Sie sind also nur dem Grade nach verschieden von den zahlreichen kleineren Wellen, welche sich in der jährlichen Abflußkurve als „Spitzen" zeigen. An der Welle sind drei bestimmende Elemente vorhanden: zunächst Anfang und Ende, d. h. die Punkte der Abflußkurve, in denen sich die Welle gegen den ungestörten Zustand deutlich absetzt. Dabei wird der erste Punkt, der Beginn der Welle, wohl immer scharf bestimmbar sein, während es mit dem zweiten durchaus nicht so zu sein braucht, vielmehr die Welle ganz allmählich ausklingt. Deshalb mag, um jede Unklarheit zu vermeiden, das Ende der Welle

[1]) Die neben allen Einzelheiten der Messung und ihrer Resultate auch Photographien der Gebiete und der benutzten Meßvorrichtungen enthaltenden Protokolle verdanke ich der Liebenswürdigkeit des damaligen Chefs des Hydrometrischen Bureaus Dr. J. Epper. Ob eine allgemeine Veröffentlichung stattgefunden hat, ist mir unbekannt.

definiert werden durch diejenige Ordinate der Abflußkurve, welche der Anfangsordinate gleich ist. Das ist auch physikalisch rationell, denn die Welle ist eine Störung des gleichmäßigen Abflusses, die als beendet anzusehen ist, wenn der Anfangszustand, von dem sie ausging, wiederhergestellt ist[1]). Den zeitlichen Abstand der Endpunkte nennen wir Wellenlänge. Neben diese tritt nun als weiteres gestaltbedingendes Element die Wellenhöhe oder die Höhe des Wellenscheitels, d. i. die Differenz der Maximalordinate gegen die Anfangsordinate.

Wir sehen zunächst von der Entstehungsursache einer Welle ganz ab und betrachten die Erscheinung lediglich an sich. Da ist leicht zu erkennen, daß die Verfolgung der Wanderung einer Welle durch einen Flußlauf ein sehr schwieriges Problem ist, da wir darauf vorbereitet sein müssen, daß die Welle durch jeden Nebenfluß — infolge gleichartiger Erscheinungen in diesem — transformiert wird. Wir müssen also anfangen mit der Betrachtung solcher, freilich sehr seltenen Wellen, bei deren Auftreten alle in Betracht kommenden Nebenflüsse ruhig bleiben. Das sind die primären Wellen. Um das Fortschreiten einer solchen Welle zu beschreiben, führen wir den Begriff der korrespondierenden oder gleichwertigen Wasserstände ein, indem wir die Betrachtung zunächst an Wasserstände anknüpfen, weil sie so aus mehrfach angeführten Gründen, ganz allgemein und nicht nur da anwendbar sind, wo eine ausreichende Kenntnis der Wassermengen vorliegt. Als solche gleichwertige Wasserstände bezeichnet man ohne weiteres die Maxima und Minima der Wasserstandsbewegung dann diejenigen Wasserstände, bei denen nach längerem gleichmäßigen Verhalten der Wasserführung ein Steigen einsetzt; endlich die Wasserstände dieses gleichmäßigen Verhaltens selber, die sogenannten Beharrungswasserstände, wobei als Beharrung oder Beharrungszustand jeder Zustand gilt, bei dem während mindestens dreitägiger Dauer die Schwankung des Wasserstandes den Betrag von 3 cm nicht übersteigt. (Vgl. oben S. 33.)

Es ist nötig, diese Untersuchung über gleichwertige Wasserstände eines Stromes oder einer Stromstrecke möglichst ausgedehnt anzulegen. Sie muß in möglichst kleinen Intervallen von h den ganzen Spielraum umfassen. Denn nur so wird es möglich, die Dimensionen der Wellen zu erfassen. Und es ist leicht einzusehen, wie sehr es auf diese ankommt, da sie zunächst die Masse und durch das Element der Wellenhöhe auch die Wassertiefe, d. h. die Geschwindigkeit v, und

[1]) Vgl. jedoch hierzu auch S. 162 dieses Bandes, wo vom Grundwasseranteil am Abfluß die Rede ist, und Band IV, Kap. 4.

durch beide Elemente die Energie der Welle bestimmen, von der die Bewegung abhängt.

Man wird in den Originaltabellen, in denen man die gleichwertigen Wasserstände zusammenstellt, zweckmäßig die mit jenen an den einzelnen Nebenflußmündungen zusammentreffenden Nebenflußwasserstände eintragen, die als den Wasserständen des Hauptflusses zugehörige bezeichnet werden.

Während man nun am Hauptfluß sowohl die Höhe wie die Zeitfolge gleichwertiger Wasserstände mit Genauigkeit bestimmen kann, gilt das nicht unbedingt für jeden „zugehörigen" Nebenflußwasserstand, da namentlich für kleinere Nebenflüsse die Zeitfolgen der Elemente der Wellen meist unvollkommen bekannt sein werden. Aber das sind Schwierigkeiten, die mit dem Anwachsen des Beobachtungsmateriales sich immer mehr verringern werden.

In der folgenden Tabelle ist als Beispiel eine kurze Darstellung der primären Rheinwelle auf der Strecke Waldshut—Mannheim gegeben. Die Ausgangswasserstände zu Waldshut sind (in Zentimetern) in der ersten Zeile gegeben, die gleichwertigen Folgestände an den einzelnen Pegeln in den mit h bezeichneten Zeilen. Die mit D (Dauer) bezeichneten Zeilen geben an, wieviel Stunden später als an der unmittelbar vorhergehenden Station der darüber stehende Wasserstand h eintritt. Die in Klammer vor D stehenden Zahlen geben die Entfernung (in Kilometern) der Station von der unmittelbar vorhergehenden an. Es ist also Basel von Waldshut um 61 km entfernt und der dem h = 200 cm am Pegel Waldshut gleichwertige Wasserstand h = 104 cm tritt 7 Stunden später als jener am Pegel Basel ein[1]).

Primäre Rheinwelle.

Waldshut		200	300	400	500	600	670
Basel	h	104	207	310	412	565	678
(61)	D	7	6	5	5	6	7
Kehl	h	227	329	422	498	604	684
(127)	D	13	15	24	39	44	46
Maxau	h	348	441	532	617	728	810
(69)	D	11	13	16	25	30	31
Speyer	h	287	404	518	615	744	840
(39)	D	8	9	11	15	19	22
Mannheim	h	273	390	497	593	744	856
(24)	D	8	8	7	8	12	15

Es lassen sich also zu jedem Ausgangswasserstand einer Oberstation die gleichwertigen Wasserstände der Unterstationen nach

[1]) Die Tabelle ist nur ein kleiner Auszug aus einer umfänglichen Darstellung, welche M. v. Tein in seinem Seite 163 erwähnten Werke gibt, und die im Intervall von 5 cm (Pegel Waldshut) fortschreitend den Verlauf der Rheinwelle über den ganzen Strom verfolgt. Die Entwicklung des Verfahrens findet sich in „Ergebnisse d. Unters. der Hochwasserverh. im Dtsch. Rheingeb.", III. Heft, Berlin 1897.

Höhe und Zeitfolge finden, d. h. man kann jede die Oberstation passierende (primäre) Welle ihrer ganzen Gestaltung nach für die Unterstationen konstruieren. Das graphische Verfahren ist so einfach, daß es keiner Erörterung bedarf. Wir haben so die primäre Welle; sie ist im speziellen Fall zu vergleichen mit der tatsächlichen Welle, die die Beobachtungen an der Unterstation ergeben. Sind dann auch ausreichende Beobachtungen an den Nebenflüssen vorhanden, dann wird man aus den Unterschieden zwischen Beobachtung und Konstruktion für den Hauptstrom die Einwirkung der Nebenflüsse erkennen, und kann dann vor allem auch die Wellen der Nebenflüsse nach denselben Prinzipien diskutieren wie die für den Hauptfluß. Ist dann O eine Oberstation an diesem, U eine Unterstation, N eine dazwischen liegende Nebenflußstation (oberhalb der Mündung in den Hauptfluß), dann hat man zunächst deren primär gleichwertigen Wasserstand h_u zu h_0, dann den *zugehörigen* Wasserstand h_n, dann dessen zeitlichen Abstand d_n von h_u und endlich die Korrektion die er an h_u veranlaßt, um Übereinstimmung mit der Beobachtung herbeizuführen.

Die hier gekennzeichnete Honsellsche Methode hat den großen Vorzug, daß sie die *gesamte* Welle, nicht nur ein einzelnes Stadium, etwa den Maximalstand oder Scheitel, zu verfolgen gestattet. Sie bietet so eine exakte und rein objektive Grundlage für die Diskussion der Hochwasserwellen, erfordert freilich sehr ausgedehnte und namentlich viel Zeit in Anspruch nehmende Vorarbeiten.

Wünschenswert wäre ja, wenn man das Element q der Diskussion zugrunde legen könnte; es würde damit auch, wie leicht einzusehen, die ganze Arbeit wesentlich vermindert und erleichtert werden. Aber es gibt zurzeit nur ein größeres Stromgebiet, wo das möglich ist, die Böhmische Elbe, wo H. Richter schon vor dem Erscheinen der Badischen Untersuchungen die Wellen der Elbe studiert hatte[1]).

In jeder Naturwissenschaft ist ein prognostisches Moment vorhanden, und so ist es selbstverständlich, daß die Untersuchungen über Auftreten und Bewegung der Wellen in einem Strome auch in den Dienst der Praxis in Form der allgemeinen Wasserstandsvorhersage oder der speziellen Hochwasserprognose gestellt wurden. Die Literatur über den Gegenstand ist sehr reich. Es ist daher in den Anmerkungen nur auf solche Werke aufmerksam gemacht, die nicht nur dem rein praktischen Zwecke der Prognose, sondern auch

---

[1]) Das Verfahren zur Vorausberechnung der Wasserstände der oberen Elbe. Heft 5 der Ergebnisse der Wasserstandsbeobachtungen an den Flüssen Böhmens (Jahr 1892). Prag 1893.

der allgemein wissenschaftlichen Hydrographie dienen. Die wichtigen badischen Untersuchungen „Ergebnisse der Hochwasserverhältnisse im deutschen Rheingebiete" (8 Hefte) sind schon näher erwähnt worden[1]).

§ 17.

Vergegenwärtigt man sich nun das Bild reicher Verzweigung, welches die Gewässernetze unserer großen Ströme darbieten, so erkennt man, daß jedes Hochwasser in diesen eine individuelle Erscheinung für sich ist. Nur selten tritt der Fall ein, daß alle Teilgebiete eines großen Stromgebietes gleichzeitig in Erregung geraten, was dann freilich zu den Katastrophen-Hochwassern führt, wie 1897 und 1899. Meist liegen, glücklicherweise, die Dinge so, daß nur ein oder einige Teile des Stromgebietes Wellen ausbilden, deren Interferenz ein Hochwasser im Hauptstrome verursacht. Das Studium der Hochwasser gehört daher hauptsächlich in das Gebiet der speziellen Hydrographie, für die wir in Deutschland in einer Reihe von Werken gute Quellen besitzen[2]).

Aber einige allgemeine Feststellungen lassen sich doch machen. Wenn wir uns der jährlichen Periode der Dauerzahlen erinnern (S. 128) und insbesondere den Hochwasserbereich ins Auge fassen, dann zeigt sich, daß schon in einem so kurzen Zeitraum wie einem Jahrzehnt kaum ein Monat gänzlich frei bleibt von Tagen, die diesem Bereich angehören. Nur die Weser macht die schon besprochene Ausnahme. Das besagt also, daß neben dem regelmäßigen Hochwasser, dessen Eintreten aus der Periode der Wasserführung wir bereits erkannten, immer noch eine Reihe höherer Wellen im Lauf des Jahres den Strom passieren.

---

1) Beiträge zur Hydrographie von Österreich. Heft II, IV, VII. Herausg. vom k. k. Österreichischen Hydrograph. Zentralbureau. Wien 1898, 1900, 1908. — Manuel hydrologique du Bassin de la Seine. Paris 1884. — C. Valentini, La previsione delle Piene del Po. Rom 1903. — Etudes et données sur l'hydrologie générale de le France. Bassins de la Garonne et de l'Adour. Paris 1912. — Th. Russell, Meteorology. (Vorhersage im System des Mississippi.) Washington 1895. — J. Péch, Die Wasserstandsprognose. 2 Hefte. Budapest 1895 und 1897.

2) Der Rheinstrom, herausgegeben von dem Zentralbureau für Meteorologie und Hydrographie im Großherzogtum Baden. Berlin 1889. Dann die vom Preußischen Wasserausschuß bzw. der Elbstrombaudirektion herausgegebenen Werke über die Oder, die Elbe, Weser und Ems, Memel, Pregel und Weichsel, Berlin 1896 bis 1899. Hierher gehören noch einmal die schon erwähnten badischen und österreichischen Publikationen. Außerdeutsche Gebiete: Belgrand, La Seine. Paris 1873. — U. S. Weather Bureau, Bulletins E and M. (Mississippi-Fluten.) Washington 1897 and 1904.— Überschwemmungen in Finnland. Helsingfors 1903.— Bidrag til Finlands Hydrografi I und II (Wuoksen and Kymeneälf). Helsingfors 1908 und 1911.

Ist das regelmäßige Hochwasser nun stets — bei den mitteleuropäischen Flüssen — das der Schneeschmelze, so sind die sekundären Wellen ihrer überwiegenden Mehrzahl nach durch reine Regenfälle verursacht; nur im Winter können sie durch Tauwetterperioden auch teilweise durch vorzeitige Schneeschmelze veranlaßt werden, die indes dann immer von Regenwetter, wenigstens in einem Teil des Flußgebietes begleitet ist.

Der Entstehung nach ist also zwischen den Schmelzfluten und reinen Regenfluten zu unterscheiden[1]). In den deutschen Mittelgebirgen gehören insbesondere die in der Zeit von Mai bis mit September auftretenden Wellen ganz ausschließlich diesem Typus an. Dabei kann es sehr wohl geschehen, daß die sekundäre Welle in bezug auf ihre Höhe so ausgebildet wird, daß sie darin das regelmäßige oder Haupthochwasser übertrifft (1897 und 1899).

Nach der Form lassen sich zwei Wellenarten unterscheiden. Die gewöhnlichen Sommerfluten, die nicht zu allgemeinen katastrophalen Erscheinungen ausarten, entstehen im Anschluß an Gewitterregen, die in kurzer Dauer erhebliche Niederschlagsmengen bringen können. Die erzeugten Wellen sind daher spitz, d. h. ihre Länge ist klein im Vergleich zur Höhe. Sie laufen schnell ab, wenn sie vereinzelt bleiben. Diese starken kurzzeitigen Regen, die bei großer Intensität als sog. Wolkenbrüche auftreten, sind stets auf enge Bezirke beschränkt. Sie können da, bevor es noch in den Bächen zur Wellenbildung kommt, sehr verheerend wirken, weil die großen Niederschlagsmengen insbesondere im Kulturlande eine Menge von Hindernissen finden, die das oberflächliche Abrinnen zu einem ganz unregelmäßigen gestalten, so daß nicht nur Felder, sondern auch Wege, Eisenbahndämme, Stege und Gebäulichkeiten beschädigt oder zerstört werden[2]).

Die Gewitter treten aber auch gelegentlich nur als Einleitung einer Periode von mehreren Tagen intensiven Landregens auf. Dann wird die Wellenbildung eine sehr komplizierte, die in ihrer resultierenden Gestalt zu einer langen Welle führt, die mehrere spitze Scheitel aufgesetzt hat, entsprechend einmal den Intensitätsschwankungen des Regens und dann — bei weiterer Ausdehnung der exzessiven Niederschläge — dem Hinzutritt von Wellen aus den einzelnen Teilgebieten des betroffenen Stromes. Derartige Kom-

[1]) Für eingehende spezielle Studien siehe Bd. IV, Kap. 4.

[2]) Beispiele: Der Wolkenbruch in der Umgebung von Horschitz in Böhmen am 12. Sept. 1909 (Österr. Wochenschr. f. d. Öff. Baudienst 1910, II). — Der Gewitterregen am 11. Mai 1910 (s. Häuser in Abhandlungen des Kgl. Bayer. Hydrotechn. Bureaus).

plikationen sind es, die zu den großen Katastrophenhochwässern führen, die um so gefährlicher werden, als sie zur Zeit der bevorstehenden oder eben begonnenen Ernte auftreten. Um so größer ist das Interesse an allen Untersuchungen, welche dazu führen könnten, die meteorologischen Bedingungen des Eintretens der großen Sommerhochwasser speziell an den ostdeutschen Strömen, von der Elbe an, eindeutig zu erkennen. Dieses Problem ist aber noch weit von der Lösung entfernt. Hellmann hat in einer meisterhaften Untersuchung[1]) über die Sommerhochwasser der Oder den Nachweis erbracht, daß es zwar eine Wetterlage — auf die er schon 1888 hingewiesen hatte — gibt, bei der diese Fluten eintreten können, daß aber für das tatsächliche Eintreten der ursächlichen großen Niederschläge eine ganze Reihe sekundärer Momente erfüllt sein müssen, deren rechtzeitiges Erkennen zurzeit wenigstens noch nicht immer möglich ist, auch nicht auf Grund neuerer Anschauungsweisen und Methoden der praktischen Meteorologie. Eine meteorologische Hochwasserprognose für die ostdeutschen Stromgebiete ist also noch nicht tunlich. Nicht anders steht es um die großen, Paris bedrohenden Fluten der Seine, die im Winterhalbjahr sich einstellen. Die vereinte Arbeit von Meteorologie und Hydrographie findet also noch ein weites Arbeitsfeld vor sich. (Vgl. Bd. IV, Kap. 5.)

Im Gegensatz zu den kurzen Wellen, die im Sommer vorherrschen sind diejenigen der Schneeschmelze lang und erscheinen daher trotz großer Höhe flacher als jene. Gerade durch ihre Länge, neben der Regelmäßigkeit ihres Eintretens, werden sie zu Beherrschern des allgemeinen Abflußcharakters, der jährlichen Periode. Aber auch hier sind Komplikationen nicht ausgeschlossen, ganz abgesehen wieder von denen, die durch Interferenz der Nebenflüsse eintreten. Wenn nach hartem, schneereichen Winter der Frühling stürmisch einsetzt, dann bildet sich bei der Schneeschmelze eine spitze Vorwelle aus, die, namentlich in gefällreichem Terrain katastrophal zu wirken vermag; ihr folgt dann erst die flachere, lange Hauptwelle. An den norwegischen Flüssen ist diese Gestaltung sehr häufig. Schwankungen der Temperatur, Rückfälle, werden die Gestalt der Welle mehrfach modifizieren müssen. (Band IV, Kap. 4.)

So wird in der Tat jedes Hochwasser zu einer Erscheinung für sich, bei der allgemeine Typen nur Anhaltspunkte für das spezielle Studium geben können. Bei den Schmelzfluten kann nun aber noch eine Komplikation hinzutreten, die nur ihnen eigen ist, das sind die Eisverhältnisse im Flußlauf.

[1]) Hellmann u. v. Elsner, Die Sommerhochwasser der Oder. Berlin 1911.

§ 18.

Die Temperatur der Flüsse ist im Winter höher als die der Luft und erreicht nur in dünnen Oberflächenschichten — die zudem nur in nächster Nähe der Ufer gemessen sind — vorübergehend 0°. Für einen dreißigjährigen Zeitraum (1871—1900) finde ich für die Elbe bei Dresden folgende Unterschiede (im Sinne Wasser — Luft)

November	Dezember	Januar	Februar
+0,4°	+0,6°	+1,7°	+1,3°

Wenn an 2 bis 3 Tagen hintereinander das Maximum der Lufttemperatur unter 0° bleibt, dann entstehen an den Uferrändern schwache Eisbildungen, die aber durch den Wellenschlag meist losgerissen werden. Erst bei längerer Frostdauer vermögen sie sich an ihrem Ort zu halten. Dann treten aber auch andere Eisbildungen im Strome auf, schwammige Massen, die mit Geschieben beladen sind und gemeinhin als Grundeis bezeichnet werden, also als Eis, das an der Sohle entstanden und nach Loslösung von dort in die Strömung gelangt sein soll. Es läßt sich aber fast immer nachweisen, daß es sich dabei um Bildungen der erst erwähnten Art handelt. Eine treffliche exakt angelegte Beobachtung über die Bildung von wirklichen Grundeis teilt H. Keller aus den Wasserbaubezirk Ratibor mit[1]). Durch sie ist der Nachweis erbracht, daß in der Tat an der Sohle Eis sich bildet, und zwar infolge von Wärmeentziehung durch Strahlung. Der Vorgang ist physikalisch einleuchtend. Neuerdings hat Dr. Fr. Reymann in Graz noch auf andere zur Grundeisbildung führende Vorgänge aufmerksam gemacht, die er durch sehr eingehende Forschungen an der Mur und Drau festgestellt hat[2]). Danach ist zunächst die Wärmeentziehung notwendig, die zur Entstehung von Eiskristallen führt. Aber diese Wärmeentziehung kann auch an der Oberfläche stattfinden durch Berührung mit der kalten Luft, und es findet doch Grundeisbildung statt, sofern vertikale Strömungen die entstandenen Eisnadeln in die Tiefe führen. Diese Auffassung kann akzeptiert werden, nicht nur weil der Verfasser sie durch einwandfreie spezielle Beobachtungen belegt, sondern auch weil wir auch sonst auf Grund der Theorie sowohl wie der Erfahrung Kenntnis von absteigenden Bewegungen in unseren Flüssen haben. Die in die Tiefe geführten Eisnadeln werden sich als Grundeis festsetzen und weiter wachsen überall da, wo die Adhäsion dem Wasserstoß das Gleichgewicht hält. Eine dritte Art der Grundeisbildung

---

1) Der Oderstrom, Bd. I, S. 204.

2) Die Eisverhältnisse der Mur und Drau, in Mitteilungen der k. k. Geograph. Gesellsch. zu Wien 1910, Heft 9 u. 10.

ist als möglich zuzulassen. Wenn Teile einer Eisen- oder Steinkonstruktion bis zur Sohle reichen, dann wird ihnen bei andauerndem Frost jedenfalls in ihrer ganzen Erstreckung hinreichend Wärme entzogen, um einen Eisansatz zu ermöglichen.

Das Wachsen des Grundeises erfolgt nach der Ratiborer Beobachtung in der Richtung der Strömung. Und es wird verständlich daß es dabei zuletzt dazu kommen muß, daß die Masse durch ihr eigenes Gewicht von der Unterlage losreißt und zur Oberfläche steigt.

Bei länger dauernder Kälte wächst das Ufereis und ebenso die Menge des Grundeises, es entstehen Schollen und endlich durch deren Zusammenwachsen die Eisdecke. Schon bei deren Bildung können Unregelmäßigkeiten der Querschnitte aber unregelmäßiges Zusammenschieben der Schollen, die Eisversetzung, bewirken. Noch mehr wird das geschehen, wenn im Frühjahr allmählich Tauwetter eintritt und die zunehmende Wassermenge des Stromes zuletzt die etwa vorhandene Eisdecke bricht. Dann kann jedes Hindernis — Brücken, Wehre, natürliche Ungleichheiten des Stromprofils — im Strome zur Ursache einer gewaltigen Versetzung werden, die sich oft weit stromaufwärts ausdehnt und durch ihre stauende Wirkung die ankommende Welle zu großer Höhe hinauftreibt, so daß dadurch katastrophale Überschwemmungen entstehen (Elbe 1845).

Auch den deutschen Flüssen sind solche Erscheinungen nicht völlig fremd, aber sie sind — abgesehen von der Weichsel, die freilich in ihrer größeren Erstreckung außerhalb des Reiches fließt — doch, sofern ihre verheerende Gestaltung in Betracht kommt, selten. Im kontinentalen Klima Rußlands und im Norden Amerikas (Mississippi, kanadische Flüsse) mit langen und harten Wintern werden die Eisverhältnisse zum Gegenstand intensiven allgemeinen und wissenschaftlichen Interesses, so daß wir speziell für Rußland ausgedehnte Studien über sie haben, für deren Weiterführung eine inhaltreiche Publikation des russischen Verkehrsministeriums neuerdings vieles Material liefert[1]). Den Vorgang der Eisbildung und die Bedeutung der Eisverhältnisse nach ihrer wirtschaftlichen Beziehung habe ich für den Dnjepr auf Grund neuen Materials in der Zeitschrift für Gewässerkunde, Bd. VI gekennzeichnet.

§ 19.

Nachdem wir die Lebenserscheinungen eines Flusses an sich in ihren großen Zügen kennen gelernt haben, sollen in diesem Para-

[1]) Rykatschew, Auf- und Zugang der Gewässer des russischen Reiches. 2. Supplementband des Repertoriums f. Meteorologie (Akademie d. Wissenschaften). Petersburg 1887. — Verkehrsministerium, Wasserstandsbeobachtungen usw. (z. Zt. zehn Bände Tabellen und Atlanten, die Jahre 1881 bis 1900 umfassend).

graphen noch einige kurze Angaben gemacht werden, die das Maß erkennen lassen, in dem die heutigen Flüsse an der Abtragung des festen Landes arbeiten. Dabei ist es freilich nicht möglich, gerade über den Hauptteil dieser Arbeit und ihrer Ergebnisse ausreichende und vergleichbare Angaben zu machen: über die Menge an Material, welches als unmittelbares Resultat der Erosion vom Flusse transportiert wird. Nur in speziellen Fällen katastrophaler Natur, wie bei den Muhren werden Schätzungen der durch fließendes Wasser bewegten Massen möglich. Im übrigen können wir nur sagen, daß die Größe der Geschiebe im allgemeinen, d. h. abgesehen von Störungen aus den Mündungen der Nebenflüsse, von oben nach unten entlang dem Flußlaufe abnimmt, wobei also in mittleren Flußstrecken Geschiebe verschiedener Größe nebeneinander auftritt. Der Versuch, hierbei zu genauen Maßangaben zu gelangen, würde aber wenig aussichtsvoll sein.

Anders steht es, wenn wir das im Wasser suspendierte und gelöste Material ins Auge fassen. Da gibt es sowohl mechanische wie chemische Methoden, welche zu zuverlässigen Mengenbestimmungen führen. Schon die unmittelbare Betrachtung des Flußwassers läßt die Variationen, welche die Belastung desselben mit Sinkstoffen erfährt, erkennen; und es wäre wünschenswert gewesen, wenn Beobachtungen über den Grad der Trübung, welche in einigen Flüssen angestellt worden sind, systematisch und dauernd fortgeführt worden wären.

Noch geeigneter ist die Beobachtung der Farbe des Wassers. Reines Wasser erscheint im reflektierten Lichte bläulich. Änderungen dieser Farbe lassen daher auf Beimischungen schließen. Gelegentliche Beobachtungen sind häufig[1]). Aber es gibt meines Wissens nur eine wissenschaftlich und dauernd durchgeführte Beobachtungsreihe, diejenige über die Farbe des Donauwassers bei Stein, welche man dem k. k. Landgerichtsrat Bruszkay verdankt[2]). Er stellt seit 1903 jeden Morgen die Farbe der Donau nach folgender Skala fest: braun, lehmgelb, schmutziggrün, hellgrün, grasgrün, stahlgrün, smaragdgrün, dunkelgrün. Ich habe die Ergebnisse, soweit sie damals vorlagen, bearbeitet[3]), wobei sich ein enger Zusammenhang zwischen Farbe und Wasserführung ergab: je größer die Wasserführung, desto mehr liegt die Farbe nach dem braunen Ende der Skala hin; je geringer jene wird, desto mehr rückt die Farbe der Donau nach der

[1]) Reindl, Die schwarzen Flüsse Südamerikas. Münchener geograph. Studien, XIII. Stück. Von der Farbe des Wassers der Seen ist in Band II die Rede.
[2]) Jahrbücher des k. k. Zentralbureaus 1903—1909.
[3]) Zeitschrift f. Gewässerkunde, Bd. X, S. 45.

grünen Seite der Skala. Zur Zeit der Hochwasser ist sie deutlich braun, im harten Winter klar grün. Mit dieser Variation der Farbe geht Hand in Hand die Durchsichtigkeit derart, daß die braunen und gelben Töne trübes, die grünen zunehmend durchsichtiges Wasser bringen. Die Verbindung beider Ergebnisse zeigt, daß es sich bei den gelben oder braunen Tönen um Belastung des Wassers mit schwebenden Teilchen handelt, die in dem Maße abnimmt, als der Farbeton nach der grünen Seite der Skala sich verschiebt. Die rein grünen Nuancen des Winters erinnern an die „steingrüne" Farbe des Gletscherwassers, wobei zu beachten, daß bei Stein eine ganze Reihe großer Alpenflüsse der Donau ihr Wasser zugeführt hat. Außerdem wird man sich erinnern, daß die in Betracht kommenden Nebenflüsse zum Teil Kalkgebieten entstammen, und daß das Wasser durch Kalklösungen grünlich gefärbt wird. Die jährliche Periode der Donaufarbe weist also einmal auf mechanische Belastung des Wassers bei den Hochwassern und auf chemische im hochwasserfreien Teile des Jahres hin.

Über die chemische Belastung von Flüssen liegen für Amerika eine Reihe von Messungen vor[1]). Der Mississippi soll danach jährlich 112832171 Tonnen gelösten Materials verfrachten. Durch diese Menge würde sein Einzugsgebiet um 1:25000 engl. Fuß im Jahr erniedrigt oder rund um 1 Meter in 75000 Jahren. Für einige andere Flüsse mögen folgende Schätzungen des von ihnen in Lösung pro Jahr transportierten Materials gegeben sei:

Rhein	5 816 805 t	Themse ...	613 930 t
Rhone	8 290 464 t	Nil	16 910 000 t
Donau	22 521 431 t		

Bedeutender als diese chemische Belastung ist die mechanische durch suspendierte Sinkstoffe. Sie beträgt beim Nil bei Hochwasser täglich 885000 Tonnen.

Für den Tiber folgt aus systematischen Beobachtungen eine Jahresmenge von 5309400 cbm Sinkstoffen. Das entspricht bei einem Niederschlagsgebiet von 16592 qkm einer jährlichen Abtragung desselben von 0,319 mm. In der Zeitschrift für Gewässerkunde, Bd. IV habe ich solche Abtragungszahlen für einige Flüsse zusammengestellt

Nil	0,011 mm pro Jahr	Po	0,235 mm pro Jahr
Uruguay	0,022 „ „ „	Rhone	0,270 „ „ „
Mississippi	0,056 „ „ „	Tiber	0,319 „ „ „
Donau	0,090 „ „ „	Irawadda	0,501 „ „ „

[1]) Vgl. J. Russell, River Development, New York 1898.

Für das Gebiet der Walliser Rhone (5219 qkm bei Porte du Scex) hat E. Uetrecht[1]) die mechanische Ablation des Jahres 1904/05 (1. April bis 31. März) näher untersucht. Er findet eine Abtragung von 0,288 mm. Aber auch diese Fragen der mechanischen und chemischen Belastung des Wassers der Flüsse hängen, wie aus den über die Donau gefundenen schon hinreichend hervorgeht, so eng mit denen der Gestaltung der klimatischen Verhältnisse zusammen, daß es richtiger erscheint, sie hier nicht aus ihrem natürlichen Zusammenhang herausgerissen zu behandeln, der vielmehr im IV. Bande gegeben sein wird.

---

[1]) Zeitschr. f. Gewässerkunde, Bd. VII.

Register.